建筑结构设计施工质量控制
（第二版）

张吉人　编著

中国建筑工业出版社

图书在版编目（CIP）数据

建筑结构设计施工质量控制/张吉人编著. —2版.
北京：中国建筑工业出版社，2012.6
ISBN 978-7-112-14120-3

Ⅰ.①建… Ⅱ.①张… Ⅲ.①建筑结构-结构设计
②建筑结构-工程施工-质量控制 Ⅳ.①TU318

中国版本图书馆 CIP 数据核字（2012）第 039636 号

建筑结构设计施工质量控制

（第二版）

张吉人 编著

*

中国建筑工业出版社出版、发行（北京西郊百万庄）
各地新华书店、建筑书店经销
北京科地亚盟排版公司制版
北京市密东印刷有限公司印刷

*

开本：850×1168毫米 1/32 印张：9¾ 字数：262千字
2012 年 7 月第二版 2013 年 5 月第四次印刷
定价：**24.00** 元
ISBN 978-7-112-14120-3
（22173）

该书以通俗的语言，详细介绍了建筑结构设计、施工及质量控制方面的要求、做法、工艺标准和质量控制。主要内容有：房屋设计作用及可靠度的设置简述、房屋地基设计基本要求、房屋结构设计基本要求、房屋建筑施工、装饰工程施工及质量控制、工程技术质量资料整理、施工质量验收规范有关规定及附录。

该书可作为建设工程质量管理和质量监督人员培训教材，也可作为建筑施工管理人员、技术人员和监理人员的参考用书。

责任编辑：周世明
责任设计：张　虹
责任校对：姜小莲　关　健

目　录

1 房屋设计作用及可靠度的设置简述 ……………………… 1
  1.1 结构的可靠度 …………………………………………… 1
  1.2 工程结构质量安全的三个主要环节 …………………… 5
    1.2.1 工程勘察的重要性 ……………………………… 5
    1.2.2 结构设计的重要性 ……………………………… 5
    1.2.3 施工质量的重要性 ……………………………… 5
  1.3 我国房屋建筑结构设计的使用年限 …………………… 6
2 房屋地基设计基本要求 …………………………………… 7
  2.1 岩土工程勘察 …………………………………………… 7
    2.1.1 岩土工程勘察的规定 …………………………… 7
    2.1.2 应了解的地质勘察主要指标 …………………… 8
    2.1.3 地质勘察剖面图、柱状图的应用 …………… 10
  2.2 地基处理的设计 ……………………………………… 11
    2.2.1 基本概念 ………………………………………… 11
    2.2.2 地基处理 ………………………………………… 13
    2.2.3 复合地基检测 …………………………………… 24
    2.2.4 地震液化地基处理 ……………………………… 26
    2.2.5 复合地基施工及质量预控要点 ……………… 27
    2.2.6 天然地基土承载力特征值 f_{ak} 的确定 …… 28
    2.2.7 桩基础 …………………………………………… 30
    2.2.8 建筑物地基变形设计和基础不均匀沉降问题
         …………………………………………………… 35
    2.2.9 沉降观测和建筑物地基变形允许值 ……… 37
    2.2.10 地基和桩基验收问题 ……………………… 41

3 房屋结构设计基本要求 ·············· 49

　3.1　房屋基础和上部结构设计基本要求 ·········· 49

　3.2　房屋基础设计 ···························· 49

　　　3.2.1　地基基础基底压力要求 ··········· 50

　　　3.2.2　地基和基础方案应符合的要求 ····· 50

　　　3.2.3　高层建筑筏形基础 ············· 50

　　　3.2.4　箱形基础 ···················· 52

　　　3.2.5　箱基刚度形成的分析 ··········· 53

　　　3.2.6　筏形基础底面积计算 ··········· 55

　3.3　上部结构设计 ························ 56

　　　3.3.1　上部结构受力分析 ············· 56

　　　3.3.2　荷载 ························ 59

　　　3.3.3　框架结构受力特点 ············· 62

　　　3.3.4　剪力墙结构受力特点 ··········· 62

　　　3.3.5　框剪结构受力特点 ············· 64

　3.4　建筑结构抗震设计 ···················· 65

　　　3.4.1　地震震害现象 ················· 65

　　　3.4.2　抗震设防标准 ················· 65

　　　3.4.3　我国地震活动 ················· 67

　　　3.4.4　抗震设计的基本要求 ··········· 68

　　　3.4.5　地震作用（地震荷载）理论值 ····· 69

　　　3.4.6　抗震设计构造措施 ············· 75

　3.5　混凝土结构设计有关规定要求 ·········· 97

4 房屋建筑施工 ·················· 120

　4.1　对施工的认识 ···················· 120

　4.2　施工组织管理的几个主要方面 ·········· 121

　　　4.2.1　施工现场平面布局 ············· 121

　　　4.2.2　施工机具和垂直运输设备的选择及就位 ··· 121

　　　4.2.3　施工工序组织 ················· 122

　　　4.2.4　施工图纸会审 ················· 122

　　　4.2.5　施工技术问题 ………………………… 124
　　4.3　工程施工质量要求和质量控制 ……………… 126
　　　4.3.1　工程施工质量要求 …………………… 126
　　　4.3.2　施工质量控制总原则 ………………… 127
　　　4.3.3　施工质量重点控制部位 ……………… 127
　　4.4　混凝土结构施工三大分项工程控制 ………… 128
　　　4.4.1　模板工程 ……………………………… 128
　　　4.4.2　钢筋工程 ……………………………… 132
　　　4.4.3　混凝土工程 …………………………… 137
　　　4.4.4　混凝土施工缝的留置 ………………… 140
　　　4.4.5　混凝土后浇带的设置 ………………… 141
　　　4.4.6　商品混凝土 …………………………… 142
　　4.5　房建结构工程施工程序及方法 ……………… 146
　　　4.5.1　土方工程施工 ………………………… 146
　　　4.5.2　地基处理（换土垫层）施工 ………… 146
　　　4.5.3　基础工程施工 ………………………… 147
　　　4.5.4　主体工程施工 ………………………… 148
　　　4.5.5　混凝土强度评定 ……………………… 152
　　4.6　高层建筑结构施工 …………………………… 153
　　　4.6.1　施工测量 ……………………………… 153
　　　4.6.2　基础基坑施工 ………………………… 156
　　　4.6.3　混凝土结构施工 ……………………… 159
　　　4.6.4　混合结构施工 ………………………… 164
　　4.7　基础主体结构工程质量验收 ………………… 167
　　4.8　填充墙施工 …………………………………… 168
　　4.9　装饰施工 ……………………………………… 168
　　4.10　混凝土结构分项工程允许偏差 …………… 168
　　4.11　砌体工程允许偏差 ………………………… 170

5　装饰工程施工及质量控制 …………………………… 172
　　5.1　装饰作用 ……………………………………… 172

5.2 一般建筑装饰设计的几项原则 ·················· 172

5.3 施工质量验收规范确定的装饰内容 ·········· 173

5.4 质量发展特点 ································· 173

5.5 实现优质工程的主客观条件 ················· 174

5.6 结构施工偏差对优质工程的影响 ············· 175

5.7 装饰的属性及特点 ···························· 175

5.8 装饰装修功能及定义 ·························· 176

5.9 装饰质量的相关因素 ·························· 177

5.10 装饰施工 ···································· 179

5.11 装饰施工方法及质量控制 ·················· 180

    5.11.1 清水外墙装饰 ······················· 180

    5.11.2 墙面抹灰 ···························· 180

    5.11.3 抹灰工程几个问题的认识与处理 ······· 187

    5.11.4 外墙贴面砖 ·························· 189

    5.11.5 内墙贴面砖 ·························· 191

    5.11.6 饰面板（石材）安装 ················· 192

5.12 地面工程 ···································· 194

    5.12.1 细石混凝土地面 ····················· 194

    5.12.2 水磨石地面 ·························· 196

    5.12.3 瓷质板块地砖 ······················· 197

    5.12.4 花岗石、大理石地面 ················· 200

    5.12.5 楼梯 ································ 200

    5.12.6 踢脚线 ······························ 201

    5.12.7 厨卫间地面防水 ····················· 201

5.13 涂料装饰 ···································· 203

    5.13.1 涂饰效果 ···························· 203

    5.13.2 涂料种类划分 ······················· 203

    5.13.3 房屋和施工对涂料的要求 ············· 205

    5.13.4 质量要求 ···························· 205

    5.13.5 施涂控制措施 ······················· 205

   5.13.6　油漆问题 ······························· 206

   5.13.7　木门窗油漆常见质量缺陷 ············· 207

 5.14　门窗工程 ······························· 207

   5.14.1　门窗进场及安装验收 ············· 208

   5.14.2　阳台封闭金属窗、塑料窗上口的防水处理

                    ······· 209

 5.15　屋面工程 ······························· 210

   5.15.1　屋面防水等级和设防要求 ············· 210

   5.15.2　施工方案的编制 ····················· 211

   5.15.3　屋面工程防水保温材料材质证明 ····· 211

   5.15.4　SBS改性沥青防水卷材施工 ········· 213

   5.15.5　保温层排汽屋面施工的控制 ········· 214

   5.15.6　卷材铺贴的施工控制 ················· 215

   5.15.7　屋面防水细部处理 ··················· 216

   5.15.8　卷材保护 ··························· 218

   5.15.9　使用新型防水卷材常见质量通病 ········· 218

 5.16　装饰工程施工质量"三控制"原则 ········· 218

   5.16.1　控制工序 ··························· 218

   5.16.2　控制上线 ··························· 219

   5.16.3　控制细部 ··························· 220

 5.17　房屋实体优质工程效果要求 ············· 220

   5.17.1　室外墙面 ··························· 221

   5.17.2　变形缝、水落管 ····················· 222

   5.17.3　屋面 ······························· 222

   5.17.4　室内墙面 ··························· 223

   5.17.5　室内顶棚 ··························· 224

   5.17.6　室内地面 ··························· 224

   5.17.7　楼梯、踏步、护栏 ··················· 225

   5.17.8　门窗及玻璃 ························· 226

   5.17.9　细部工程 ··························· 226

5.17.10 油漆 ················· 227

5.17.11 管道 ················· 227

5.17.12 卫生器具 ················· 227

5.17.13 电气 ················· 228

5.18 创优精品和细部质量控制重点 ················· 228

5.18.1 外檐 ················· 229

5.18.2 内檐 ················· 229

5.18.3 屋面 ················· 230

5.18.4 管、线安装 ················· 230

5.19 成品保护 ················· 231

5.20 单位工程竣工质量验收 ················· 231

6 工程技术质量资料整理 ················· 234

6.1 工程资料整理的有关认识 ················· 234

6.2 管理资料和工程质量资料整理顺序及内容 ········ 236

6.3 地基工程资料整理顺序及内容 ················· 237

6.4 基础工程资料整理顺序及内容 ················· 238

6.5 主体混凝土结构工程资料整理顺序及内容 ········ 239

6.6 钢网架工程资料整理顺序及内容（独立成册） ··· 241

6.7 主体钢结构工程资料整理顺序及内容（独立成册）

················· 241

6.8 填充墙工程资料整理顺序及内容 ················· 242

6.9 主体砌体结构工程资料整理顺序及内容 ·········· 242

6.10 装饰工程资料整理顺序及内容（独立成册） ······ 242

6.11 幕墙工程（玻璃幕墙、金属幕墙、石材幕墙）资料

整理顺序及内容（独立成册） ················· 244

6.12 屋面工程资料整理顺序及内容 ················· 245

6.13 建筑给水排水与采暖工程资料整理顺序及内容

················· 245

6.14 建筑电气工程资料整理顺序及内容 ··············· 246

6.15 通风与空调工程资料整理顺序及内容 ··············· 247

6.16 电梯工程资料整理顺序及内容 ·················· 247

6.17 智能建筑资料整理顺序及内容 ·················· 248

6.18 节能工程资料整理顺序及内容 ·················· 248

6.19 单位工程竣工图 ································· 249

7 施工质量验收规范有关规定 ························· 250

7.1 验收组织 ··································· 250

7.2 检验批划分原则 ······························· 250

7.3 编制施工技术文件的有关条文 ·················· 253

7.4 主要结构安全和功能检测 ······················ 254

7.5 结构实体检验 ································· 255

7.5.1 混凝土结构强度实体检验 ·················· 255

7.5.2 钢筋保护层实体检验 ······················ 257

7.5.3 结构实体检验实施（选点）方案 ··········· 257

7.5.4 混凝土试件类别、性能及强度评定 ········· 258

7.6 对混凝土和砌体结构施工质量强条的理解及应用

······································· 260

附录 ·· 266

参考文献 ·· 298

后记 ·· 301

1 房屋设计作用及可靠度的设置简述

人类从远古时期的树寝、穴居而至地上房屋，产生了建筑。

各种功能不同的建筑满足人们生产、工作、学习和生活的不同需要，有工业建筑、民用建筑。民用建筑中又分公共建筑（如办公的、教育的、医疗的、体育的、交通建筑等）和居住建筑（如住宅、宿舍等）。

房屋建筑从根本上讲，要解决建筑功能问题（建筑造型、体形、平面布局、竖向布置、设备设施满足生产、生活要求）和结构功能问题（安全性、适用性、耐久性）。

房屋设计主要应搞好建筑设计和结构设计两个方面。建筑设计是根据房屋的使用功能要求，选择一定的建筑造型、体形、布局、格调、色彩，体现建筑的艺术性和实用性，装饰城市面貌，同时具体的建筑创作又受时代和精神的影响，反映时代的政治、经济、科技和文化水平，打上时代烙印。结构设计则是在特定的建筑体形、功能条件下，确定结构体系，材料强度和杆件截面，满足结构在静力、动力作用下，结构的承载力、刚度和稳定性，以保证结构的可靠度。

建筑设计、结构设计的结果就是施工图纸。图纸是工程设计和工程界的语言。施工图纸所设计的结构必须保证工程的安全。

对于从事施工的工程技术人员来讲，首先关心的是房屋结构的质量安全问题。而我国工程质量的安全是由结构可靠度来确定的。

1.1 结构的可靠度

我国工程结构的安全问题，从根本上讲，在于我国工程结构可靠度的设置。

结构是怎样保证安全的？绝对的安全是没有的。但被限制在一个很大的可靠范围内，这就是可靠度的概率问题。它决定于效应（S）和抗力（R）的相对大小，见图1-1。

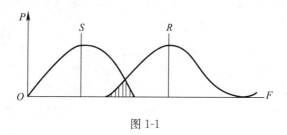

图 1-1

当$R>S$，结构安全，抗力大于效应；

$R<S$，结构失效，抗力小于效应，图中阴影面积p_f称为失效概率；

$R=S$，结构处于极限状态。

失效概率p_f不能直接用于设计，而用可靠指标β表示。可靠指标β与失效概率p_f之间有一对应关系，见表1-1。

可靠指标与失效概率的关系 表 1-1

β	2.7	3.2	3.7	4.2
p_f	3.5×10^{-3}	6.9×10^{-4}	1.1×10^{-4}	1.3×10^{-5}

我国的工程安全等级多数为二级，可靠指标$\beta=3.2\sim3.7$时，失效概率p_f为$0.11\%\sim0.69\%$，意味着即使按规范设计的建筑结构，正常情况下，仍可能有$0.1\%\sim0.7\%$达不到规定的功能。如沉降过大，挠曲变形，结构不耐久等。大量工程实践表明，严格执行标准、规范和规程，在正常设计，正常施工，正常使用（三正常）的条件下，工程的安全和质量是能够得到保证的，不会出现房屋垮塌现象。

可靠指标的计算：

$$\beta=\frac{\mu_R-\mu_S}{\sqrt{\sigma_R^2+\sigma_S^2}} \tag{1-1}$$

2

式中 μ——荷载或抗力的平均值；

　　σ——荷载或抗力的标准差。

从此式中可看出，要整个提升抗力，即材料的质量等级难度是比较大的，需要技术的提高和经济的发展，但通过管理提高材料的均质性，减少材料的离散性，确是能够做到的。

建筑物可靠指标 β 值的要求，见表 1-2。

建筑物可靠指标 β 的要求　　　　　　　　表 1-2

重要性	安全等级	破坏后果	延性破坏	脆性破坏
重要建筑物	一级	很严重	3.7	4.2
一般建筑物	二级	严重	3.2	3.7
次要建筑物	三级	不严重	2.7	3.2

可靠指标 β 值的计算在工程设计中仍过于复杂，难以直接用可靠指标度量结构构件的可靠度。实际工程的设计是以概率理论为基础的极限状态设计方法，以分项系数的设计表达式进行计算，由此达到用可靠指标度量结构构件的可靠度。如承载能力极限状态由永久荷载效应控制的组合：

$$S = \gamma_G S_{Gk} + \sum_{i=1}^{n} \gamma_{Qi} \psi_{ci} S_{Qik}$$

$$\gamma_0 S \leqslant R \tag{1-2}$$

式中 γ_0——重要性系数；

　　γ_G——永久荷载分项系数；

　　S_{Gk}——永久荷载 G_k 计算的荷载效应值；

　　γ_{Qi}——活荷载分项系数；

　　ψ_{ci}——活荷载 Q_i 的组合值系数；

　　S_{Qik}——可变荷载标准值 Q_{ik} 计算的荷载效应值。

具体设计中根据结构构件承载力计算：

比如，简支梁：$M = \dfrac{1}{8} q L^2$

$$V = \dfrac{1}{2} q L$$

$$q = 1.2G + 1.4Q$$

钢筋混凝土结构：

$$M \leqslant \alpha_1 f_c bx \left(h_0 - \frac{x}{2} \right) \qquad (1-3)$$

$$V \leqslant 0.7 f_t bh_0 + f_{yv} \frac{A_{sv}}{S} h_0 \qquad (1-4)$$

式中　　M——弯矩设计值；

b——矩形截面宽度；

h_0——截面有效高度；

x——受压区高度；

f_c——混凝土轴心抗压强度设计值；

V——剪力设计值；

A_{sv}——箍筋截面面积；

S——箍筋间距；

f_{yv}——箍筋抗拉强度设计值；

f_t——混凝土抗拉强度设计值。

材料抗力，材料强度取值：

材料强度是如何确定的呢？是经调查试验统计分析的结果。

钢筋：全国 9 个钢厂，$\phi10 \sim \phi32$mm HRB300~HRB400 级钢屈服点抗拉强度，弹性模量 41159 个子样。

混凝土试块：9 个城市 77 个厂，104 个现场，C15~C40，试块 68000 多组数据。砂浆试块：6 个城市 989 个抗压数据。

砖：10 个大、中城市 4252 个子样数据。由取得的数据，得到平均值 μ_f。

对于钢筋、混凝土材料强度分析多数呈正态分布。以保证材料质量保证率为 95%，取材料强度标准值为 f_k：

$$f_k = \mu_f - 1.645\sigma_f \qquad (1-5)$$

再取材料分项系数：

钢筋 $\gamma_c = 1.2$；混凝土 $\gamma_c = 1.4$

得材料强度设计值：
$$f = \frac{f_k}{\gamma_c}$$

1.2　工程结构质量安全的三个主要环节

工程结构的质量安全主要是由结构构件和承载能力的安全性，结构的整体牢固性和结构的耐久性所决定。具体的房屋建筑工程则通过勘察、设计、施工三个主要环节来完成。

决定房屋工程质量的直接技术因素，关键是勘察、设计、施工的质量，所以要先勘察，后设计，再施工。

1.2.1　工程勘察的重要性

搞工程不勘察，房屋地底下的情况摸不清就建设，要么发生事故或藏有重大隐患，要么造成极大浪费。有了勘察，可以提出和正确选择地基处理方案，合理选择基础形式，确保地基承载力，控制基础沉降地基变形，不能发生过大的不均匀沉降。这对施工期间，特别对房屋的长期使用，保证建筑的安全和耐久性（使用寿命），增强因意外因素可能对房屋地基造成危害的抵御能力至关重要。

1.2.2　结构设计的重要性

结构设计最重要的是其安全性。结构设计的安全性是决定工程安全的先决条件。设计不安全，工程不会安全，所以结构设计的安全是工程安全的第一位。结构设计应按照结构设计原则进行。包括结构的安全等级、使用年限、使用条件、荷载的确定、不同受力工况的选择、设计分项系数的确定等。设计上必须保证地基、基础、上部结构的安全。设计要贯彻国家的技术经济政策，做到安全适用，技术先进，经济合理，方便施工，确保质量。

1.2.3　施工质量的重要性

设计上的安全还要通过施工来实现，施工达不到设计要求，特别是在结构强度，承载力方面，降低结构设计的安全度，严重时结构梁板断裂，甚至房屋垮塌。地基变形过大，导致上部结构开裂。全国已有数十起（"八五"期间 78 起，"九五"期间 42 起）房屋垮塌事故，教训惨痛，应引以为戒。所以施工质量很重要。施工是实物的建造，施工的损失是经济财产的重大损失，是形成事实的损失，所以必须控制施工质量。

1.3　我国房屋建筑结构设计的使用年限

我国建筑法律规定：建筑物在合理使用寿命内，必须确保地基基础和主体结构的质量。建筑工程勘察、设计、施工的质量必须符合国家有关建筑工程安全标准的要求。

根据《建筑结构可靠度设计统一标准》（GB 50068—2001）规定：

——普通房屋和构筑物设计使用年限 50 年；

——纪念性建筑和特别重要的建筑结构设计使用年限 100 年；

——我国结构的设计基准期为 50 年。

规范编制组根据新修订的荷载规范和混凝土结构设计规范进行的试设计，对民用建筑配筋量影响比较明显，总用钢量较原设计规范约增加 10%～20%。我国工程混凝土结构构件的可靠指标约提高了 0.6，可靠概率相当于提高了一个数量级。

结构设计使用年限，是首次在我国建筑结构标准规范中的规定。其意是指设计规定的结构或结构构件不需进行大修即可按其预定目的使用的时期，房屋在"三正常"条件下和包括必要的检测、防护及维修在内的正常维护下所应达到的使用年限。在设计使用年限内，结构应具有设计规定的可靠度。确保结构可靠度，结构的安全则取决于地基勘察、结构设计、材料与制品、施工质量和使用维护。因此，关注和了解结构的设计，施工建造的基本要求、原则和方法，就有重要意义。

2 房屋地基设计基本要求

房屋的地基、基础和主体结构设计主要是两个方面：一是对工程进行地质勘察和地基处理的设计，二是对上部结构的设计。本章从施工角度出发，对应该了解的岩土工程勘察和工程地基设计有关的基本概念要求，作一应用性的分析和介绍，以便在工程施工中能够识读地质勘察报告，地基设计文件，注意其对结构施工的影响，更好地理解和判断工程地基设计的合理性、安全性。从而实现设计要求。

2.1 岩土工程勘察

岩土工程勘察揭示地基土性质和水文地质状况，并给出岩土的工程特性指标和水文地质参数。而岩土的工程特性指标是地基设计计算的基础，是进行工程设计的重要条件，是决定对地下土质进行强化处理的重要依据。解决岩土工程中的问题，经验和原则占有很大成分，计算分析与工程经验相结合，理论和实践相结合，应慎重选用计算参数、计算模式和安全度。尤其注意岩土工程地质区域性，要了解当地地质的特点和条件，以正确解决地质勘察问题。

2.1.1 岩土工程勘察的规定

对建筑工程地质勘察要依据工程设计、现行国家标准《岩土工程勘察规范》（GB 50021）和《高层建筑岩土工程勘察规程》（JGJ 72）的规定进行。

在《岩土工程勘察规范》（GB 50021）中，明确提出"各项工程建设在设计和施工前，必须按基本建设程序进行岩土工程勘察。岩土工程勘察应按工程建设各勘察阶段的要求，正确反映工程地质条件，查明不良地质作用和地质灾害，精心勘察，精心分析，提出资料完整、评价正确的勘察报告"。

可见勘察不是随便就可以进行的，要有科学的分析和结论。

在"强条"中，又明确要求工程勘察（详勘）应"对建筑地基作出岩土工程评价，并对地基类型、基础形式、地基处理、基坑支护、工程降水和不良地质作用的防治等提出建议"。

2.1.2 应了解的地质勘察主要指标

地质勘察是通过内外作业来完成的。根据地质勘察规程，要布置各种钻孔，要对拟建场地按建筑物周边、中心和角点的位置进行勘探点的布置。勘探手段有钻探、井探、静力触探、动力触探，视具体情况选择。触探可获得连续定量的数据，井探可直接观察岩土结构。

勘测布置一般有标贯孔、取土孔、取标孔、静探孔、地脉动测试、波速测试孔、外业钻孔总进尺和孔口高程的量测。

根据地基复杂程度和地质勘察规范，详勘探点间距一般为15m、30m、50m；探点深度：条形基础 3B，独立柱基 1.5B，低层，多层至少 5m，高层建筑 0.8～1.2B（B 为基础宽度）。取土样，主要土层每层不少于 6 件（组）。详勘控制性探孔单栋高层建筑不少于 4 个，密集高层建筑群，每栋至少 1 个。深度超过地基变形计算深度。总数量不少于勘探点总数的 1/3。通过勘察，提出地基的主要受力土层和压缩层范围内地基土的性质属于哪类土（岩石、碎石、砂土、粉土、黏性土、人工填土、特殊性土），密实度如何（碎石土用重探 $N_{63.5}$ 表示，砂土用标贯 N 值表示，粉土用孔隙比 e 表示）。

黏性土软硬情况用液性指数 I_L 表示。有坚硬 $I_L \leqslant 0$，硬塑 $0 < I_L \leqslant 0.25$，可塑 $0.25 < I_L \leqslant 0.75$，软塑、流塑状态。土的压缩性高低用压缩系数 α_{1-2} 表示（$\alpha_{1-2} < 0.1 \text{MPa}^{-1}$，为低压缩性土；$0.1～0.5 \text{MPa}^{-1}$，为中压缩性土；$\alpha_{1-2} \geqslant 0.5 \text{MPa}^{-1}$ 为高压缩性土）。也可用压缩模量 E_s 表示。$E_s \leqslant 4\text{MPa}$（高），$4～15\text{MPa}$（中），$\geqslant 15\text{MPa}$（低）。含水量大小用 w 表示。提出各层土的地

基承载力［用地基承载力特征值 f_{ak}（kPa）（0.1tf/m²）表示］。地下水和地基土腐蚀性，标准冻深，地下水位（变幅），基坑支护时土的内摩擦角（φ）和黏聚力 c 的参数，提出对地基处理的方案建议。

地震区还要进行场地地震液化的判别，主要是对饱和砂土和粉土，软土震陷的判别。地基液化和软土震陷使地基失效，造成房屋沉陷、倾斜。粉土由粉粒、砂粒、黏粒组成，介于黏性土与砂土之间，是砂性土，分砂质粉土、黏质粉土两类。砂质粉土接近砂的性质，可能液化；黏质粉土接近黏土，不会液化。

对地基液化，先初判，以地质年代为第四纪晚更新世（Q3）及其以前划界（Q3 以前的很少液化），并以黏粒含量（粉土中粒径 d＜0.005mm 颗粒，7、8、9 度分别大于 10%、13%、16% 判为不液化），地下水位深度，上覆非液化土层厚度情况判断。（以此为判别土层液化或不必考虑下卧土层液化对上部结构影响的明确指标）。

如初判液化，再进一步用标准贯入判别法细判，当液化土的 $N_{63.5}$ 值＜N_{cr} 时，判为液化（N_{cr}—临界锤击数）。

细判时，要判别地面下 15～20m 深度内的液化情况，地震液化主要发生在浅层，15m 以下很少发生。对高层、超高层、桩基和深基础的天然地基，判别深度为 20m，液化判别点应不少于 3 个。勘探孔深度应大于液化判别深度。岩土工程勘察规范提出液化判别宜用多种方法综合判定，因为地震液化是由多种内因（土的颗粒组成、密度、埋藏条件、地下水位、沉积环境和地质历史等）和外因（地震动强度、频谱特性和持续时间等）综合作用的结果。每种方法都有局限性，所以要综合判别。

判别为液化的，要确定其液化指数 I_{lE} 和液化等级（轻微、中等、严重）。根据液化的严重性（饱和粉细砂和饱和粉土，是没有或稍有黏性的散体，地震作用砂粒悬浮土体破坏，产生涌砂、滑塌、沉陷或浮起），决定对液化地基的处理。

对软土震陷的判别，以地基承载力特征值 f_{ak}（kPa）和等

效剪切波速 v_{se}（m/s）判别。如 8 度区，当 $f_{ak}>100$，$v_{se}>140m/s$ 时，可不考虑震陷影响。工程抗震中，软土系指 7、8、9 度时地基静承载力分别小于 80、100、120kPa，地震时可能震陷的土。

注意：土的分类时，软土系指天然孔隙比 $e \geqslant 1$，天然含水量 $w > w_L$ 液限的细粒土，包括淤泥、淤泥质土、泥炭、泥炭质土等。

地基处理时，软弱地基系指主要由淤泥、淤泥质土、冲填土、杂填土或其他高压缩性土层构成的地基。

对特殊性土的判别，如湿陷性黄土（山西太原广有分布），其湿陷类别（自重和非自重），湿陷等级（Ⅰ～Ⅳ级）的判别，当湿陷系数 $\delta_s \geqslant 0.015$ 时，为湿陷性黄土。当自重湿陷量的实测值 Δ'_{zs} 或计算值 $\Delta_{zs}>70mm$ 时，为自重湿陷性黄土场地。

总之，通过识读地质报告，要了解拟建场地地质情况，基土性状，各土层类别、厚度、底板埋深，各层土的承载力，压缩性，密实度，压缩层总厚度，持力层和下卧层土的性质，地下水位，含水量大小，是否为液化地基、软弱地基、湿陷性黄土地基、不均匀地基以及液化和湿陷的严重程度和地基处理方案的建议，所有这些均应由地质勘察报告中予以提供。主要指标是土层承载力、压缩性、层厚和土质类别。

由此，了解和判定（明了），设计的基础落在哪层持力土上（为什么落在该层土上）。地基处理方案采用何种方法，是否合理，基础持力层的下卧层土体软硬、承载力和压缩性如何，施工需要注意什么问题。通过了解地层情况（土的承载力，变形、水的渗透性及其对建筑物的影响）和设计意图，保证工程质量，搞好地基施工。

2.1.3 地质勘察剖面图、柱状图的应用

通过查阅地质勘察勘探点剖面图柱状图，可以了解拟建场地地坪孔口标高、整平标高和布孔情况，是否覆盖房屋全场，勘探点距离，布点位置和方向，勘探点深度，详勘点距之间的各层土质类别，揭示的土层总厚度，各层土的厚度（点位之间连线可看

出土体三维立体状态），土层压缩性，土层交互性，土的均匀性、成层性、透镜体状况、地下水位线，地下水成因，潜水、承压水。持力层土质，持力层下面有无软弱下卧层。特别是勘探点间未钻孔部位（地质剖面仍是宏观剖面，不可能更近的距离钻孔）。土质是否有突变和异常情况，可通过打桩施工信息反馈来了解。如对混凝土灌注桩、复合地基桩端所落的土层情况，桩底土层是不是一致，是否都落在了设计的土层上，以便判定设计和施工质量情况及必要的补救处理方法。

2.2　地基处理的设计

有了地质勘察报告后，设计人员要根据地基土质，不同土的分布情况和上部建筑结构荷重产生的基底压力及上部建筑形式的要求，选择基础形式，基础埋深，地基持力土层。地基是适应上部和基础结构，又结合地基土质状况而确定的，应满足承载力和变形要求。变形严重的地基，使上部结构倾斜，开裂（撕裂）建筑物，影响承载，或虽未裂缝，但倾斜严重，房屋不能使用。因此，当天然地基承载力不能满足上部建筑荷重的基底压力要求时，就要进行人工地基处理。而地基处理具有不可逆性。必须选择合理可行的方案，保证安全和使用要求。

2.2.1　基本概念

1. 地基：支承基础的土体或岩体。

2. 基础：将结构所承受的各种作用传递到地基上的结构组成部分。是建筑物的下部结构。

3. 压缩层深度：建筑物的重量通过基础传递到一定深度和宽度的土层上，这部分受压和变形的土层就是"地基"，它的深度可达基础宽度的 1.5～3 倍。这个深度和宽度（从基础底面算起）就是地基的受压层深度或压缩层深度。

4. 持力层、下卧层、主要受力层：地基受压层有多层土，与基底直接接触的土层为持力层。建筑物的荷载直接传到持力层上，下面的土层为下卧层，也有多层。地基中受力较大的土层称为主要受力层。地基的受压层，像个压力泡，主要受力层是基底下压力泡内的一个或数个土层。地基持力层应满足地基承载力和压缩变形要求。所谓地基承载力就是指地基所能承受的满足变形要求的安全荷载。

5. 自重应力：土体自身重量产生的压力，即自重应力，它的大小是随着深度的增加而增加，在天然的地平面上，土的重力为零。越往下土的重力越增加。其值为 γd，即重量（单位体积土的重力）×土的深度。多层土，土质不同时为 $\gamma_1 d_1 + \gamma_2 d_2 \cdots \cdots$，地下水位以下土层取浮重度 $\gamma' = \gamma - 1$。一般情况，土层自重应力引起的地基变形早已形成，年代久远，土在自重作用下压缩过程已完结。只有新填土、冲填土，才可能有自重作用下的变形问题。自重应力值为 p_c。

6. 附加应力：是建筑物的荷载引起的。建筑物通过有限的局部的基础底面，把荷载传到土层上去，并向下扩散，越往下深度增加，荷载则分布到更大的面积上去，越传越远，压力愈来愈小。所以，附加应力是随着深度增加而逐渐减少的。基础荷载是有限面积上的局部荷载，能使建筑物发生沉降，使地基产生新的压缩变形，就是由附加应力作用而引起的。附加应力值为 p_0。

7. 基底压力：就是基础底面上的建筑物全部地上、地下结构的重量的单位面积压力（压强），也称为接触压力。即持力层土层所受到的压力，其值为 p。

附加应力是建筑物基底应力减去基础埋深的土的自重应力，即为建筑物新增加到基底土层的压力 $p_0 = p - p_c$。

8. 浮式基础：由上可知，自重应力对地基土层不产生压缩变形，当基底压力超出自重应力时产生附加应力，附加应力才使地基土产生压缩变形。所以附加应力越小越好。假使设计时，使附加应力等于零，即 $p_0 = p - p_c = p - \gamma d = 0$。基底就没有了附加应力，地基土的沉降就不会产生了。就好似基础"浮"在那里，它不下沉，使建筑物的重量等于挖去的土的重量，恰好平衡，这就是"浮"式基础，或是补偿式基础的道理。可见将基础埋得深些，就可以减少附加压力，高层建筑基础埋得深，取出的土多，有的修建2～3层地下室，除满足稳定性、持力层外，减小基底附加压力也是主要原因，即采用了补偿式的基础。

2.2.2 地基处理

地基设计应遵循的主要规范有：现行国家标准《建筑地基基础设计规范》（GB 50007）、《建筑地基处理技术规范》（JGJ 79）、《建筑桩基技术规范》（JGJ 94）、《建筑抗震设计规范》（GB 50011）。

当天然地基不能满足承载力和变形要求时，以及解决不良地基的稳定、液化和渗透问题，应选择合理的地基处理方法，满足工程建设要求。

不良地基有：软土、杂填土、冲填土，饱和松散粉细砂，湿陷性黄土、膨胀土、山区地基土（滑坡、边坡崩塌、泥石流）和岩溶（喀斯特）。

地基处理，主要有两种方法：一是换土垫层法，二是复合地基法。

1. 换土垫层法

（1）换土垫层地基主要有灰土地基、砂和砂石地基、土工合成材料地基、粉煤灰地基、矿渣地基。

换土垫层一般适用于地基基础设计等级为丙级的建筑物，如地基条件简单，荷载分布较均匀的七层及七层以下的民用和一般工业建筑物，或一般不太重要、轻型、对沉降要求不高的工程。

工程中常用于处理浅层（0.5～3m）的地基。

（2）换填垫层的作用：

① 提高持力层强度；

② 减少地基沉降量；

③ 加速软土层排水固结（当换填材料为砂、砂石、矿渣时）；

④ 防止冻胀；

⑤ 消除湿陷性（灰土地基）。湿陷性黄土地基上不得换填透水性材料，如砂石等。

（3）垫层设计原理：

$$p_z + p_{cz} \leqslant f_{az} \tag{2-1}$$

式中　p_z——垫层底面处标准组合时附加应力设计值（kPa）；

　　　p_{cz}——垫层底面处土的自重应力值（kPa）；

　　　f_{az}——垫层底面处经深度修正后的地基承载力特征值（kPa）。

（4）垫层的承载力：

根据《建筑地基处理技术规范》（JGJ 79）规定，当换填材料、压实系数符合下列要求，垫层承载力见表2-1。

垫层承载力　　　　　　　　　　　　表2-1

换填材料	压实系数 λ_c	承载力特征值 f_{ak}
碎石、卵石	0.94～0.97	200～300kPa
中粗、砾砂	0.94～0.97	150～200kPa
灰土	0.95	200～250kPa
矿渣	最后2遍压实的压陷差<2mm	200～300kPa

（5）机械压实铺土厚度及压实遍数见表2-2。

机械压实铺土厚度及遍数　　　　　　　表2-2

重型平碾（压土机）12t	铺土厚度200～300mm	6～8遍
中型平碾（压土机）8～12t	铺土厚度200～250mm	8～10遍
轻型平碾（压土机）8t	铺土厚度150～200mm	8～12遍

（6）软弱下卧层验算：

当基底持力层不厚，持力层下存在软弱土层时，（软弱下卧层）要验算下卧层的承载力。要求传递到下卧层顶面的附加应力和土的自重应力之和不超过下卧层的承载力设计值。

公式同式（2-1）。其中，p_z 取扩散的压力值。

矩形基础：　$p_z = \dfrac{(p - p_c)bL}{(b + 2z\tan\theta)(L + 2z\tan\theta)}$

使用条件：

① 当换填土层厚度 z 小于1/4基底面宽度 b 时，垫层不起扩

14

散作用，地基承载力由软土层控制。即 $z < 0.25b$，$\theta = 0$ 不扩散。

② 当换填土层与下卧层两层土压缩模量的比值 <3 时，$(E_{s1}/E_{s2} < 3)$ 上下土层可视为均匀土层，压力扩散角值不能使用规范中提供的 θ 值。可见垫层厚度设计要足够厚，换填土强度要足够硬，上硬下软才起扩散作用。实际工程中基底宽度 $\geqslant 10m$，垫层厚度至少为 2.5m 时，才能扩散，见表 2-3。

规范 θ 表

表 2-3

E_{s1}/E_{s2}	$z = 0.25b$	$z \leqslant 0.5b$
3	6°	23°
5	10°	25°

砂垫层 E_s 取 $20\sim30\text{MPa}$，灰土垫层 θ 值取 28°，砂石垫层 θ 值取 22°。

（7）垫层地基施工质量检验标准，主要有地基承载力，压实系数，配合比材料粒径，材料中有机质含量，含水量、含泥量、施工分层厚度等，详见《建筑地基基础工程施工质量验收规范》（GB 50202）。

（8）灰土垫层处理湿陷性黄土地基：

对按《湿陷性黄土地区建筑规范》（GB 50025）规定的建筑物分类为丙类的建筑（高度 $<24m$ 的建筑，地基受水浸湿可能性较大的一般建筑），消除地基部分湿陷量的最小处理厚度：

1）当地基湿陷等级为 Ⅰ 级时，对单层建筑可不处理地基；对多层建筑地基处理厚度不应小于 1m，且下部未处理湿陷性黄土层的湿陷起始压力值，不宜小于 100kPa。

2）当地基湿陷等级为 Ⅱ 级时，在非自重湿陷性黄土场地，对单层建筑，地基处理厚度不应小于 1m，且下部未处理湿陷性黄土层的湿陷起始压力值，不宜小于 80kPa；对多层建筑，地基处理厚度不宜小于 2m，且下部未处理湿陷性黄土层的湿陷起始压力值，不宜小于 100kPa；在自重湿陷黄土场地，地基处理厚度不应小于 2.5m，且下部未处理湿陷黄土层的剩余湿陷量，不应大于 200mm。(剩余湿陷量一将湿陷性黄土地基的总湿陷量减去基底下被处理土层的湿陷量)。

3)当地基湿陷等级为Ⅲ级或Ⅳ级时，对多层建筑宜采用整片处理，地基处理厚度分别不应小于 3m 或 4m，且下部未处理湿陷性黄土层的剩余湿陷量，单层及多层建筑均不应大于200mm。

(9)算例：某 7 层住宅，基底压力 110kPa，换填 0.65m 厚度毛砂垫层，其他数据见示意图图 2-1。

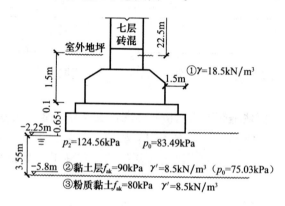

图 2-1

1)求毛砂下卧层第②层黏土层承载力修正计算：

已知：$f_{ak}=90kPa$（地质报告提供）；$\eta_b=0$；$\eta_d=1.1$

$$f_a = f_{ak} + \eta_b \gamma (b-3) + \eta_d \gamma_m (d-0.5)$$
$$= 90 + 0 + 1.1 \times 18.5 (2.25 - 0.5)$$
$$= 125kPa$$

2)求毛砂垫层承载力：

毛砂垫层承载力 f_{ak}，施工检验密度达 2.24g/cm³，$\lambda >$ 0.96，f_{ak} 可达 150kPa。设计基底压力 $p_1=110kPa<150kPa$，满足要求。

3)求第②层黏土层处承载力砂垫层基底压力：

$$p_1 = 110kPa$$

毛砂重：$0.65 \times 2.24 \text{g/cm}^3$

$$p_2 = p_1 + 14.56 = 124.56 < 125 \text{kPa}$$

第②层黏土层承载力满足要求。

4）求第③层粉质黏土顶面处所受的压力和承载力。

已知：厚度 $5.8 - 2.25 = 3.55 (\text{m})$ （$-2.25 \sim -5.8 \text{m}$）

$$f_{ak} = 80 \text{kPa} \quad \gamma' = 18.5 - 10 = 8.5 \text{kN/m}^3$$

求第②层黏土层的附加压力：$p_0 = p - p_c$

$$p_{20} = 124.56 - 18.5 \times 2.25 = 124.56 - 41.06 = 83.49 (\text{kN/m}^2)$$

扩散至第③层土

$$p_z = \frac{bL(p - p_c)}{(b + 2z\tan\theta)(L + 2z\tan\theta)}$$

$b = 14.7 \text{m}$ $L = 42 \text{m}$ $z = 4.3 \text{m}$（距离基底 -5.8m 处，$5.8 - 1.5 = 4.3 \text{m}$）

$z/b = 4.3/14.7 = 0.29$ 查"GB 50007—2002"应力扩散角，取 $\theta = 8°$ $\tan\theta = 0.14$

$$p_z = \frac{83.49 \times 42 \times 14.7}{(14.7 + 2 \times 4.3 \times 0.14)(42 + 2 \times 4.3 \times 0.14)}$$

$$= \frac{51546.726}{26.74 \times 51.04} = \frac{51546.726}{687} = 75.03 \text{kN/m}^2$$

土自重：$\gamma_m = \dfrac{2.25 \times 18.5 + 3.55 \times 8.5}{2.25 + 3.55} = \dfrac{71.8}{5.8} = 12.4$

$$p_{cz} = \gamma_m d = 12.4 \times 5.8 = 71.9 \text{kPa}$$

得第③层粉质黏土所受的压力：

$$p_z + p_{cz} = 75.03 + 71.9 = 146.93 \text{kPa}$$

第③层粉质黏土承载力修正：$\eta_d = 1.6$

$$f_a = f_{ak} + \eta_d \gamma_m (d - 0.5)$$
$$= 80 + 1.6 \times 12.4(5.8 - 0.5)$$
$$= 185.2 > 146.93 \text{kPa}, \text{满足要求}$$

另一解法：由基底压力 110kPa，传递至第③层粉质黏土层上：

附加应力：$P_0 = 110 - 18.5 \times 1.5 = 82.25$ 取 $\theta = 8°$ $\tan\theta = 0.14$

$$p_z = \frac{82.25 \times 42 \times 14.7}{(14.7 + 2 \times 4.3 \times 0.14)(42 + 2 \times 4.3 \times 0.14)}$$

$$= \frac{50781.15}{687}$$

$$= 73.9 \text{kPa}$$

$p_z + p_{cz} = 73.9 + 71.9 = 145.8 < 185.2 \text{kPa}$。下卧层满足地基承载力要求。

（10）垫层地基施工要点：

1）材料粒径、杂质的控制。黏土 $\gamma_d = 1.55 \text{g/cm}^3$，不宜作为填土材料，粉质黏土 γ_d 可达到 1.8g/cm^3，适宜素填土。灰土用黏土及塑性指数大于 4 的粉土。

2）含水量、虚铺厚度、碾压遍数、分层厚度、总厚度控制。

3）施工缝的搭接（上下土层错缝），拌合土比例的操作控制。

4）分层碾压质量及总厚度检验。

5）换填垫层质量的关键是碾压密度。

（11）垫层地基承载力的检验：

对黏性土、粉质黏土、灰土等细粒土的垫层施工质量检验，可用环刀法、贯入仪、轻便触探等试验方法，控制压实标准（压实系数 λ）。满足压实系数，即符合地基承载力要求，此法适用于丙级地基基础设计的要求（七层以下建筑物）。对甲、乙级地基基础设计等级，大型工程垫层地基承载力检测和对粗粒土（砂、砂石垫层），应用载荷试验动力触探的检测方法。

（12）垫层地基最重要的是换填垫层下是否有软弱下卧层，压缩性高的土层，该层土能否满足其上自重应力和附加应力的作用。

2. 复合地基

近年来，处理软弱地基，采用复合地基越来越多，主要常用的有砂（砂石）桩、碎石桩、水泥土搅拌桩和 CFG 桩。复合地基也称为桩土复合地基，是在土中设置由散体材料（砂、碎石）或弱胶结材料（石灰土、水泥土）或胶结材料（水泥）等置换出部分土体，形成桩柱体（增强体）由桩和桩间土共同承受建筑荷重，这种由两种不同强度、不同刚度的材料组成的人工地基称为复合地基。复合地基中桩的作用，一是置换，二是挤密，具体处理时起哪种作用，由设计根据建筑荷重、地基土质、处理目的、机械性能确定。砂石桩一般用于处理液化地基，水泥土搅拌桩用于处理 8 层及其以上建筑的软弱地基，CFG 桩已有用到 30 层的高层建筑地基，提高承载力，减少沉降变形，采用 CFG 桩一般建筑物沉降多在 30～40mm。复合地基的设计与附加应力传布、上部结构荷载分布有关。

（1）应力分布特点：

根据复合地基原理和应力分布，复合地基类型有柔性桩（散体桩）、刚性桩和半刚性桩。柔性桩主要由桩间土约束成桩，破坏形态以鼓胀破坏为主，破坏范围在桩身上部，2～4 倍桩径长度以内，4 倍直径内侧向膨胀，所以要求桩长设计应≥4m，属于此类型的有砂桩、砂石桩。刚性桩，由桩承载，不考虑桩间土作用，可以自身成型，破坏形态以刺入破坏为主。如钢筋混凝土桩、钢桩、CFG 桩。半刚性桩，桩体强度高于土很多，又低于钢筋混凝土桩，所以称作半刚性桩，如水泥土搅拌桩。桩的刚度不同，分担外荷载的份额也不相同。

柔性桩地基的主要压力区与天然地基相似，基底接触压力在基础底面的延线上，且超出基础宽度较多，基底压力外扩。为避免基础外土体侧向挤出沉降过大，一般在基础外缘扩大 1～3 排桩，如砂桩、碎石桩的布置。

刚性桩，桩承担荷载大，沿桩身传载，一直传到桩底下面。

半刚性桩：介于刚性桩、柔性桩之间，主要受力视桩长和桩土应力比不同而变。通常无液化，无湿陷的场地，刚性桩、半刚性桩仅在基底范围内布桩，荷载通过桩下传，基础外线土中应力不高，所以基础外不设护桩。如素混凝土桩、CFG 桩。

（2）水泥土搅拌桩：

水泥土搅拌桩，视水泥掺入比 α_w 的多少，改变桩的刚性程度，当 $\alpha_w < 5\%$，接近柔性，鼓胀破坏；$\alpha_w > 25\%$，接近刚性，刺入破坏。α_w 常用 12%～20%，工程中常用每米桩掺入多少水泥量（kg）控制，亦称掺粉量，如 50kg/m。水泥土搅拌桩主要靠侧阻发挥作用，桩端承载力较低，约为 5%。适用于粉土、黄土、黏土（$I_P < 25$）地基，有湿法加固和干法加固。湿法加固深度≤20m，干法加固深度≤15m。当含水量 $w < 30\%$，$w > 70\%$，地下水 pH < 4 时，不宜用干法。用水泥土搅拌法对地基进行加固，提高原土承载力，关键是确定置换率和桩长，而提高置换率比增加桩长效果更好。水泥土桩对地基土强度提高有限，可达 1.5 倍天然地基强度。可用于 8～12 层建筑，一般加固深度可达 15m，桩的轴压发生在一定深度范围之内。

1) 单桩承载力经验估算公式：

$$R_a = u_p \sum_{i=1}^{n} q_{si} L_i + \alpha q_p A_p \tag{2-2}$$

式中　u_p——桩的周长；

　　　n——桩长范围内所划分的土层数；

　　　q_{si}——桩周第 i 层土的侧阻力特征值：

　　　　　对软塑状态的黏性土可取 10～15kPa，I_L:0.75～1；

　　　　　对可塑状态的黏性土可取 12～18kPa，I_L:0.25～0.75；

　　　q_p——桩端地基土未经修正的承载力特征值（kPa）；

　　　α——桩端天然地基土的承载力折减系数，可取 0.4～0.6，承载力高时取低值；

　　　L_i——第 i 层土的厚度（m）。

复合地基承载力：

$$f_{spk} = m \frac{R_a}{A_p} + \beta(1-m) f_{sk} \tag{2-3}$$

式中　f_{sk}——桩间土承载力特征值（kPa）；

　　　β——桩间土载力折减系数：

　　　　　桩端土 f_{sk}>桩周土的 f_{sk}，取 0.1～0.4，差值大取低值；

桩端土 f_{sk} <桩周土的 f_{sk}，取 0.5~0.9，差值大取高值。有褥垫层时取高值；

m——桩土面积置换率：

正方形布置时：$m = 0.785(d/L)^2$；

三角形布置时：$m = 0.91(d/L)^2$；

矩形布置时：$m = 0.785\dfrac{d^2}{L_1 \times L_2}$。

式中，d 为桩直径；L 为桩间距。水泥土搅拌桩的置换率 m，可达 20%。总桩数 $n = mA/A_p$。

2）水泥土搅拌法施工无振动，无噪声，污染小。土体加固后，重度基本不变，软弱下卧层不致产生较大附加沉降。不存在挤土效应，对周围地基扰动小。

3）水泥土搅拌桩喷浆施工（湿法）：

重点控制：钻进提升速度 0.5~0.8m/min；

钻到桩底座底喷浆 30s，保证桩端形成桩头；控制提升速度，控制提升行程时间，根据桩长确定提升至桩顶的时间；

再次复搅至少一遍，速度可稍快，定档位 60r/min；

喷粉施工（干法）：重点控制检查整个搅拌机械系统的密封性、可靠性。

送粉管线长度应小于 60m，必须配置经国家计量部门确认的具有瞬时检测并记录出粉量的粉体计量装置和搅拌深度自动记录仪。

搅拌头每旋转一周，提升高度不得超过 16mm。搅拌头直径，磨耗量不得大于 10mm。搅拌头距桩底 1.5m 时，开始喷粉，提升至地面下 0.5m 时，停止喷粉。因故停喷，搅拌头应在停喷以下 1m 处。恢复时，再喷粉提升。

检查重点：水泥用量、桩头、搅拌头转数、提升速度、复搅次数、深度、停浆处理。

（3）水泥粉煤灰碎石桩（CFG 桩）：

属高粘结强度桩，类似低强度素混凝土桩。桩长全长范围内

21

受力，视为刚性桩。

承载力高，压缩性小，靠侧阻、端阻发挥作用。桩顶与基础之间设置褥垫层，厚度 150～300mm，以保持桩和桩间土共同承载形成复合地基。当用于液化地基时，可先施工碎石桩，再在碎石桩中间用沉管灌注 CFG 桩，消除地基液化，提高地基承载力。同时，基础外侧也要布置碎石桩。CFG 桩承载力提高幅度可达2.5～3 倍，对基土和基础有较大适用范围。

1）单桩承载力经验估算公式：

$$R_a = u_p \sum_{i=1}^{n} q_{si} L_i + q_p A_p \qquad (2\text{-}4)$$

式中 u_p——桩的周长；

n——桩长范围内所划分的土层数；

q_{si}、q_p——桩周第 i 层土的侧阻力，桩端端阻力特征值，由地质报告提供；

L_i——第 i 层土的厚度（m）。

复合地基承载力特征值：

$$f_{spk} = m \frac{R_a}{A_p} + \beta(1-m)f_{sk} \qquad (2\text{-}5)$$

式中 f_{spk}——复合地基承载力特征值(kPa)；

m——面积置换率，CFG 桩的置换率不宜超过 10%；

R_a——单桩竖向承载力特征值（kN）；

A_p——桩的截面积（m²）；

β——桩间土承载力折减系数，可取 0.75～0.95，天然地基承载力较高时取大值；

f_{sk}——处理后桩间土承载力特征值（kPa），宜按当地经验取值；如无经验时，可取天然地基承载力特征值。

当 R_a 为单桩载荷试验时，应将单桩竖向极限承载力除以安全系数 2 取用。

CFG 桩设计要领：大桩长、大桩距 [（4～5）d]，桩端落在好土层上。

22

CFG 桩设计参数五要素：桩长 L，桩径 d（$350\sim600\mathrm{mm}$，$400\mathrm{mm}$ 最佳），桩间距 S，桩体强度 $f_{cu}\geqslant3\dfrac{R_a}{A_p}$，褥垫层材料及厚度。

2）振动沉管灌注成桩对饱和黏性土易造成地表降起，挤断已打桩，振动及噪声污染严重，居住区使用受限。长螺旋钻孔，管内泵压混合料成桩工艺，属非挤土成桩工艺，穿透能力强，低噪声，无振动，无泥浆污染，施工效率高，质量易控制。

3）CFG 桩施工重点控制：

长螺旋钻孔，管内泵压混合料成桩施工坍落度宜为 $160\sim200\mathrm{mm}$。施工拔管速度控制在 $1.2\sim1.5\mathrm{m/min}$ 左右。施工桩顶标高宜高出设计桩顶标高至少 $0.5\mathrm{m}$，施工过程，制作混合料试块，每台机械一天应做 1 组试块（$150\mathrm{mm}\times150\mathrm{mm}\times150\mathrm{mm}$），清土和截桩，不得造成桩身断裂和扰动桩间土。

长螺旋钻孔灌注成桩，适用于地下水位以上的黏性土、粉土、素填土、中等密实以上的砂土。长螺旋钻孔，管内泵压混合料灌注成桩，适用于黏性土、粉土、砂土、对噪声和污染要求影响小的场地。当遇有密实的粗砾石、碎石的土层时难以钻进。振动沉管灌注成桩，适用于粉土、黏性土及素填土地基。

（4）复合地基褥垫层：

是复合地基的重要组成部分。由级配砂石、砾砂、粗砂、碎石等散体材料组成，碎石中宜掺入 $20\%\sim30\%$ 的砂，厚度 $200\sim300\mathrm{mm}$。设置在基础与桩顶之间，褥垫层铺设要求夯填度 $\leqslant0.9$，以减少施工期间地基的变形量。夯填度指夯实后的褥垫层厚度与虚铺厚度的比值。

褥垫层主要作用：

1）保证桩土共同承载；

2）减少基底应力集中；

3）调整桩土应力比；

4）对基底土层的排水固结作用；

5）防止桩间土与基底脱开。

基土中孔隙水排出，桩间土下沉，基底脱开，荷载传到桩上，有了垫层可均匀分布调节，保持与基底的接触。

褥垫层提供了桩上、桩下刺入条件，保证桩间土参与工作，垫层不宜过薄，也不宜过厚。厚度大于 100mm，可降低桩对基底应力集中，如垫层过厚，超过 500mm 以上时，土承担荷载多，如桩土应力比接近于 1，桩间土全部承载，桩失去了作用，所以以 100～300mm 为宜。褥垫层厚度大，桩顶水平位移小，承受水平荷载也小，厚度不小于 100mm 时，桩体不会发生水平折断，可使复合地基保持承载能力。

2.2.3 复合地基检测

对水泥土搅拌桩、CFG 桩、砂石桩等复合地基，施工成桩后应对其承载力进行复合地基载荷试验。复合地基试验加荷等级可分 8～12 级，最大加载量不应小于设计要求压力值的 2 倍。并以试验结果确定复合地基承载力特征值。试桩数量应取总桩数的 0.5%～1%，并且不少于 3 根。

当试验的压力—沉降曲线（p-s）呈陡降形时，按极限荷载和比例界限情况判定。

当试验的压力—沉降曲线（p-s）为缓变形时，按相对变形值确定。按相对变形值确定的承载力特征值不应大于最大加载压力的一半。

对砂石桩，以黏性土为主的地基，取 $S/d(S/b) = 0.015$ 所对应的压力。以粉土或砂土为主的地基，取 $S/d(S/b) = 0.01$ 所对应的压力。

对水泥土搅拌桩，可取 $S/d(S/b) = 0.006$ 所对应的压力。

对 CFG 桩，以圆砾密实粗中砂为主的地基，可取 $S/d(S/b) = 0.008$ 所对应的压力。以黏性土、粉土为主的地基，可取 $S/d(S/b) = 0.01$ 所对应的压力。b 和 d 分别为承压板宽度和直径。

实际试验多以单桩复合地基载荷形式进行，承压板用方形或圆形。面积为一根桩承担的处理面积。如桩直径 500mm，承压

板宽度 b 为 1200mm，对 CFG 桩，取其 S（载荷试验承压板的沉降量）＝1200×0.01mm＝12mm 时所对应载荷 P 值为承载力特征值，且其值应不大于最大加压力的一半。试验点的数量，不少于3点，满足其极差不超过平均值的30%时，取其平均值为复合地基承载力特征值。

阅读复合地基检测报告，应注意：

1）最大加压力时，沉降量的情况；

2）一半压力值时的沉降量情况；

3）按相对变形 $S/d(S/b)$ 值确定的复合地基试验的对应荷载数值；

4）按规范规定的试验压力相对变形 $S/d(S/b)$ 的取值是否明确。

算例 1：某工程试验复合地基承载力值 $f_1=170\text{kPa}$、$f_2=210\text{kPa}$、$f_3=190\text{kPa}$。求平均值。

$$f_{\text{spk}}=\frac{170+210+190}{3}\text{kPa}=190\text{kPa}$$

平均值的30%：190×30%kPa＝57kPa

极差值：（210－170）kPa＝40（kPa）＜57kPa

所以其平均值 $f_{\text{spk}}=190\text{kPa}$ 为复合地基承载力特征值。

算例 2：某工程 CFG 复合地基承载力要求 230kPa，该工程为框架结构，地上 15 层，地下 1 层。基底持力层天然土承载力为 95kPa，桩径 0.4m。求单桩承载力（设计要求为 300kN）。

已知：$f_{\text{spk}}=230\text{kPa}$，$m=0.785\dfrac{0.4^2}{1.29\times1.37}=0.071$，

$d=0.4\text{m}$，$A_{\text{P}}=0.1256\text{m}^2$，$f_{\text{sk}}=95\text{kPa}$，$\beta=0.9$

由式：

$$f_{\text{spk}}=m\frac{R_{\text{a}}}{A_{\text{p}}}+\beta(1-m)f_{\text{ak}}$$

$$230=0.071\frac{R_{\text{a}}}{0.1256}+0.9(1-0.071)\times95$$

得 $R_{\text{a}}=266\text{kN}$。

复核结果小于设计单桩承载力 300kN，实际试验未达到。

经复核可了解：复合地基承载力与单桩承载力之间是否匹配。即设计要求单桩承载力的高低，安全系数取值的情况。

2.2.4 地震液化地基处理

从我国多次强地震中遭受破坏的建筑看，只有少数房屋因地基原因造成上部结构破坏。大量一般性的地基都具有较好的抗震性能，也很少有因地基承载力不足而产生震害。能引起上部结构破坏的地基，多数是液化地基、易产生震陷的软土地基和不均匀地基。液化土层越厚，埋藏越浅，地下水位越高，地震震级越强烈，越容易液化。

液化地基要根据建筑类别（乙、丙、丁类）和液化等级（轻微 $I_{lE} \leqslant 6$，中等 $I_{lE} \leqslant 18$，严重 $I_{lE} > 18$）情况，采用全部消除液化沉陷的措施或部分消除液化的措施，如对液化地基做桩基处理，使桩基穿透液化土层，伸入稳定土层，伸入长度（硬土 $\geqslant 0.8m$，非硬土 $\geqslant 1.5m$）；采用砂石桩挤密加固，减小土体空隙挤密土颗粒，改变液化势，降低液化等级，或采用碎石桩＋CFG桩混合桩基的挤密加固方法。从目前地震震害现象，抗震规范提供震害分析，液化危害主要发生在基础外侧，液化持力层范围内位于基础直下方的部位很难液化。所以对于轻微和中等液化土层，在采取部分处理后，可重点加强上部结构整体性和整体刚度的措施，调整基础底面积，调整偏心，加强基础的刚度等加以解决。对严重液化地基，应处理其减轻液化势，降低液化等级为轻微，即有效加固处理深度应使处理后的地基液化指数减少，其值不宜大于5，大面积筏基、箱基的中心区域，处理后的液化指数不宜大于6。并采取加强上部结构整体性的措施加以解决。

一般中等液化对房屋不均匀沉降可达到 200mm，严重液化的不均匀沉降可达到 200～300mm 以上，高层建筑结构倾斜超过规范规定。具体工程液化处理方案应由设计确定。

静力地基加固是为了减少沉降与提高地基承载力。

地基抗震加固是为防止饱和砂土液化和软土震陷。

2.2.5 复合地基施工及质量预控要点

(1) 识读地质勘察报告，了解地基土层情况，桩端落在哪层土上。

(2) 控制原材料质量和选择配合比。

(3) 控制放线，确定桩位和施工顺序。

(4) 施工操作机械成桩的控制：

1) 双向垂直度，桩长控制；

2) 移动间距和方向；

3) 进尺速度；

4) 提升速度，水泥搅拌桩 0.5m/min，CFG 桩 1.2～1.5m/min；

5) 激振遍数、时间；

6) 桩体灌料量（充盈系数）；成桩标高、深度施工记录；

7) 做试桩。正常情况从钻进至完成一根桩所需要的全部时间（最少的成桩时间），低于这个时间就可能是存在问题的桩。时间过长可能遇到困难情况。

(5) 异常情况处理：

1) 碰到硬物、孤石、树根等下不去；

2) 含水量太大、土太软、钻进突变；

3) 遇到流动水，浆料流失；

4) 桩位偏差大；

5) 成桩扩孔塌径，浆料量超差大。

(6) 提供检测方案的原始资料：

1) 每日成桩数量，顺序（施工桩编号）；

2) 成桩日期记载（水泥土搅拌桩，CFG 桩地基竣工检验复合地基载荷试验时间宜在成桩 28d 后进行）；

3) 异常桩。

(7) 复合地基验收提交的工程技术资料：

1) 标示桩距、桩径、数量及桩位偏差值的成桩结果分布图；

2) 检验批验收表；

3) 原材料质量检验报告，施工成桩记录；

4）提供复合地基载荷试验报告，CFG桩还应抽取≥10％总桩数的桩身完整性检测报告（低应变动力试验）；

5）异常桩和经检测，对Ⅲ类，特别是Ⅳ类桩处理的设计书面意见和处理后的监理验收记录。

（8）施工单位复合地基施工质量自检评定报告。

（9）监理单位复合地基施工质量评估报告。

（10）复合地基施工验收记录表（参建各方代表签名、验收意见、加盖公章、时间）。

2.2.6 天然地基土承载力特征值 f_{ak} 的确定

在承压板不小于 0.25m^2，软土不小于 0.5m^2 的面积上，逐级加荷，测量每分级荷载下承压板的稳定沉降值，由 $p\text{-}s$ 曲线（荷载-沉降）状态确定（图2-2）：

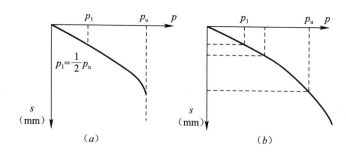

图 2-2

（a）陡降型；（b）缓变型

p_1—比例界限荷载

1. 当 $p\text{-}s$ 曲线上有比例界限时，取该比例界限所对应的荷载值。

2. 当极限荷载小于对应比例界限的荷载值的2倍时，取极限荷载值的一半。

3. 当不能按上述两款要求时，当压板面积为 $0.25\sim0.5\text{m}^2$，可取 $S/b=0.01\sim0.015$ 所对应的荷载，但其不应大于最大加载量的一半。

4. 同一土层参加统计的试验点不应少于三点，当试验实测值的极差不超过其平均值的30％时，取此平均值作为该土层的

28

地基承载力特征值 f_{ak}。

对于密实砂、硬塑黏土等低压缩性土，其 p-s 曲线通常有比较明显的直线段和极限值。所以低压缩性土的承载力基本值一般由强度安全控制。

对于有一定强度的中高压缩性土，如松砂、填土、可塑黏土等，p-s 曲线无明显转折点，要取得极限值，将使试验达到很大沉降才行，往往受加荷设备限制，无法取得极限荷载值，真要加到极限荷载，土压缩沉降就太大了。所以，中、高压缩性土的基本承载力，是受允许沉降量的限制，需从沉降的情况来确定。

地基承载力特征值是在载荷试验测定的地基土压力变形曲线线性变形段内规定的变形所对应的压力值，其最大值为比例界限值。

根据《建筑地基基础设计规范》（GB 50007）规定，地基承载力特征值的修正：

当基础宽度＞3m，或埋深＞0.5m，从载荷试验或其他原位测试，经验值等方法确定的地基承载力特征值，应按下式修正：

$$f_a = f_{ak} + \eta_b \gamma (b - 3) + \eta_d \gamma_m (d - 0.5) \qquad (2\text{-}6)$$

式中　f_a——修正后的地基承载力特征值；（kPa）

　　　f_{ak}——地基承载力特征值；

　η_b、η_d——基础宽度和埋深的地基承载力修正系数（表 2-4）；

　　　γ——基础底面以下土的重度，地下水位以下取浮重度；

　　　b——基础底面宽度（m），当 $b < 3$m，按 3m 取值；当 $b > 6$m，按 6m 取值；

　　　γ_m——基础底面以上土的加权平均重度，地下水位以下取浮重度；

　　　d——基础埋置深度（m），一般自室外地面标高算起。在填方整平地区，可自填土地面标高算起，但填土在上部结构施工后完成时，应从天然地面标高算起。对于地下室，如采用箱形基础或筏基时，基础埋置深度自室外地面标高算起；当采用独立基础或条形基础时，应从室内地面标高算起。

29

土的类别		η_b	η_d
淤泥和淤泥质土		0	1.0
人工填土 e 或 I_L 大于等于 0.85 的黏性土		0	1.0
红黏土	含水比 $\alpha_w > 0.8$	0	1.2
	含水比 $\alpha_w \leqslant 0.8$	0.15	1.4
大面积压实填土	压实系数大于 0.95、黏粒含量 $\rho_c \geqslant 10\%$ 的粉土	0	1.5
	最大干密度大于 2.1t/m³ 的级配砂石	0	2.0
粉土	黏粒含量 $\rho_c \geqslant 10\%$ 的粉土	0.3	1.5
	黏粒含量 $\rho_c < 10\%$ 的粉土	0.5	2.0
e 及 I_L 均小于 0.85 的黏性土		0.3	1.6
粉砂、细砂（不包括很湿与饱和时的稍密状态）		2.0	3.0
中砂、粗砂、砾砂和碎石土		3.0	4.4

注：1. 强风化和全风化的岩石，可参照所风化成的相应土类取值，其他状态下的岩石不修正；

    2. 地基承载力特征值按 GB 50007 附录 D 深层平板载荷试验确定时 η_d 取 0。

使用式（2-6）时应注意，凡经人工处理的地基，基础宽度的地基承载力修正系数应取零。基础埋深的地基承载力修正系数应取 1.0。如 CFG 桩复合地基承载力 f_a 值为：

$$f_a = f_{spk} + \gamma_m(d - 0.5)$$

修正原因，载荷试验所得到的容许承载力是在压板宽度为 70.7cm 或 50cm 埋深为零（$d=0$）条件下的标准值，实际工程基础埋深与宽度比标准压板大许多倍，因此当基础宽度超过 3m，埋置深度超过 0.5m（对湿陷性黄土地基，埋深超过 1.5m，$d-1.5$m），对地基承载力要加以修正。

2.2.7 桩基础

1. 桩的作用是将上部结构荷载传到土的深处，落在坚硬、压缩性小的土层或岩石上。具有承载力高，稳定性好，沉降小，沉降稳定快，抗震能力强，适应复杂地质条件，主要用于高层住宅和公共建筑。

2. 桩的分类，可根据其承载性状、桩身材料、桩的直径、成桩方法划分。

（1）按桩径：$D \geqslant 800$mm   大直径桩；

　　　　　　$250 < D < 800$mm   中等直径桩；

　　　　　　$D \leqslant 250$mm   小直径桩。

（2）按桩身材料：有钢筋混凝土桩、钢桩、木桩、组合桩。

（3）按成桩方法：有灌注桩、打入桩、静压桩。

（4）按承载性状：

摩擦桩：竖向压力下，桩顶荷载主要由桩侧阻力承受。桩端阻力很小，可不计；

端承摩擦桩：竖向压力下，桩端阻力分担荷载不大于 30% 的桩；

摩擦端承桩：竖向压力下，桩侧阻力承受荷载 $\leqslant 50\%$ 的桩；桩顶荷载主要由桩端阻力承受；

端承桩：竖向压力下，桩顶荷载全部或大部分由桩端阻力承受。桩侧阻力很小，可不计。

3. 单桩竖向极限承载力标准值的确定：

(1)《建筑桩基技术规范》（JGJ 94）规定

甲级建筑桩基应采用现场单桩静载荷试验确定。

乙级建筑桩基应根据静力触探等原位测方式和经验参数等估算，并参照地质条件相同的试桩资料，综合确定。地质条件复杂现场单桩静载荷试验确定。

丙级建筑桩基，可根据原位测试和经验参数确定。

(2)《建筑地基基础设计规范》（GB 50007）规定，单桩竖向承载力特征值应通过单桩竖向静载荷试验确定，在同一条件下的试桩数量，不宜少于总桩数的 1%，且不应少于 3 根。

当单桩竖向极限承载力静载荷试验的荷载-沉降（Q-s）曲线，陡降段明显时，取相应于陡降段起点的荷载值。

Q-s 曲线呈缓变型时，取桩顶总沉降量 $s = 40$mm 所对应的荷载值。

参加统计的试桩，当满足其极差不超过平均值的 30% 时，可取其平均值为单桩竖向极限承载力。极差超过平均值的 30%

时，宜增加试桩数量并分析离差过大的原因，结合工程具体情况确定极限承载力。

将单桩竖向极限承载力除以安全系数 2，为单桩竖向承载力特征值 R_a。

（3）《建筑基桩检测技术规范》（JGJ 106）规定

对于缓变型 $Q\text{-}s$ 曲线可根据沉降量的确定，宜取 $s=40\text{mm}$ 对应的荷载值；当桩长大于 40m 时，宜考虑桩身弹性压缩量；对直径大于或等于 800mm 的桩，可取 $s=0.05D$（D 为桩端直径）对应的荷载值。

对于陡降型 $Q\text{-}s$ 曲线，取其发生明显陡降的起始点对应的荷载值。（沉降随荷载变化的特征）

取 $s\text{-}\lg t$ 曲线尾部出现明显向下弯曲的前一级荷载值。（沉降随时间变化的特征）说明极限承载力值的出现。

（4）初步设计时单桩竖向承载力特征值估算：（GB 50007）

$$R_a = q_{pa}A_p + u_p\Sigma q_{sia}L_i \qquad (2\text{-}7)$$

式中 R_a——单桩竖向承载力特征值；

q_{pa}、q_{sia}——桩端端阻力、桩侧阻力特征值（JGJ 94 均取极限值），由当地静载试验结果统计分析算得；

A_p——桩底端横截面面积；

u_p——桩身周边长度；

L_i——第 i 层岩土的厚度。

算例：某高层住宅 23 层，地下一层，基础底面积 330m^2，房屋总荷重 132000kN，基础埋深 5.3m，基底压力 $P=400\text{kPa}$，采用灌注桩直径 $d=800\text{mm}$，桩距 $3d$，2.4m 间距，正方形满堂布桩。求布桩数、单桩承载力。

a. 需布桩数：$330/2.4\times2.4$ 根=57.3 根取 58 根；

b. 所需单桩承载力：132000/58kN=2275kN；

c. 求单桩竖向承载力：已知桩径 $d=0.8\text{m}$，周长 $u_p=\pi d=2.512\text{m}$，$A_p=0.785d^2=0.5024\text{m}^2$。

已知土层情况见表 2-5 及图 2-3。

土　层	岩　性	平均厚度（m）	底板埋深（m）	q_{pa}（kPa）	q_{sia}（kPa）
①	填土	5.06	5.06		18
②	粉细砂	5.84	10.91		20
③	粉质黏土	7.28	18.19		48
④	细砂	3.17	21.36	800	50
⑤	粉土	11.18	32.53	900	70
⑥	粉质黏土	4.1	36.63	750	60
⑦	粉土	6.55	45.7	1000	70

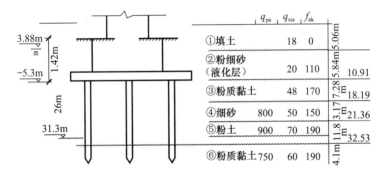

图 2-3　土层状况

第②层土的侧阻力：②[5.84−(5.3−5.06)]×20＝112

第③层土的侧阻力：③7.28×48＝349.44

第④层土的侧阻力：④3.17×50＝158.9

第⑤层土的侧阻力：取总桩长 31.3m，基底下有效桩长 26m，进入第⑤层土深度 31.3−21.36＝9.94m

⑤ 9.94×70＝695.8

持力层第⑤层桩端阻力：0.5024×900＝452.16

$u_p \Sigma q_{sia} L_i$：2.51(112＋349.44＋158.9＋695.8)

　　　　　＝1316.14×2.512＝3306.14

$q_{pa} A_p$：452.16

R_a：3306.14＋452.16＝3758.3kN

取抗力分项系数 $r=1.65$

$R_a=3758.3/1.65kN=2277.75kN \geqslant 2275kN$ 满足要求。

复核桩端基土强度：

基底压力 400kPa 基础下桩土有效重度取 $11kN/m^3$

桩端等效实体深基础底面压力 $P=400+26 \times 11=686kPa$

第⑤层粉土承载力设计值修正后得：

$$f_a=190+2.0 \times 11 \times (26-0.5)=190+561$$
$$=751kPa>686kPa$$

4. 成桩质量检验

（1）根据国家现行标准《建筑桩基技术规范》（JGJ 94）、《建筑地基基础工程施工质量验收规范》（GB 50202）、《建筑基桩检测技术规范》（JGJ 106）工程桩施工前未进行单桩静载试验的设计等级为甲级、乙级的桩基，地质条件复杂，桩施工质量可靠性低，采用新桩型和新工艺的桩应进行单桩竖向抗压承载力静载试验。

工程施工前已进行了单桩静载试验的桩，可进行满足高应变法检测范围的灌注桩的试验（已做试验的甲级和乙级、丙级建筑桩基）。混凝土桩身完整性检测，抽检数量不少于总桩数的30%，且不得少于 20 根。

施工前试桩是为设计提供依据，以获得经济可靠的设计施工参数，减少盲目性，所以前期试桩非常重要。施工后的试桩是为查明隐患，确保安全，证实是否达到设计的要求。应优先抽检下列情况的桩，再考虑抽样的随机性。

单桩承载力和桩身完整性抽样检测受检桩选择宜符合下列规定：

1）施工质量有疑问的桩；

2）设计方认为重要的桩；

3）局部地质条件出现异常的桩；

4）施工工艺不同的桩；

5）适量选择桩身完整性检测判定的Ⅲ类桩，做承载力检测；

6）Ⅵ类桩应进行工程处理；

7）低应变检测，受检桩混凝土强度至少达到设计强度的70％，且不小于15MPa。桩施工完后，宜先检测桩身完整性，再进行承载力检测。

（2）桩身完整性分类：

Ⅰ类桩，桩身完整。

Ⅱ类桩，桩身有轻微缺陷，不会影响桩身结构承载力的正常发挥。

Ⅲ类桩，桩身有明显缺陷，对桩身结构承载力有影响。

Ⅳ类桩，桩身存在严重缺陷。

地基基础设计等级划分和岩石工程勘察分级应按现行国家标准《建筑地基基础设计规范》（GB 50007）和《岩土工程勘察规范》（GB 50021）的规定进行，见附录。一般工程设计图纸应确定明确。

（3）工程桩验收提交的技术资料。地质勘察报告，桩基设计文件，桩基原材料试验资料，成桩施工记录，桩基承载力和桩身完整性检测报告，混凝土试块强度汇总及报告，异常桩的处理，桩位成果图，打桩和上部施工、监理的桩位复核记录，施工质量自检评定报告，监理施工质量评估报告。

（4）桩基验收。办理验收记录表，由勘察、设计、检测、打桩施工单位，监理单位，建设单位签字盖章。时间填写应一致，验收各方应写明各自的验收结论意见。

2.2.8 建筑物地基变形设计和基础不均匀沉降问题

1. 建筑物地基变形设计

我国房屋建筑工程地基承载力的取值，是在满足一定变形条件下的地基承载力，一般的工程设计只要提出对地基土的承载力要求，也就满足了对地基压缩变形的要求。所以设计上要控制地基沉降不能产生变形过大的情况。必要时应做变形验算。《建筑地基基础设计规范》（GB 50007）规定了进行地基变形设计的建筑物的范围和条件。

如地基基础设计等级为甲级、乙级的建筑物，丙级中 6 层砖混结构地基承载力特征值<130kPa，且体形复杂的建筑或土层坡度>10％时，均应进行地基变形设计和验算。

地基土的压缩变形，使基础沉降，是由上部结构附加压力引起的。在附加压力作用下，工程地基的变形，主要有四种类型：总沉降量、差异沉降、局部倾斜和整体倾斜。从已有的大量地基事故分析，绝大多数事故皆由地基变形过大且不均匀所造成。因此地基基础设计就要控制这些变形在允许的范围之内。设计人员要把按承载力的设计转到变形控制设计上来，以控制地基变形作为地基设计的主要原则。经过变形验算，对地基、基础和上部结构进行调整，使建筑物的各部分的沉降协调、均匀，符合地基变形允许值的规定。

2. 建筑物的不均匀沉降问题

当建筑物的地基产生明显的不均匀沉降时，将直接导致建筑的倾斜开裂，有的影响电梯正常运行，甚至采用桩基也发生过明显倾斜的质量问题。产生地基不均匀沉降的原因，一般为：

（1）地质条件：地基压缩层内土层软弱不均，各土层压缩模量差异较大，压缩性不同，地基和基础沉降易为不均匀。

（2）上部结构荷载的不均匀：上部结构高低差异大，承载相差悬殊，荷载分布不均匀，住宅中厨房、厕所、设备，偏于一侧，横墙较多，易产生偏心；轴压使基础沉降，偏心使基础倾斜。

（3）相邻建筑物的影响：邻近建筑对建筑物的一侧引起较大附加压力，使建筑物产生不均匀沉降，一般相距 6m 以上，相互影响不明显，10m 以外不考虑。

（4）其他原因：建筑物一侧大面积堆载，房屋使用期间地基浸水、施工中一侧渗水较多，开挖深基坑都会引起地基不均匀沉降。

其中从地基情况讲，造成地基不均匀变形的主要因素，是地层在不同方向的不均匀性。对此岩土工程勘察时要给以判定。

根据《高层建筑岩土工程勘察规程》(JGJ 72)提出判定不均匀地基的原则:

(1) 中—高压缩性地基,持力层底面或相邻基底标高的坡度大于10%;

(2) 中—高压缩性地基,持力层及其下卧层在基础宽度方向上的厚度差值大于0.05b(b为基础宽度);

(3) 按土的压缩模量E_{smax}/E_{smin}的比值确定。

实例:太原市新建路某7层框架楼,地质报告分析

地基持力层落在第②层粉土上,第③层细砂和第④层中砂等不同地层上,地基持力层和第一下卧层的基础宽度方向上,地层厚度的差值大于0.05b,基础宽度方向上两个钻孔压缩层范围内压缩模量平均值为Z_{k_3}和Z_{k_4},钻孔计算,E_{s_1}为10.25MPa,E_{s_2}为9.44MPa,$E_{s_1}-E_{s_2}=0.81$MPa$>1/25(E_{s_1}+E_{s_2})$MPa$=0.78$MPa属不均匀地基。

亲贤街另一框剪结构22层,地质报告分析:

桩基持力层(28m深度)第④层中砂土,第一下卧层为第⑤层黏质粉土,层面坡度<10%,持力层和第一下卧层在基础宽度方向上,地层厚度差值小于0.05b,各压缩层压缩模量经计算符合$E_{s_1}-E_{s_2}<1/25(E_{s_1}+E_{s_2})$,据此判定该场地天然地基为均匀地基。

判定为不均匀地基的应予以综合处理。具体工程由设计确定。

2.2.9 沉降观测和建筑物地基变形允许值

1. 沉降观测的作用

建筑物的沉降反映出工程勘察的质量,地基基础设计的质量和工程施工的质量,反映出建造过程中荷重的增加,地基在附加压力作用下,地基的竖向压缩变形的沉降从零开始直至沉降稳定的变化情况。因此工程施工过程中对建筑物进行沉降观测,具有重要作用和现实意义。这对工程施工质量的控制,实现信息化施

工，对工程验收的认可，对已发生的质量事故和质量纠纷的判断，可提供直接证明。

如某工程原设计 6 层砖混结构住宅，由于地基为软弱土层，施工至 5 层时，沉降观测地基下沉 80mm，信息反馈后，设计上决定少建一层，沉降未再发展达到稳定。

又如，某四层住宅黏土空心砖砌体，施工时，沉降稳定，交工后 2 年，使用中发生浸水沉降，造成砌体结构开裂，经调阅资料查询，验收时的沉降观测资料说明施工阶段地基沉降是均匀稳定的，这对事故责任的划分和事故原因的分析提供了有力的证明。

2. 沉降观测点的设置及观测期限

根据《建筑变形测量规程》(JGJ/T 8) 的建议，"建筑物的四角，大转角处及沿外墙角 10～15m 处或每隔 2～3 根柱基上"设点（《建筑地基基础设计规范》(GB 50007) 规定，砌体结构沉降点距为 6～10m）。

宽度≥15m 或<15m 地质复杂的建筑物，在承重墙内隔墙中部设内墙点。

框架结构建筑物的每个或部分柱基上或沿纵横轴线设点。片筏基础、箱形基础底板或接近基础的结构部分之四角处及其中部位置。

观测周期：施工阶段，基础完工后开始，民用建筑每加高 1～5 层，观测一次，工业建筑按不同增荷阶段（立柱，安屋架，砌墙体，装设备）各观测一次。停工期每隔 2～3 月观测一次。

使用阶段：交工后，第一年观测 3～4 次，第二年观测 2～3 次，第三年后每年一次，直至稳定。

对高层建筑沉降观测，《高层建筑岩土工程勘察规程》(JGJ 72) 规定，施工期间每增加一层观测一次。

使用阶段：交工后，第一年每隔 2～3 个月观测一次，以后每隔 4～6 个月观测一次，直至沉降相对稳定为止。

观测期限：砂土地基 2 年，黏土地基 5 年，软土地基 10 年（软土地基中孔隙水排出缓慢，消散时间长，所以沉降稳定慢，则观测时间长)。

一般多层建筑物在施工期间完成的沉降量,对砂土可认为其最终沉降量已完成 80% 以上,对于其他低压缩性土可认为完成 50%～80%。对中等压缩性土可认为完成 20%～50%,对高压缩性土可认为已完成 5%～20%。沉降稳定及沉降量决定于附加压力和压缩土层厚度及性质。高层建筑沉降由观测分析确定。

3. 施工及使用期间应进行变形观测的建筑

现行国家标准《建筑地基基础设计规范》(GB 50007—2011)第 10.3.8 条强制性条文规定:

(1) 地基基础设计等级为甲级建筑物;

(2) 软弱地基上的地基基础设计等级为乙级建筑物;

(3) 处理地基上的建筑物;

(4) 加层、扩建建筑物;

(5) 受邻近深基坑开挖施工影响或受场地地下水等环境因素变化影响的建筑物;

(6) 采用新型基础或新型结构的建筑物。

4. 沉降稳定性判断

沉降是否进入稳定阶段,应由沉降量与时间关系曲线判定。对重点观测工程,若最后三个周期观测中每周期沉降量不大于 $2\sqrt{2}$ 倍测量中误差,可认为已进入稳定阶段。一般观测工程,若最后 100d 的沉降速率小于 0.01～0.04mm/d,可认为已进入稳定阶段。《高层建筑岩土工程勘察规程》(JGJ 72)提出稳定标准,一般可采用日平均沉降速率 0.01～0.02mm/d。

如某工程全剪力墙结构高层住宅,筏板基础,地下 2 层,地上 20 层,总高 63.1m,基础完后进行观测,共设 19 点,自 2004年 5 月 19 日起至 2004 年 12 月 19 日,主体施工阶段观测 21 次,共 210d,最大沉降量 10.91mm,最小沉降量 6.21mm,其中房屋横向两端点倾斜率为 0.0023,说明沉降均匀。而沉降速率为 10.91/210mm/d＝0.052mm/d,尚未稳定,需继续观察,至竣工验收时,沉降量为 15.2mm,观测时间为 610d,沉降速率为

0.025mm/d，据此判断，沉降稳定，沉降均匀。

5. 沉降均匀性判断

沉降是否均匀，是以《建筑地基基础设计规范》(GB 50007)规定的建筑物地基变形允许值来判定。这不但是对地基基础设计的地基变形控制计算的预测建筑物的变形特征的要求，也是建筑地基实际最终变形允许值，同时是地基、基础和上部结构共同作用的结果，见表2-6。

地基变形控制 表 2-6

变形特征		地基土类别	
		高压缩性土	中、低压缩性土
砌体承重结构基础的局部倾斜		0.003	0.002
框架相邻柱基沉降差		0.003L	0.002L
多层及高层建筑的整体倾斜	$H_g \leqslant 24$m	0.004	
	24～60m	0.003	
	60～100m	0.0025	
	$H_g > 100$m	0.002	

注：1. 体形简单的高层建筑基础的平均沉降量 200mm。
　　2. 砌体结构均匀沉降最大值：长高比 $L/H_f > 2.5$，120mm。
　　H_g—室外地面起算的建筑物高度（m）；
　　H_f—基础底面起算的建筑物高度（m）。

砌体结构为条基时，用局部倾斜控制，指沿纵向 6～10m 内基础两点的沉降差与其距离的比值。

独立柱基，用相邻柱基差异沉降控制。

筏形、箱形基础为整体基础，用整体倾斜控制，指基础倾斜方向两端点的沉降差与其距离的比值。量测建筑物横向两端点沉降差，与其点距之比，其值小于整体倾斜率时，判断为沉降均匀。

对于高层建筑，荷载大，重心高，基础和上部结构的刚度大，对局部的差异沉降有较好的适应能力（高层建筑刚度均匀的地基，在结构重力荷载长期作用下，实测最终曲线一般呈现中部沉降大，两翼沉降小的盆式曲线，一般场合其差异沉降小于5mm时，影响较小，可忽略不计，当预估差异沉降量大于10mm

时，应从设计上采取调整措施）。所以整体倾斜是主要控制因素，尤其是横向倾斜。

我国箱基规范规定，横向整体倾斜的计算值 α。

非地震区：$\alpha \leqslant \dfrac{b}{100H}$；地震区：$\alpha \leqslant \dfrac{b}{150H} \sim \dfrac{b}{200H}$

式中　　b——箱基宽度（m）；

　　　　H——建筑物高度（m）。

从人类感觉敏感程度出发，高层房屋允许倾斜值达到明显可见的程度大致为 1/250（0.004），结构损坏的大致倾斜值从 1/150（0.0067）时开始。工程施工过程中应通过沉降观测，判断建筑物地基工作情况，通过沉降观测数据，判定地基沉降是否稳定均匀，首先在主体结构验收时进行判定，竣工时再进一步判定。如果地基变形观测结果，变形值在地基变形允许值以内，沉降速率也在规定要求内，即可认为该建筑的沉降符合规范规定，沉降是正常的，地基也在正常工作，可以验收使用。或沉降均匀，沉速在减小，收敛，趋于稳定，上部结构未发生沉降裂缝，亦可验收使用。如果施工中发现有沉降不均匀现象，变形值超出规范规定，且有继续增大的可能，产生等速或加速沉降，应立即向设计单位反馈，以采取补救措施，一般采用减荷法，少盖一层或几层楼解决，或对地基进行加固。

2.2.10　地基和桩基验收问题

一般换填垫层由上部结构施工单位进行浅层地基处理，应提供换填材料的材质检验报告，分层回填的压实检验结果报告，必要时提供压实击实试验或承载力检验报告，并填写垫层回填土检验批验收记录。提供建设各方责任主体单位（建设、勘察、设计、施工、检测、监理）对地基处理的验收记录、签字、盖章。

对复合地基和桩基，应由复合地基和桩基施工单位提供桩的施工、混凝土试块报告和强度汇总评定，桩的原材料检测，混凝土配合比，桩位竣工图、桩位偏差情况的施工记录，成桩、试桩载荷试验报告，桩身完整性检测报告，Ⅲ、Ⅳ类桩质量问题的设计处理意见和处理结果验收报告，建设各方主体责任单位的验收结论报告，无上述书面资料，无处理结果的验收意见，不验收。所以在其上面做基础的施工单位应注意，上述资料的完整性，已完地基是否验收，是否符合设计要求。发现问题，要及时提出，不能盲目接收和不进行交接就进行上部施工。以便分清责任，确保地基工程的质量安全。

附录1：根据《建筑地基基础设计规范》（GB 50007—2011）确定的地基基础设计等级（以下为规范原文）

3.0.1 地基基础设计应根据地基复杂程度、建筑物规模和功能特征以及由于地基问题可能造成建筑物破坏或影响正常使用的程度分为三个设计等级，设计时应根据具体情况，按表3.0.1选用。

表3.0.1 地基基础设计等级

设计等级	建筑和地基类型
甲级	重要的工业与民用建筑物 30层以上的高层建筑 体形复杂，层数相差超过10层的高低层连成一体建筑物 大面积的多层地下建筑物（如地下车库、商场、运动场等） 对地基变形有特殊要求的建筑物 复杂地质条件下的坡上建筑物（包括高边坡） 对原有工程影响较大的新建建筑物 场地和地基条件复杂的一般建筑物 位于复杂地质条件及软土地区的二层及二层以上地下室的基坑工程 开挖深度大于15m的基坑工程 周边环境条件复杂、环境保护要求高的基坑工程
乙级	除甲级、丙级以外的工业与民用建筑物，除甲级、丙级以外的基坑工程
丙级	场地和地基条件简单、荷载分布均匀的七层及七层以下民用建筑及一般工业建筑物；次要的轻型建筑物 非软土地区且场地地质条件简单、基坑周边环境条件简单，环境保护要求不高且开挖深度小于5.0m的基坑工程

附录2：根据《湿陷性黄土地区建筑规范》(GB 50025—2004)确定的建筑物分类（以下为规范原文）

3.0.1 拟建在湿陷性黄土场地上的建筑物，应根据其重要性、地基受水浸湿可能性的大小和在使用期间对不均匀沉降限制的严格程度，分为甲、乙、丙、丁四类，并应符合表3.0.1的规定。

表 3.0.1 建筑物分类

建筑物分类	各类建筑的划分
甲类	高度大于60m和14层及14层以上体形复杂的建筑 高度大于50m的构筑物 高度大于100m的高耸结构 特别重要的建筑 地基受水浸湿可能性大的重要建筑 对不均匀沉降有严格限制的建筑
乙类	高度为24～60m的建筑 高度为30～50m的构筑物 高度为50～100m的高耸结构 地基受水浸湿可能性较大的重要建筑 地基受水浸湿可能性大的一般建筑
丙类	除乙类以外的一般建筑和构筑物
丁类	次要建筑

附录3：根据《岩土工程勘察规范》（GB 50021—2001）确定的岩土工程勘察分级（以下为规范原文）

3.1.1 根据工程的规模和特征，以及由于岩土工程问题造成工程破坏或影响正常使用的后果，可分为三个工程重要性等级：

1 一级工程：重要工程，后果很严重；

2 二级工程：一般工程，后果严重；

3 三级工程：次要工程，后果不严重。

3.1.2 根据场地的复杂程度，可按下列规定分为三个场地等级：

1 符合下列条件之一者为一级场地（复杂场地）：

1）对建筑抗震危险的地段；

2）不良地质作用强烈发育；

3）地质环境已经或可能受到强烈破坏；

4）地形地貌复杂；

5）有影响工程的多层地下水、岩溶裂隙水或其他水文地质条件复杂，需专门研究的场地。

2 符合下列条件之一者为二级场地（中等复杂场地）：

1）对建筑抗震不利的地段；

2）不良地质作用一般发育；

3）地质环境已经或可能受到一般破坏；

4）地形地貌较复杂；

5）基础位于地下水位以下的场地。

3 符合下列条件者为三级场地（简单场地）：

1）抗震设防烈度等于或小于6度，或对建筑抗震有利的地段；

2）不良地质作用不发育；

3）地质环境基本未受破坏；

4）地形地貌简单；

5）地下水对工程无影响。

注：1. 从一级开始，向二级、三级推定，以最先满足的为准；第3.1.3条亦按本方法确定地基等级；

2. 对建筑抗震有利、不利和危险地段的划分，应按现行国家标准《建筑抗震设计规范》（GB 50011）的规定确定。

3.1.3 根据地基的复杂程度，可按下列规定分为三个地基等级：

1 符合下列条件之一者为一级地基（复杂地基）：

1）岩土种类多，很不均匀，性质变化大，需特殊处理；

2）严重湿陷、膨胀、盐渍、污染的特殊性岩土，以及其他情况复杂，需作专门处理的岩土。

2 符合下列条件之一者为二级地基（中等复杂地基）：

1）岩土种类较多，不均匀，性质变化较大；

2）除本条第 1 款规定以外的特殊性岩土。

3 符合下列条件者为三级地基（简单地基）：

1）岩土种类单一，均匀，性质变化不大；

2）无特殊性岩土。

3.1.4 根据工程重要性等级、场地复杂程度等级和地基复杂程度等级，可按下列条件划分岩土工程勘察等级。

甲级 在工程重要性、场地复杂程度和地基复杂程度等级中，有一项或多项为一级；

乙级 除勘察等级为甲级和丙级以外的勘察项目；

丙级 工程重要性、场地复杂程度和地基复杂程度等级均为三级。

注：建筑在岩质地基上的一级工程，当场地复杂程度等级和地基复杂程度等级均为三级时，岩土工程勘察等级可定为乙级。

附录 4：建筑物的地基变形允许值

按《建筑地基基础设计规范》（GB 50007—2011）表 5.3.4 规定采用。对表中未包括的建筑物，其地基变形允许值应根据上部结构对地基变形的适应能力和使用上的要求确定（以下为规范原文）。

表 5.3.4	建筑物的地基变形允许值	
变形特征	地基土类别	
	中、低压缩性土	高压缩性土
砌体承重结构基础的局部倾斜	0.002	0.003
工业与民用建筑相邻柱基的沉降差		
（1）框架结构	$0.002l$	$0.003l$
（2）砌体墙填充的边排柱	$0.0007l$	$0.001l$
（3）当基础不均匀沉降时不产生附加应力的结构	$0.005l$	$0.005l$

变形特征		地基土类别	
		中、低压缩性土	高压缩性土
单层排架结构（柱距为 6m）柱基的沉降量（mm）		(120)	200
桥式吊车轨面的倾斜（按不调整轨道考虑） 纵向 横向		0.004 0.003	
多层和高层建筑的整体倾斜	$H_g \leqslant 24$ $24 < H_g \leqslant 60$ $60 < H_g \leqslant 100$ $H_g > 100$	0.004 0.003 0.0025 0.002	
体型简单的高层建筑基础的平均沉降量（mm）		200	
高耸结构基础的倾斜	$H_g \leqslant 20$ $20 < H_g \leqslant 50$ $50 < H_g \leqslant 100$ $100 < H_g \leqslant 150$ $150 < H_g \leqslant 200$ $200 < H_g \leqslant 250$	0.008 0.006 0.005 0.004 0.003 0.002	
高耸结构基础的沉降量（mm）	$H_g \leqslant 100$ $100 < H_g \leqslant 200$ $200 < H_g \leqslant 250$	400 300 200	

注：1. 本表数值为建筑物地基实际最终变形允许值；
2. 有括号者仅适用于中压缩性土；
3. l 为相邻柱基的中心距离（mm）；H_g 为自室外地面起算的建筑物高度（m）；
4. 倾斜指基础倾斜方向两端点的沉降差与其距离的比值；
5. 局部倾斜指砌体承重结构沿纵向 6～10m 内基础两点的沉降差与其距离的比值。

　　附录 5：根据《高层建筑岩土工程勘察规程》(JGJ 72—2004) 确定的高层建筑岩土工程勘察等级（以下为规范原文）

　　3.0.1　高层建筑（包括超高层建筑和高耸构筑物，下同）的岩土工程勘察，应根据场地和地基的复杂程度、建筑规模和特征以及破坏后果的严重性，勘察等级分为甲、乙两级。勘察时根据工程情况划分勘察等级，应符合表 3.0.1 的规定：

表 3.0.1	高层建筑岩土工程勘察等级划分
勘察等级	高层建筑、场地、地基特征及破坏后果的严重性
甲级	符合下列条件之一、破坏后果很严重的勘察工程： 1. 30 层以上或高度超过 100m 的超高层建筑； 2. 体形复杂，层数相差超过 10 层的高低层连成一体的高层建筑； 3. 对地基变形有特殊要求的高层建筑； 4. 高度超过 200m 的高耸工业构筑物或重要的高耸工业构筑物； 5. 位于建筑边坡上或邻近边坡的高层建筑和高耸构筑物； 6. 高度低于 1、4 规定的高层建筑或高耸构筑物，但属于一级（复杂）场地或一级（复杂）地基； 7. 对原有工程影响较大的新建高层建筑； 8. 有三层及三层以上地下室的高层建筑或软土地区有二层及二层以上地下室的高层建筑
乙级	不符合甲级、破坏后果严重的高层建筑勘察工程

注：场地和地基复杂程度的划分应符合现行国家标准《岩土工程勘察规范》GB 50021 的规定。

附录 6：根据《建筑桩基技术规范》（JGJ 94—2008）确定的建筑桩基设计等级（以下为规范原文）

3.1.2 根据建筑规模、功能特征、对差异变形的适应性、场地地基和建筑物体形的复杂性以及由于桩基问题可能造成建筑破坏或影响正常使用的程度，应将桩基设计分为表 3.1.2 所列的三个设计等级。桩基设计时，应根据表 3.1.2 确定设计等级。

表 3.1.2	建筑桩基设计等级
设计等级	建筑类型
甲级	（1）重要的建筑； （2）30 层以上或高度超过 100m 的高层建筑； （3）体形复杂且层数相差超过 10 层的高低层（含纯地下室）连体建筑； （4）20 层以上框架-核心筒结构及其他对差异沉降有特殊要求的建筑； （5）场地和地基条件复杂的 7 层以上的一般建筑及坡地、岸边建筑； （6）对相邻既有工程影响较大的建筑
乙级	除甲级、丙级以外的建筑
丙级	场地和地基条件简单、荷载分布均匀的 7 层及 7 层以下的一般建筑

表 5.5.4　　　　　建筑桩基沉降变形允许值

变形特征		允许值
砌体承重结构基础的局部倾斜		0.002
各类建筑相邻柱（墙）基的沉降差 （1）框架、框架—剪力墙、框架—核心筒结构 （2）砌体墙填充的边排柱 （3）当基础不均匀沉降时不产生附加应力的结构		$0.002l_0$ $0.0007l_0$ $0.005l_0$
单层排架结构（柱距为6m）桩基的沉降量（mm）		120
桥式吊车轨面的倾斜（按不调整轨道考虑） 纵向 横向		0.004 0.003
多层和高层建筑的整体倾斜	$H_g\leqslant24$ $24<H_g\leqslant60$ $60<H_g\leqslant100$ $H_g>100$	0.004 0.003 0.0025 0.002
高耸结构桩基的整体倾斜	$H_g\leqslant20$ $20<H_g\leqslant50$ $50<H_g\leqslant100$ $100<H_g\leqslant150$ $150<H_g\leqslant200$ $200<H_g\leqslant250$	0.008 0.006 0.005 0.004 0.003 0.002
高耸结构基础的沉降量（mm）	$H_g\leqslant100$ $100<H_g\leqslant200$ $200<H_g\leqslant250$	350 250 150
体型简单的剪力墙结构高层建筑桩基最大沉降量（mm）		200

注：l_0 为相邻柱（墙）二测点间距离，H_g 为自室外地面算起的建筑物高度（m）。

3 房屋结构设计基本要求

建筑结构的理论知识既深刻又丰富，专业理论著述很多，专业性极强，即使专业设计人员对其认识也未能穷尽，科学的理论和实践还在发展着。本章意欲从施工角度对结构设计的一些基本要求，根据现行国家标准《建筑地基基础设计规范》（GB 50007）、《建筑箱形与筏形基础技术规范》（JGJ 6）、《混凝土结构设计规范》（GB 50010）、《高层建筑混凝土结构技术规程》（JGJ 3）、《建筑抗震设计规范》（GB 50011）的规定，摘要汇集并分析，以对结构施工能更好地了解设计原理和意图，实现设计要求，保证工程质量起到作用。

3.1 房屋基础和上部结构设计基本要求

房屋结构的设计主要是对基础结构和上部结构进行设计。结构设计是以概率极限状态设计理论为依据的设计方法。房屋上部结构是在满足结构自身重力恒载、人、家具、设备、雪压力等活载的竖向静力作用和风压力、地震作用的水平荷载的动力作用下，结构应有的强度、刚度、稳定性问题。房屋静载作用一般由上向下传递，地震作用则是通过基础传给上部结构。

基础结构是适应上部结构和下部地基条件而选择的形式，是建筑物的地下部分。取其荷载传递最直接和合理的形式，使上部荷载向下传递扩散。基础本身也必须满足强度（抗弯、抗剪、抗冲切要求）、刚度（变形）和稳定性的要求。

3.2 房屋基础设计

房屋基础设计应遵循的主要规范有：现行国家标准《建筑地

基基础设计规范》（GB 50007）、《建筑桩基技术规范》（JGJ 94）、《高层建筑箱形与筏形基础技术规范》（JGJ 6）、《建筑抗震设计规范》（GB 50011）、《高层建筑混凝土结构技术规程》（JGJ 3）。

3.2.1 地基基础基底压力要求

$$p_k = \frac{F_k + G_k}{A} \leqslant f_a$$

式中 p_k ——基础底面处的平均压力值；

F_k ——基础顶面处上部结构的竖向力值；

G_k ——基础自重和基础上的土重（20kN/m³）；

f_a ——修正后的地基承载力特征值；

A ——基础底面面积（m²）。

1. 钢筋混凝土条形基础底面宽度设计（砌体结构）

$$B = \frac{F_k}{f_a - h\gamma}$$

2. 钢筋混凝土筏板和箱形基础底面积设计

$$A = \frac{\Sigma F_k + G_k}{f_a}$$

3.2.2 地基和基础方案应符合的要求

1. 地基基础类型合理；

2. 地基持力层选择可靠；

3. 主楼和裙房设置沉降缝的利弊分析正确；

4. 建筑物总沉降量和差异沉降量控制在允许范围内。

3.2.3 高层建筑筏形基础

根据现行国家标准《建筑地基基础设计规范》（GB 50007）和《高层建筑箱形与筏形基础技术规范》（JGJ 6）有关条文规定。

1. 筏形基础分为梁板式和平板式两种类型，其选型应根据地基土质、上部结构体系、柱距、荷载大小使用要求以及施工条件等因素确定。

2. 筏形基础的混凝土强度等级不应低于 C30。当有地下室时应采用防水混凝土，防水混凝土的抗渗等级为埋置深度 $d < 10m$，

设计抗渗等级 P6；10≤d<20m，为 P8；20≤d<30m，为 P10；30≤d，为 P12。

3. 高层建筑梁板式筏基底板厚度 h 应计算确定。其底板厚度与最大双向板格的短边净跨之比不应小于 1/14，且板厚不应小于 400mm。梁板式筏形基础底板下土反力存在有向墙下集中的现象，一般情况下双向板的跨中土反力约为墙下平均反力的 85%，试验资料表明：筏板裂缝首先出现在角部。柱下平板式筏基，板的最小厚度不应小于 500mm。

4. 当地基土比较均匀，地基压缩层范围内无软弱土层或可液化土层，上部结构刚度较好，柱网和荷载及柱间距的变化不超过 20%，筏基梁的高跨比或平板筏板的厚跨比不小于 1/6 时，筏形基础可仅考虑局部弯曲作用。筏形基础内力，可按基底反力直线分布进行计算，计算时基底反力应扣除底板自重及其上填土的自重。当不满足上述要求时，筏基内力应按弹性地基梁板方法进行计算。

5. 按基底反力直线分布计算的梁板式筏基，其基础梁的内力可按连续梁分析，边跨跨中弯矩以及第一内支座的弯矩值宜乘以 1.2 的系数。梁板式筏基的底板和基础梁的配筋除满足计算要求外，纵横方向的底部钢筋尚应有不少于 1/3 贯通全跨，底板上下贯通钢筋的配筋率不应小于 0.15%，顶部钢筋按计算配筋全部连通。

6. 筏板底板宜双层双向配筋，每个方向不少于 ϕ14@200，底板四角宜设置 45°斜向不小于 5ϕ12 钢筋。

7. 墙下筏板基础内力，在比较均匀的地基上，当上部结构刚度较好时，可不考虑整体弯曲，但在端部第一、二开间内应将地基反力增加 10%～20%，按上下均匀配筋。在计算局部弯曲时，对于压缩模量小于或等于 4MPa 的地基，可按直线分布地基反力计算内力，并应进行抗裂验算；对于厚度大于 1/6 墙间距离的筏板，可取单位宽度的条板，按直线分布地基反力计算内力。不满足上述条件时，应按弹性地基梁、板方法计算。

8. 筏板厚度可根据楼层层数按每层 50mm 确定，但不得小于 200mm。

9. 筏板悬挑长度，从轴线起算横向不宜大于 1500mm，纵向不宜大于 1000mm。

10. 筏板基础在较软弱土层上，接触压力接近于平面分布。所以设计上实用的计算，一般在软土层上、填土和中等强度（$f_a = 150 \sim 200 \text{kN/m}^2$）黏土中，可按常用的刚性方法设计筏板基础。（引自文献 [25]）

对于砖混结构墙下筏板基础，可按双向板的分析方法，采用建筑结构静力计算手册中的弹性理论计算矩形板的公式和图表，进行内力计算，再按普通钢筋混凝土板进行配筋。

砖混结构墙下筏板设肋梁时，为构造处理，主要控制纵向变形，增加筏板纵向刚度，肋梁配筋为构造，取 bh 的 0.2%（上下层各自配筋面积）。

3.2.4　箱形基础

1. 抗震设防区天然土质地基或复合地基上的箱形基础或筏形基础，其埋深不宜小于建筑物高度的 1/15，桩箱或桩筏基础的埋置深度（不计桩长）不宜小于建筑物高度的 1/18。以保证建筑物在地震烈度高、场地差时的抗倾覆和抗滑移稳定性，确保建筑物的安全。

2. 箱形基础的高度应满足结构承载力和刚度的要求，其值不宜小于箱形基础长度的 1/20，并不宜小于 3m。箱形基础的长度不包括底板悬挑部分。

3. 箱基外墙厚度不应小于 250mm，内墙、顶板厚度不应小于 200mm。底板厚度（无人防要求）不应小于 300mm。

4. 当地基压缩层深度范围内的土层在竖向和水平方向较均匀，且上部结构为平、立面布置较规则的剪力墙、框架、框架—剪力墙体系时，箱形基础的顶板、底板可仅按局部弯曲计算，计算时底板反力应扣除板的自重。顶板、底板钢筋配置量除满足局部弯曲的计算要求外，纵横方向的支座配筋尚应有 1/2～1/3 贯通全跨，且贯通钢筋的配筋率不应小于 0.15%、0.10%；跨中

52

钢筋应按实际配筋全部连通。

5. 顶板、底板,内、外墙均为双向双层配筋,顶、底板钢筋不少于$\phi 14@200$,墙身竖筋不小于$\phi 10$,水平筋不小于$\phi 12$,均为$@200$。

6. 箱基内力的计算。可分三种情况:当上部结构为现浇剪力墙时,由于箱基墙身与剪力墙相连,可认为箱基抗弯刚度很大,箱基弯曲应力很小,顶板、底板只考虑局部弯曲,顶板按实际荷载,底板按基底反力计算,底板犹如倒置的楼盖一样。当上部结构为框架—剪力墙时,实测弯曲应力仅10MPa,远小于钢筋的容许应力,故也只按局部弯曲计算配筋;当上部结构为框架时,才考虑箱基同时承受整体弯曲和局部弯曲。

7. 关于箱基挠曲问题。我国高层建筑箱形基础的工程实测资料表明,由于上部结构参与工作,箱形基础的纵向相对挠曲值都很小,第四纪土地区一般都小于万分之一,软土地区一般都小于万分之三。因此一般情况下计算时不考虑整体弯曲作用,整体弯曲的影响通过构造措施予以保证。筏板基础无论粉质黏土还是碎石土,整体挠曲约为万分之三,相似于箱形基础。

3.2.5 箱基刚度形成的分析

根据《高层建筑箱形与筏形基础技术规范》(JGJ 6—99)第5.2.7条的解释分析如下:

箱基分析实质上是一个求解地基-基础-上部结构协同工作的课题。近30年来,国内外不少学者先后对这一课题进行了研究,在非线性地基模型及其参数的选择、上下协同工作机理的研究上取得了不少成果。特别是20世纪70年代后期以来,国内一些科研、设计单位结合具体工程在现场进行了包括基底接触应力、箱基钢筋应力以及基础沉降观察等一系列测试,积累了大量宝贵资料,为箱基的研究和分析提供了可靠的依据。

建筑物沉降观测结果和理论研究表明,对平面布置规则、立面沿高度大体一致的单幢建筑物,当箱基下压缩土层范围内沿竖向和水平方向土层较均匀时,箱形基础的纵向挠曲曲线的形状呈盆状形。纵向挠曲曲线的曲率并不随着楼层的增加、荷载的增大而始终增大。最大的曲率发生在施工期间的某一临界层，该临界层与上部结构形式及影响其刚度形成的施工方式、非结构构件的材性及其就位时间有关。当上部结构最初几层施工时，由于其混凝土尚处于软塑状态，上部结构的刚度还未形成，上部结构只能以荷载的形式施加在箱基的顶部，因而箱基的整体挠曲曲线的曲率随着楼层的升高而逐渐增大，其工作犹如弹性地基上的梁或板。当楼层上升至一定的高度之后，最早施工的下面几层结构随着时间的推移，它的刚度就陆续形成，一般情况下，上部结构刚度的形成时间约滞后三层左右。在刚度形成之后，上部结构要满足变形协调条件，符合呈盆状形的箱形基础沉降曲线，中间柱子或中间墙段将产生附加的拉力，而边柱或尽端墙段则产生附加的压力。上部结构内力重分布的结果，导致了箱基整体挠曲及其弯曲应力的降低。在进行装修阶段，由于上部结构的刚度已基本完成，装修阶段所增加的荷载又使箱基的整体挠曲曲线的曲率略有增加。图 3-1 给出了北京某医院病房楼各个阶段的箱基纵向沉降图，从图中可以清楚看出箱基整体挠曲曲线的基本变化规律。

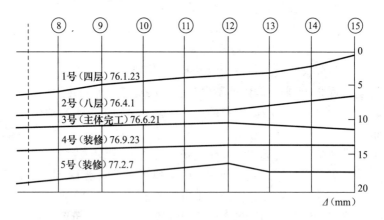

图 3-1　某医院楼箱基纵向沉降图

国内大量测试表明，箱基顶板、底板钢筋实测应力，一般只

有 $20\sim30N/mm^2$，最高也不过 $50N/mm^2$。远低于考虑了上部结构参与工作后箱基顶、底板钢筋的应力。究其原因，除了设计中钢筋配置偏多、非结构性填充墙参与工作的因素外，主要原因是过去计算中未考虑基底与土壤之间的摩擦力影响。分析研究表明，基底摩擦力的存在改变了箱基顶、底板的受力状态，对降低钢筋应力有着明显作用。规范提供的实用计算方法，是以实测纵向相对挠曲作为主要依据，通过验算底板钢筋应力后确定的。

3.2.6 筏形基础底面积计算

1. 根据实际工程统计结果，估算地基、基础、结构构件截面，结构底部总剪力的单位面积楼层重力荷载代表值参考数据：（引自文献［40］）

框架结构	$11\sim14kN/m^2$
框剪结构	$12\sim15kN/m^2$
剪力墙结构	$13\sim16kN/m^2$
框筒结构	$13\sim15kN/m^2$

当建筑物高度较高（＞30 层）可取上限，较低时可取下限。

2. **算例**：某工程为 15 层办公楼，层高 3.0m，上部为现浇混凝土框架结构，柱网布置纵向开间尺寸 3.6m，共 10 间，纵向端部轴线处挑出各 1.2m。横向柱距，5.7m＋2.4m＋5.7m，两端部轴线处挑出各 1.2m。地基静承载力设计值 $f_{ak}=250kPa$，埋深 4.0m。试确定筏形基础的埋深、面积及板厚。

基础埋深：不小于建筑物高度的 1/15。室内外高差为 0.9m。

$$H=\frac{1}{15}(3\times15+0.9)m=3.6m, \quad 取 4m 深度。$$

筏板面积确定：荷载取 $14kN/m^2$

中柱 $N=14\times3.6\times\left(\dfrac{2.4+5.7}{2}\right)\times15kN=3061.8kN$

边柱 $N=14\times3.6\times\dfrac{5.7}{2}\times15kN=2154.6kN$

$\Sigma N = (3061.8 + 2154.6) \times 2 \times 10\mathrm{kN} = 104328\mathrm{kN}$

基础埋深取 4m，筏板面积取 A（$\mathrm{m^2}$）时，筏板及上复土重度取 $20\mathrm{kN/m^3}$：$G = 4 \times 20A = 80A$。由筏板面积公式：

$$A = \frac{\Sigma N + G}{f_{\mathrm{ak}}} = \frac{104328 + 80A}{250}$$

$$A = \frac{104328}{250 - 80}\mathrm{m^2} = 613.69\mathrm{m^2}$$

筏板：纵向尺寸：$L = (3.6 \times 10 + 1.2 \times 2)\mathrm{m} = 38.4\mathrm{m}$

横向尺寸：$B = (5.7 \times 2 + 2.4 + 1.2 \times 2)\mathrm{m} = 16.2\mathrm{m}$

面积：$A = L \times B = 38.4 \times 16.2\mathrm{m^2} = 622\mathrm{m^2} > 613.69\mathrm{m^2}$

筏板厚度 h：取 1/6 纵向开间宽度，$h \geqslant \dfrac{1}{6} \times 3.6\mathrm{m} = 0.6\mathrm{m}$

筏基梁高度 H：取 1/5～1/6 横向柱距，

$H = \left(\dfrac{1}{6} \sim \dfrac{1}{5}\right) \times 5.7\mathrm{m} = 0.95 \sim 1.14\mathrm{m}$ 取 1.1m。

3.3 上部结构设计

结构设计规范主要有：现行国家标准《砌体结构设计规范》（GB 50003）、《混凝土结构设计规范》（GB 50010）、《高层建筑混凝土结构技术规程》（JGJ 3）、《建筑抗震设计规范》（GB 50011）。

3.3.1 上部结构受力分析

1. 上部结构一般常用的结构方案有

砖混结构：住宅、招待所、办公楼、学校等横墙承重，纵墙、纵横墙承重的结构体系。

钢筋混凝土结构：框架、框剪、剪力墙、筒体等结构体系、厂房排架结构体系。

钢结构：钢框架、排架结构体系。

钢结构与钢筋混凝土混合结构。

2. 结构竖向重力传载路线（图 3-2，图 3-3）

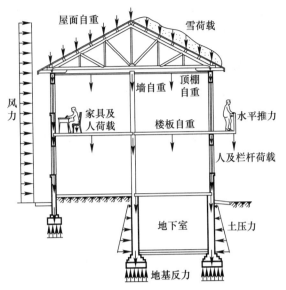

图 3-2　结构传载路线

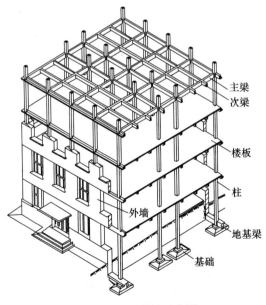

图 3-3　框架结构示意图

砖混结构纵横墙结构体系：由墙体、柱体（竖向构件）、梁、楼板（水平构件）组成。柱梁楼板为混凝土，墙为砖砌体。

传载路线：荷载→楼板（双向板）$\dfrac{梯形荷载传给横墙}{三角形荷载传给纵墙}$→墙体（取 1m 宽度进行分析）（横墙承重为主）→基础→地基

钢筋混凝土框架体系：由柱、梁、板组成。

传载路线：荷载→楼板（单、双向板）→梁（次梁、主梁）→柱→基础→地基。

剪力墙结构体系：由墙、板组成。

传载路线：荷载→楼板（双向板）→纵、横向剪力墙→基础→地基。

3. 混凝土构件强度计算

（1）楼板：由双向板受力特征，根据板的支承情况求出板的短边和长边的跨中内力值，跨中正弯矩 M_x 和 M_y，支座短边和长边的负弯矩 M_x^0、M_y^0（简支时为 0）。再根据内力进行配筋计算。

（2）梁：由作用在梁上的内力值最大组合弯矩 M_{max} 和剪力 V，确定梁的混凝土强度等级，截面尺寸，进行梁的正截面抗弯强度和斜截面抗剪强度计算，并对梁的跨中、支座弯矩配筋，抗剪配筋。

（3）柱：轴压作用时由下式确定。

$$N \leqslant 0.9\varphi(f_cA + f_y'A_s')$$

式中　φ——受压构件稳定系数，$L_0/b \leqslant 8$，$\varphi=1.0$；$L_0/b \leqslant 10$，$\varphi=0.98$；$L_0/b \leqslant 12$，$\varphi=0.95$；

　　　　L_0——框架柱计算高度。

现浇楼盖，底层柱 L_0 取 $1.0H$，其余各层柱 L_0 取 $1.25H$（H：柱高度，底层柱取基础顶面至一层楼盖顶面高度，其余各层取上下两层楼盖顶面之间的高度）。

偏心受压柱时，按受力的大偏心受压和小偏心受压状态计算。

（4）无筋砌体受压构件计算：$N \leqslant \varphi f A$

3.3.2 荷载

作用在多层和高层建筑上的荷载主要有：

恒载：建筑结构、装饰基层、面层的自重。

活载：设备、家具、人的重量、风荷载、雪荷载、吊车荷载、地震作用。

风荷载：风力在建筑物表面上分布是很不均匀的，一般取决于其平面形状、立面体形和房屋高宽比。通常迎风面上产生风压力，侧风面、背风面产生风吸力。迎风面的风压力在建筑物中部最大，侧风面、背风面的风吸力则在建筑物的角区最大。建筑物离地面越高，风速越大，风压越大。当风振加速度达到 $0.015g$ 时，高楼内的人们已感觉扰人，大于 $0.15g$ 时，难以忍受。

风荷载标准值：$W_k = \beta_z \mu_s \mu_z W_0$

活载：住宅、办公楼、教室、旅馆、会议室等　　　　2.0kN/m²

阳台：一般情况　　　　　　　　　　　　　　　　　2.5kN/m²

住宅、办公楼、宿舍、会议室等楼面荷载常用值：

装饰层重量：

花岗石、大理石：	厚度 20mm	56kg/m²
干硬性水泥砂浆结合层：	厚度 30mm	60kg/m²
板底抹灰：	厚度 20mm	34kg/m²

混凝土楼板自重：厚度 100mm　　0.1m×2500kg/m²=250kg/m²

　　　　　　　　　　厚度 120mm　　0.12m×2500kg/m²=300kg/m²

静载：$\Sigma_{q_1} = 56+60+34+250 = 400\text{kg/m}^2 = 4.0\text{kN/m}^2$

　　　　$\Sigma_{q_2} = 56+60+34+300 = 450\text{kg/m}^2 = 4.5\text{kN/m}^2$

计算荷载：$\Sigma_{g_1} = 4.0×1.2+2.0×1.4 = 7.6\text{kN/m}^2$

　　　　　$\Sigma_{g_2} = 4.5×1.2+2.0×1.4 = 8.2\text{kN/m}^2$

常用材料和构件的自重见表 3-1。

常用材料和构件的自重

（《建筑结构荷载规范》GB 50009—2001 数据表） 表 3-1

名　称	自重（kN/m³）	名　称	自重（kN/m²）
花岗石、大理石	28	贴瓷砖墙面	0.5
蒸压加气混凝土砌块	5.5	钢框玻璃窗	0.4~0.5
混凝土空心砌块（39cm×19cm×19cm）	11.8	木框玻璃窗	0.2~0.3
石灰砂浆、混合砂浆	17	水泥粉刷墙面	0.36
水泥炉渣	12~14	石灰粗砂粉刷	0.34
水泥砂浆	20	小瓷砖地面	0.55
焦渣混凝土（填充用）	10~14	水磨石地面	0.65
钢筋混凝土	24~25	地砖面层（厚10mm）	0.20
普通玻璃	25.6	24cm浆砌机砖双面粉刷	5.24
浆砌机砖	19	37cm浆砌机砖单面粉刷	7.28
浆砌焦渣砖	12.5~14	防水层	0.10
素混凝土	22~24	普通玻璃（厚5mm）	0.13

《建筑结构荷载规范》GB 50009—2001（2006 年版）规定的民用建筑活荷载标准值。民用建筑活荷载按规范（GB 50009）表4.1.1 的规定采用。

表 4.1.1	民用建筑楼面均布活荷载的标准值及其组合值、频遇值和准永久值系数				
项次	类　别	标准值（kN/m²）	组合值系数 ψ_c	频遇值系数 ψ_f	准永久值系数 ψ_q
1	（1）住宅、宿舍、旅馆、办公楼、医院病房、托儿所、幼儿园	2.0	0.7	0.5	0.4
	（2）教室、试验室、阅览室、会议室、医院门诊室			0.6	0.5
2	食堂、餐厅、一般资料档案室	2.5	0.7	0.6	0.5
3	（1）礼堂、剧场、影院、有固定座位的看台	3.0	0.7	0.5	0.3
	（2）公共洗衣房	3.0	0.7	0.6	0.5

项次	类 别	标准值 (kN/m²)	组合值 系数 ψ_c	频遇值 系数 ψ_f	准永久值 系数 ψ_q
4	(1) 商店、展览厅、车站、港口、机场大厅及其旅客等候室	3.5	0.7	0.6	0.5
	(2) 无固定座位的看台	3.5	0.7	0.5	0.3
5	(1) 健身房、演出舞台	4.0	0.7	0.6	0.5
	(2) 舞厅	4.0	0.7	0.6	0.3
6	(1) 书库、档案库、贮藏室	5.0	0.9	0.9	0.8
	(2) 密集柜书库	12.0			
7	通风机房、电梯机房	7.0	0.9	0.9	0.8
8	汽车通道及停车库： (1) 单向板楼盖(板跨不小于2m) 客车 消防车	 4.0 35.0	 0.7 0.7	 0.7 0.7	 0.6 0.6
	(2) 双向板楼盖（板跨不小于6m×6m）和无梁楼盖（柱网尺寸不小于6m×6m） 客车 消防车	 2.5 20.0	 0.7 0.7	 0.7 0.7	 0.6 0.6
9	厨房：(1) 一般的	2.0	0.7	0.6	0.5
	(2) 餐厅的	4.0	0.7	0.7	0.7
10	浴室、厕所、盥洗室： (1) 第1项中的民用建筑 (2) 其他民用建筑	 2.0 2.5	 0.7 0.7	 0.5 0.6	 0.4 0.5
11	走廊、门厅、楼梯 (1) 宿舍、旅馆、医院病房托儿所、幼儿园、住宅 (2) 办公楼、教室、餐厅、医院门诊部 (3) 当人流可能密集时	 2.0 2.5 3.5	 0.7 0.7 0.7	 0.5 0.6 0.5	 0.4 0.5 0.3
12	阳台： (1) 一般情况 (2) 当人群有可能密集时	 2.5 3.5	 0.7	 0.6	 0.5

3.3.3 框架结构受力特点

框架结构的计算单元确定后，如对简单结构手算时，竖向荷载作用下可采用弯矩分配法、分层法，水平荷载作用下可采用反弯点法，或用有节点线位移的迭代法。当前，房屋结构设计计算已全部采用计算机程序，只要输入要求的数据，就可得到结构在各种荷载和各种内力组合条件下的各个构件的设计数据结果。如采用中国建研院的《多层、高层建筑结构空间有限元分析设计软件 SATWE》计算。

规则框架结构一般的受力状态是：

（1）竖向荷载作用下框架梁，弯曲后每根（跨）梁上都有两个弯矩为零的反弯点。中跨梁反弯点位置距柱边 $0.21L$ 范围内，边跨梁反弯点距外柱为 $0.1L$，距内柱为 $0.2L$。横梁的主要内力为弯矩和剪力，轴力很小，可忽略不计。边柱承受梁传来的弯矩，其大小按上、下柱的刚度比分配。中柱，柱两侧梁跨度，荷载相等或差异小，弯矩平衡可以不计。跨度相差大，弯矩不平衡，根据弯矩差按上下柱刚度比分配。

（2）水平荷载作用下，所有梁的最大弯矩值在梁的两个端部。所有柱的最大弯矩在柱的两个端部。柱的主要内力为轴力和弯矩，剪力较小。柱有侧移变形。

一般情况下，梁和柱都存在一个弯矩为零的反弯点。一般上部楼层在柱的中间。下部由于底层柱底转角为零，上端柱顶转角不为零，柱顶弯矩小于柱底，反弯点偏上，一般在底层柱高的 $2/3$ 处。

3.3.4 剪力墙结构受力特点

剪力墙由竖向纵横墙、楼板组成一个空间受力体系，由于门窗设备要求，开了一些孔洞，形成各种类型的剪力墙，具有不同受力特点，不同内力和位移的变化。

当构件截面的长边（长度）大于其短边（厚度）的 4 倍时，宜按墙的要求进行设计。

部分框支剪力墙结构指首层或底部两层为框架和落地剪力墙

组成的框支剪力墙结构。

短肢剪力墙是指墙肢截面高度与厚度之比为5～8的剪力墙，一般剪力墙是指墙肢截面高度与厚度之比大于8的剪力墙。

1. 竖向荷载作用下，由楼板传载，当为双向板时，三角形荷载传给房间横墙，梯形荷载传给房间纵墙，取延米或开间为计算单元，由上至下进行传递。竖向荷载力作用下，剪力墙可视为一个受压的薄壁柱。

2. 水平荷载作用时，由于纵横剪力墙交接在一起，形成空间受力体系，不同方向水平力作用时，互为支持抵抗，除受力方向的主墙抵抗外，各有一部分互为翼缘参加工作，是一个底部固定，顶为自由的竖向放置的悬臂梁。

3. 水平荷载作用高层建筑剪力墙受力特点，其内力分布和变形状态与所开孔洞大小、数量有关。

（1）整体墙，不开洞或开洞很小，如同悬臂梁，以弯曲变形为主。

（2）小孔整体墙，开洞面积＜墙体面积15％，受力与整体墙类似。

（3）开口面积超过15％，但大部分楼层墙肢不出现反弯点为小开口整体墙（墙肢弯矩＜墙体整体弯矩15％）。仍以弯曲变形为主。

（4）剪力墙开口较大，连梁刚度小于墙肢刚度较多，水平力作用下，连梁跨中出现反弯点，各墙肢独立工作，称为联肢墙（双肢、多肢）。

（5）大开口剪力墙（壁式框架）。开口更大，连梁刚度大于墙肢刚度，接近普通框架。弯矩图形沿墙肢高度每层都有突变，每层都有反弯点，变形以剪切型为主。壁式框架相交处不是一个"节点"，而是一个不易产生弯曲和剪切变形的刚性"区域"——刚域。

（6）剪力墙是一种承受弯剪共同作用的构件，外力作用下可能出现剪切破坏，也可能出现弯曲破坏。要对剪力墙进行内力和位移的计算。进行墙肢正截面抗弯承载力的验算和斜截面抗剪承载力的验算。剪力墙的设计应保证在楼层高度范围的总体稳定和出平面外的侧向稳定。

布置配筋时，剪力墙的水平钢筋起抵抗剪力的作用，竖向钢筋起抵抗弯曲的作用。剪力墙墙肢斜截面抗剪能力的大小决定于墙体混凝土强度等级和水平钢筋的数量。

（7）剪力墙在水平荷载作用下，底部高度（取剪力墙总高度的 1/10 或底部两层高度比较二者的较大值）范围，从地下室顶板算起。剪力墙底部高度是剪力墙塑性铰出现及保证剪力墙安全的重要部位，是剪力墙结构的加强部位，也是施工质量的重点部位。

（8）剪力墙端部设置暗柱、明柱、翼缘，对提高剪力墙的承载能力，增强墙体延性，保证墙体的侧向稳定是有利的。暗柱形成剪力墙的边框，有边缘构件约束的矩形截面剪力墙，极限承载力约提高 40%，极限层间位移角约增加一倍，可提高消耗地震作用的 20% 左右，成为剪力墙约束边缘构件和构造边缘构件。约束边缘构件用于剪力墙加强部位，界限轴压比部位，一、二级抗震等级的剪力墙。构造边缘构件用于剪力墙一般部位，三、四级抗震等级的剪力墙。其区别在于翼墙长度的配箍率的不同。

3.3.5 框剪结构受力特点

框架结构布置灵活，侧向刚度小，延性较好，剪力墙布置灵活性差，侧向刚度大，墙的抗剪强度弱于抗弯强度，两种结构形式结合，如布置得当，可同时发挥两者优点，并互相制约另一者的缺点。框剪结构中，剪力墙是主要抗侧力构件，应在结构的两个主轴方向都布置有抗震墙，形成双向抗侧力体系。框剪结构中，主体构件的连接（节点）应采用刚接，以保证整体结构的几何不变和刚度的发挥。同时最重要的是处理好剪力墙的布置，应通过布置剪力墙的位置使整体结构的刚心与房屋质心重合，以免引起结构过大的扭转。框剪结构体系中，竖向荷载主要由框架承

受。风载、地震作用主要由剪力墙承受，约可承受 70%～90%
的水平荷载。

3.4 建筑结构抗震设计

主要应遵循的设计规范有：现行国家标准《建筑抗震设计规范》（GB 50011）、《混凝土结构设计规范》（GB 50010）、《高层建筑混凝土结构技术规程》（JGJ 3）、《砌体结构设计规范》（GB 50003）。

3.4.1 地震震害现象

地震对砖混房屋的破坏，多层现浇混凝土楼盖房屋：上轻下重；四角重，端开间重；端头大，房间重。墙体、窗间墙出现交叉斜裂缝（可达 20mm）。

对框架房屋：梁轻柱重，柱顶重于柱底。角柱、边柱破坏重。混凝土压酥，主筋外露、压屈，箍筋崩脱。

填充墙：上轻下重，空心墙重于实心墙，砌块墙重于砖墙。

框剪和剪力墙结构：连梁易发生弯曲破坏，墙肢底部易出现水平裂缝和斜裂缝，但一般危害较轻。

3.4.2 抗震设防标准

我国建筑结构采用三个水准进行抗震设防，要求是：小震不坏、中震可修、大震不倒。

"小震不坏"：指常有小震，但强度较低，对建筑不损坏，不需修理，结构应处于弹性状态，按抗震验算的承载力要求进行截面设计，建筑变形不超过规定的弹性变形值。

"中震可修"：遭遇到基本烈度地震，结构产生弹塑性变形，混凝土结构裂缝（超过屈服极限），但结构还有相当延性，不发生脆性破坏，仍保持稳定。震后经修复，仍可使用，抗震设计应按变形要求进行。中震，很久时间才会发生一次的损坏级地震。

"大震不倒"：遭遇罕见的强烈地震，结构进入弹塑性大变形状态，部分破坏但应防止倒塌，避免危及生命安全和房屋丧失使用价值，应进行防倒塌设计。大震，重现期很长久，发生概率很小的崩塌级地震。

所谓小震，指比基本烈度约低 1.55 度，如 7 度区小震烈度约为 5.45 度，8 度区小震烈度约为 6.45 度的地震。中震即设防烈度，大震比基本烈度约多 1 度。如 8 度基本烈度，大震约为 9 度烈度的地震。

基本烈度是指一个地区在今后一定时期内，在一般场地条件下可能遭遇到的最大地震烈度。

抗震设防烈度：建筑所在的地区遭受地震的影响由抗震设防烈度来体现。设防烈度可采用基本烈度，也可高于或低于基本烈度。抗震设防烈度按照我国规定用设计基本地震加速度和设计特征周期来表达。

新版抗震设计规范抗震设防烈度和设计基本地震加速度值对应关系见表 3-2。

抗震设防烈度及地震加速度值

表 3-2

抗震设防烈度	6	7	8	9
设计基本地震加速度值	0.05g	0.1 (0.15) g	0.2 (0.3) g	0.4g

注：g—重力加速度。

"设计特征周期"即设计所用的地震影响系数的特征周期（T_g），简称特征周期。

设计特征周期反映地震中的震源机制、震级大小和震中距远近的差别。"89 规范"规定，其取值根据设计近、远震和场地类别来确定，我国绝大多数地区只考虑设计近震，需要考虑设计远震的地区很少（约占县级城镇的 5%）。"2001 规范"将"89 规范"的设计近震、远震改称设计地震分组，更好地体现震级和震中距的影响，将建筑工程的设计地震分为三组。"2001 规范"的设计地震的分组在《中国地震动反应谱特征周期区划图 B1》基础上略作调整。修改后的分组为：

区划图 B1 中 0.35s 的区域作为设计地震第一组；区划图 B1 中 0.40s 的区域作为设计地震第二组；区划图 B1 中 0.45s 的区域，作为设计地震第三组。

我国各城镇抗震设防烈度，可从抗震规范中查到。（引自文献 [46]）

依据三水准抗震设计思想，具体实施为二阶段抗震设计方法：

第一阶段：对绝大多数结构进行多遇地震作用下的结构和构件承载力验算和结构弹性变形验算。计算地震作用，分析内力，计算截面配筋，控制结构弹性位移，以实现"小震不坏"的第一水准，并通过采取抗震构造措施，保证结构延性，实现第二水准"中震可修"的要求。

第二阶段：对抗震能力较低，地震时易倒塌的结构有明显薄弱层的不规则结构以及有专门要求的建筑，除进行第一阶段设计外，还要进行结构薄弱部位的弹塑性层间变形验算并采取相应的抗震构造措施实现第三水准的设防要求。主要针对甲类建筑和特别不规则的结构（甲类建筑应属于重大建筑工程和地震时可能发生严重次生灾害的建筑）。

三水准的地震作用水平，按三个不同超越概率（或重现期）区分，见表 3-3。

三水准地震作用水平区分　　　　表 3-3

重现期 （年）	类别	烈 度	P_u（%） （50 年）	α_{max}			α_m 比	作用
				7 度	8 度	9 度		
约 50	小震	众值烈度≈I_0-1.5 度	63.2	0.08	0.16	0.32	0.355	可变
约 475	中震	基本烈度 I_0	10	0.23	0.45	0.90	1	可变
约 1600 ～2400	大震	大震烈度 I_0+1 度	（2～3）	0.50	0.90	1.40	2.17～1.55	偶然

3.4.3 我国地震活动

我国的地理位置介于约占全球所有地震释放能量的 76% 的环太平洋地震带和占地震释放能量的 22% 的喜马拉雅-地中海地震带之间，是一个多地震的国家。以山西省为例，山西处于我国地质构造的东部祁、吕、贺"山"字形构造活动性强的扭动构造体系，是发生地震的主要地区，扭动构造体系分布在地壳表面层，根基浅不受全球性构造约束，有容易活动的断裂带。山西省的地震，从南部汾河两侧，以近于北北东方向延伸到晋东北大同、灵丘的狭长地带。1900 年以前，山西大于 5 级的地震发生有 49 次，7 级 6 次，1303 年 9 月 17 日（元朝）山西赵城发生 8 级地震，1695 年 5 月 18 日（清康熙三十四年 4 月 6 日），在临汾、襄陵一带发生 8 级地震。距今已 310 年。1901～1969 年 5 级以上 13 次，7 级 0 次。最早的记载山西地震的年代为公元前 231 年，距秦大泽乡起义约 22 年。

2005 年 6 月，经对太原尖草坪西张村古地震发掘，对太原市活动断层探测，太原市历史上发生的大震级地震里氏 7～7.5 级至少 3 次，发生地震时间距今 12000 年，最近一次也大约距今 4000 年左右。太原盆地地震活动，在山西地震带属中等水平，4～5 级地震活动频繁，表现频度高，强度相对弱，是极可能发生 6 级左右地震的地区之一。所以应搞好房屋抗震设计和施工质量。

3.4.4　抗震设计的基本要求

抗震设计的三大重要要求：

1. 建筑设计的结构规则性。建筑设计时应避免对结构的布置形成平面和竖向的不规则性，特别和严重的不规则将使建筑物对地震破坏产生严重后果。

2. 选择合理的结构体系。结构方案和结构体系的合理选择，对安全性和经济性起决定作用。主要解决三个方面的问题：一是结构体系应具有明确的计算简图和合理的地震作用途径；二是结构体系应避免因部分结构或构件破坏，导致整个结构丧失抗震能力或对重力荷载的承载能力；三是结构体系应具备必要的承载能力，良好的变形能力和消耗地震作用的能力。

3. 要提高构件及其连接的延性水平，来保证结构的变形能力。结构抗震设计，除应做必要的强度验算，更应重视结构抗震措施，即抗震概念设计和抗震构造措施。构造措施是从概念设计、试验研究、工程经验，甚至事故教训中总结出来的。抗震设计时应当用抗震概念设计的原则来指导抗震计算设计和抗震构造设计。应对结构方案规划，平立面布置，选型，结构体系，材料，构造措施按规范要求进行设计。故抗震概念设计是十分重要的。

3.4.5 地震作用（地震荷载）理论值

地震动时，通过基岩传到建筑场地上，造成地面运动，迫使建筑物晃动，这种晃动就相当于给了建筑物一个惯性力，从而使建筑物产生内力，发生强迫位移，由位移而产生加速度，加速度与质量的乘积就是惯性力。这个惯性力就是地震荷载，因为是被动作用，所以称为地震作用。其值为 $F = m \cdot a$。日常的静力荷载是结构使用的基础，结构的安全首先应满足静力作用的要求。地震作用是一种突发的、偶然的，作用时间又是很短促的复杂的振动。因此对结构进行抗震强度的计算首先是在满足静力设计强度的基础上进行的，所以称为验算。验算时，地震作用的大小，还要根据震源机制，震级大小，震中距的远近，建筑物的质量与刚度，自震周期和场地条件确定。通过大量的实际地震加速度记录，并结合经验，抗震设计理论和规范确定了地震作用的大小与地震影响系数有关。地震影响系数应根据地震烈度、场地类别、设计地震分组和结构自振周期以及阻尼比确定。抗震设计规范确定的地震影响系数的最大值，常遇地震 7 度时，$\alpha_{\max} = 0.08$；8 度时，$\alpha_{\max} = 0.16$；9 度时，$\alpha_{\max} = 0.32$。设计时，按设计反应谱的地震影响系数曲线确定。设计反应谱是考虑场地条件对地震作用计算时设计参数的影响（场地分类—以土层等效剪切波速和场地覆盖层厚度划分），表示建筑物可能出现的最大反应强度和位移。

我国建筑抗震设防设计时，对于一般多层砖房，底框、内框架，单层空旷房屋，单层工业厂房，多层框架结构，高度低于 40m 以剪切变形为主的规则房屋，其地震作用计算可采用基底剪力法。对于多质点结构所受到的地震作用大小取值为 0.85 倍建

筑物总重量乘以 α_1。还有振型分解法、时程分析法求解地震荷载。

根据《建筑抗震设计规范》（GB 50011）结构的水平地震作用标准值为：

$$F_{\text{EK}} = \alpha_1 G_{\text{ed}} = (T_g/T_1)^{0.9} \alpha_{\max} \times 0.85G$$

式中　α_1——相应于结构基本自振周期的水平地震影响系数值，对于多层砖房，底框，多层内框架砖房，砖混结构因其自振周期较短，一般不超过 0.3s，所以取 α_1 为 $\alpha_{\max}$，如 8 度区，$\alpha_{\max}=0.16$；

　　G——建筑物的总重量；

　　T_g——场地特征周期值（s），8 度区第一组设计基本地震加速度值 $0.2g$（1.962m/s^2），Ⅱ 类场地 $T_g = 0.35\text{s}$，Ⅲ 类场地 $T_g = 0.45\text{s}$，Ⅳ 类场地 $T_g = 0.65\text{s}$。

如 6 层砖混结构水平地震作用值：

$$F_{\text{EK}} = \alpha_{\max} \times 0.85G = 0.16 \times 0.85G = 0.136G$$

求解地震作用值，首先要求出结构自振周期，对周期计算有能量法、顶点位移法等。

结构自振周期的经验公式法：

当 $H<25\text{m}$ 框架（填充墙较多的办公楼、旅馆时），结构自振周期：

$$T_1 = 0.22 + 0.035H/\sqrt[3]{B}$$

框架结构为柔性结构，自振周期比砖混结构长，取 $(T_g/T_1)^r \times \alpha_{\max}$。

高度 $H<50\text{m}$ 的钢筋混凝土框剪结构基本周期：

$$T_1 = 0.33 + 0.000695H^2/\sqrt[3]{B}$$

高度 $H<50\text{m}$ 的规则钢筋混凝土剪力墙结构基本周期：

$$T_1 = 0.04 + 0.038H/\sqrt[3]{B}$$

70

高层建筑混凝土结构自振周期，在基于脉动实测的基础上，再忽略房屋宽度和层高的影响等，还可参考下例近似估算公式：

框架结构　　　　　　　　　　$T_1 = (0.08 \sim 0.1)N$ 或 $0.085N$

框剪结构　　　　　　　　　　$T_1 = 0.065N$

框筒（核心筒）结构　　　　　$T_1 = 0.06N$

外框筒结构　　　　　　　　　$T_1 = 0.06N$

剪力墙结构　　　　　　　　　$T_1 = 0.05N$

钢-钢筋混凝土混合结构　　　　$T_1 = (0.06 \sim 0.08)N$

高层钢结构　　　　　　　　　$T_1 = (0.08 \sim 0.12)N$

式中，N 为结构总层数。（引自文献 [20]）

影响高层建筑结构自振周期的主要因素：对框架、框剪体系，是建筑物的高度和宽度；对剪力墙体系，除建筑物的高、宽外，还与剪力墙布置的间距大小有关。另外，地基特征也有一定影响。

试算 6 层框架结构水平地震作用值：

由 $F_{EK} = \alpha_1 G_{ed} = (T_g / T_1)^{0.9} \alpha_{max} \times 0.85G$

当取结构自振周期 $T_1 = 0.085N = 0.085 \times 6 = 0.51s$ 时，场地类别：Ⅱ类场地 $T_g = 0.35s$，设防烈度为 8 度，设计地震分组第一组，设计基本地震加速度值 $0.2g$。

$$\alpha_1 = (T_g / T_1)^{0.9} \times \alpha_{max} = \left(\frac{0.35}{0.51}\right)^{0.9} \times 0.16$$

$$= (0.6893)^{0.9} \times 0.16$$

$$= 0.712 \times 0.16 = 0.114$$

$$F_{EK} = 0.114 \times 0.85G = 0.097G \approx 0.10G$$

当设防烈度为 7 度，第一组，设计基本地震加速度值 $0.1g$。

$$\alpha_1 = 0.6893^{0.9} \times 0.08 = 0.712 \times 0.08 = 0.057$$

$$F_{EK} = \alpha_1 \times 0.85G = 0.057 \times 0.85G = 0.05G$$

当 $T_1 = 0.51$s，场地类别为Ⅲ类时，$T_g = 0.45$s，设防烈度为 8 度，第一组，设计基本地震加速度取值 $0.2g$。

$$\alpha_1 = (T_g/T_1)^{0.9} \times \alpha_{max} = \left(\frac{0.45}{0.51}\right)^{0.9} \times 0.16$$

$$= 0.88^{0.9} \times 0.16 = 0.89 \times 0.16$$

$$= 0.14$$

$$F_{EK} = \alpha_1 \times 0.85G = 0.1424 \times 0.85G = 0.12G$$

设防烈度 7 度，第一组，设计基本地震加速度值为 $0.1g$。

$$\alpha_1 = 0.88^{0.9} \times 0.08 = 0.89 \times 0.08 = 0.0712$$

$$F_{EK} = \alpha_1 \times 0.85G = 0.0712 \times 0.85G = 0.06G$$

比较 F_{EK} 值（当 $T_1 = 0.085N$ 定值时）见表 3-4。

F_{EK} 值比较　　　　　　　　　　　　表 3-4

场地类别	7 度 $\alpha_{max} = 0.08$	8 度 $\alpha_{max} = 0.16$
Ⅱ类　$T_g = 0.35$s	$0.05G$	$0.10G$
Ⅲ类　$T_g = 0.45$s	$0.06G$	$0.12G$

由以上本题条件比较可看出，影响建筑物水平地震作用大小的因素，与地震烈度、结构重力荷载、结构自振周期和场地类别多个因素有关。结构重力荷载越重，地震烈度越高，结构自振周期值越小（自振周期越短），场地类别越高（场地类别条件越差），则水平地震作用（地震荷载）越大。

一般情况，地震烈度，场地条件难以改变，只有减轻结构自重，合理选择结构体系，调整结构自振周期（适当增大结构自振周期值），才有利于减少和减轻建筑的地震作用。

算例：

① 某砖混结构面积 3000m²，单位面积楼层荷载重力代表值 16kN/m²，8 度设防。求 F_{EK}。

$$F_{EK} = \alpha_{max} \times 0.85G = 0.136 \times 3000 \times 16kN = 6528kN$$

② 某框架结构 7 层，长 63m，宽 12.1m，底层高 3.6m，其上 6 层均为 3.3m，总高度 23.4m，单位面积荷重 14kN/m²，8 度设防，Ⅲ类场地。求 F_{EK}。

$$G_i = 14 \times 63 \times 12.1 \text{kN} = 10672.2 \text{kN}$$

$$G_{ed} = 0.85G = 0.85 \times 10672.2 \times 7 \text{kN} = 63499.59 \text{kN}$$

由式：$T_1 = 0.22 + 0.035 H / \sqrt[3]{B}$

$$= 0.22 + \frac{0.035 \times 23.4}{\sqrt[3]{12.1}}$$

$$= 0.22 + 0.035 \times 23.4 / 2.293 = 0.577$$

$$\alpha_1 = (T_g / T_1)^{0.9} \times \alpha_{\max} = \left(\frac{0.45}{0.577}\right)^{0.9} \times 0.16$$

$$= 0.795 \times 0.16 = 0.127$$

$$F_{EK} = \alpha_1 G_{ed} = 0.127 \times 63499.59 \text{kN} = 8046.46 \text{kN}$$

对砖混结构，在求出地震作用后，将其分布到每个楼层，每道墙体上，从中找出最不利墙段，验算墙体的抗震抗剪强度。确定砌体厚度，砂浆强度。当墙体剪力设计值 $V \leqslant f_{VE} A / r_{RE}$（砌体抗震抗剪强度设计值）时，满足要求。计算机计算每道墙体均可给出结果，不满足时进行调整。

对框架结构，要将总的地震作用（地震荷载），分布到每层楼的梁上和柱上，求出整个框架在竖向力和水平力作用下的内力，进行截面设计配筋，要满足强柱弱梁、强剪弱弯、更强节点的要求。提高结构延性，增强抗震性能。

如果结构自振周期与场地土卓越周期 T_z 几乎逼近，地震作用下引起共振，则很危险。应该使建筑物的自振周期远离场地土卓越周期，使其相互错开，才能保证安全。具体情况由设计人员设计时调整。错开多少，规范未定，也有设计人员提出如下意见：

$1.3T_1$〈或〉T_z，或错开 50%。

目前的抗震设计主要应实现"三控"，即抗震验算中控制结

构基本周期 T_1 值；结构顶点位移角 U/H 和层间位移角 $\Delta_{u/h}$；结构基底剪力与总重量比值 F_{EK}/G_{ed}。

控制基本周期 T_1 目的，躲开地面卓越周期，不应相近，避免共振，加大震害，设计刚度不要过大，即可躲开卓越周期；控制 $\Delta_{u/h}$，不因位移过大发生开裂，损坏，失稳，倾覆以及室内装修不致严重破坏；控制剪重比 F_{EK}/G_{ed}，保证结构必要的抗震安全度，强震下具有一定的安全储备。

为了保证高层建筑结构具有必要的刚度，限制其过大变形而对结构产生的破坏，规范提出了以下控制层间位移（层间最大位移与层高之比 $\Delta_{u/h}$），即层间位移角 θ 作为控制指标。设计时要使结构变形符合《抗震规范》（GB50011）第 5.5.1 条规定的弹性层间位移角限值 θ_e 的要求。

结构类型	θ_e（$\Delta_{u/h}$）
框架结构	1/550
框剪，板柱-墙　框-核心筒	1/800
剪力墙，筒中筒	1/1000
框支层	1/1000

第 5.5.5 条结构薄弱层（部位）弹塑性层间位移角限值 θ_P

结构类型	θ_P
框架结构	1/50
框剪，板柱-墙　框-核心筒	1/100
剪力墙，筒中筒	1/120

工程实用上以砌体填充墙面裂缝不超过对角线贯通，作为"不坏"的标志。由试验资料分析，纯框架填充墙周边裂缝，墙面初裂，层间位移角约为 1/500，墙面对角线裂缝基本贯通，墙面开裂普遍时，位移角为 1/650~1/350。钢筋混凝土抗震墙初裂时变形值（位移角）为 1/5000~1/3000，墙板出现对角裂缝时的位移角为 1/1000~1/800。所以设计时要控制结构层间位移角不能超过规范规定。控制层间变形和顶点位移目的和作用，一

是不能使其过大造成对建筑物的失稳；二是减轻对非承重结构和内装修的损坏及破坏；三是使建筑物的变形摇晃限制在人们感觉所能容忍的程度和范围，不能使人产生不舒适和不安全的感觉，影响正常工作。由于风载是经常作用的，所以要求其结构侧向变形值要小，而对瞬间地震因其发生概率少，地震时摇晃的稍大些也是暂时的，一般认为允许其变形为风载作用的 2 倍是可以接受的。

3.4.6 抗震设计构造措施

1. 砖混结构抗震措施

（1）多层砌体房屋层数与高度的控制。《建筑抗震设计规范》（GB 50011—2010）第 7.1.2 条（以下简称抗震规范）规定，8 度区层数与高度为 6 层和 18m，房屋层数与震害程度成正比，层数越多，破坏越重，越高越不利，层高 3m 较适宜。

（2）8 度区最大高宽比（抗震规范第 7.1.4 条），总高度不能超过总宽度的 2 倍（$H/B \leqslant 2$），也就是说要设计成宽点、厚点、低点的房屋，不能太窄、太高，否则地震时宜出现整体弯曲变形和整体倾覆破坏。

限制了层数和高度后，多层砌体房屋基本是剪切型的刚性建筑，破坏模式也是剪切型的。所有纵横墙、窗间墙由层间剪变形引起的主拉应力超过砌体抗剪强度，产生单向或交叉斜裂缝，是共性震害，很普遍。表明多层砖房地震期间最主要的变形是剪切变形。

（3）抗震横墙的最大间距限制（抗震规范第 7.1.5 条）。8 度区，现浇楼盖，横墙间距 $\leqslant 11m$。横墙间距太大，震害较重，影响砌体房屋抗侧力的能力。

（4）房屋局部尺寸限值见表 3-5（抗震规范第 7.1.6 条）。

（5）多层砌体房屋的抗震构造措施：

为了弥补验算不足和无法计算的部分，而要用抗震构造措施来满足"大震不倒"的设防目标的要求。

房屋局部尺寸限值（m）　　　表 3-5

部　位	6 度	7 度	8 度	9 度
承重窗间墙最小宽度	1.0	1.0	1.2	1.5
承重外墙尽端至门窗洞边的最小距离	1.0	1.0	1.2	1.5
非承重外墙尽端至门窗洞边的最小距离	1.0	1.0	1.0	1.0
内墙阳角至门窗洞边的最小距离	1.0	1.0	1.5	2.0
无锚固女儿墙（非出入口处）的最大高度	0.5	0.5	0.5	0.0

砌体内设置构造柱：多层砌体在地震中一点裂缝也不发生，很难做到，关键是砌体结构开裂后，墙体还能承受垂直荷载而不突然倒塌，这是最重要的。设置构造柱是好办法。1976 年唐山地震后根据规范设置构造柱多次强地震考验，非常有效。

构造柱是一种约束砌体的边缘构件，不能单独承受垂直荷载，不是独立的柱，它对初始抗侧能力增加较小，墙开裂后，构造柱作用才完全发挥。构造柱能够提高砌体的受剪承载力 10%～30% 左右，主要起约束作用，使砌体有较高的变形能力，防止了倒塌。设置部位易在震害较重，连接薄弱，易于应力集中的部位。具体位置由设计人员针对实际结构按抗震规范第 7.3.1 条确定。中部构造柱的作用主要是提高砌体的抗震强度，两端构造柱的作用主要是约束砌体的破坏。

抗震圈梁：是对水平的楼、屋盖的约束边缘构件，对加强墙与墙、楼盖与墙的连接的重要构件，其与构造柱对纵横墙形成水平和竖向的约束作用，将分散的块体变成有边缘约束的整体，作用很大，对圈梁的设置按抗震规范第 7.3.3 条确定。

楼、屋盖的连接，楼屋盖混凝土板在墙上的支承长度 ≥120mm。墙体拉结筋 2ϕ6@500，通长墙体设置，门窗洞口过梁支承长度：8 度区不小于 240mm。

（6）多层砖砌体房屋构造柱设置要求

以下为抗震规范条文。

76

7.3.1 各类多层砖砌体房屋，应按下列要求设置现浇钢筋混凝土构造柱（以下简称构造柱）：

1 构造柱设置部位，一般情况下应符合表7.3.1的要求。

2 外廊式和单面走廊式的多层房屋，应根据房屋增加一层的层数，按表7.3.1的要求设置构造柱，且单面走廊两侧的纵墙均应按外墙处理。

3 横墙较少的房屋，应根据房屋增加一层的层数，按表7.3.1的要求设置构造柱。当横墙较少的房屋为外廊式或单面走廊式时，应按本条2款要求设置构造柱；但6度不超过四层、7度不超过三层和8度不超过二层时，应按增加二层的层数对待。

4 各层横墙很少的房屋，应按增加二层的层数设置构造柱。

5 采用蒸压灰砂砖和蒸压粉煤灰砖的砌体房屋，当砌体的抗剪强度仅达到普通黏土砖砌体的70%时。应根据增加一层的层数按本条1～4款要求设置构造柱；但6度不超过四层、7度不超过三层和8度不超过二层时，应按增加二层的层数对待。

表7.3.1　多层砖砌体房屋构造柱设置要求

房屋层数				设置部位	
6度	7度	8度	9度		
四、五	三、四	二、三		楼、电梯间四角。楼梯斜梯段上下端对应的墙体处；	隔12m或单元横墙与外纵墙交接处；
					楼梯间对应的另一侧内横墙与外纵墙交接处
六	五	四	二	外墙四角和对应转角；错层部位横墙与外纵墙交接处；	隔开间横墙（轴线）与外墙交接处；
					山墙与内纵墙交接处
七	≥六	≥五	≥三	大房间内外墙交接处；较大洞口两侧	内墙（轴线）与外墙交接处；内墙的局部较小墙垛处；内纵墙与横墙（轴线）交接处

注：较大洞口。内墙指不小于2.1m的洞口；外墙在内外墙交接处已设置构造柱时应允许适当放宽，但洞侧墙体应加强。

2. 钢筋混凝土结构抗震构造措施

（1）框架结构

1）框架房屋 8 度区（0.2g）最大高度 40m，室外地面至屋面板顶面。

2）抗震等级：8 度区 $H \leqslant 24$m，二级；$H > 24$m，一级。

抗震等级是规范综合考虑地震作用（设防烈度，场地类别）、结构类型（主、次抗侧力构件）、房屋高度，经济的合理性，并依据国内外高层建筑震害，有关科研成果、设计经验而确定的，工程建设要按抗震等级进行设计。

3）防震缝宽度：房高 15m，100mm。房高 > 15m，每增高 3m，缝宽加 20mm。（抗震规范第 6.1.4 条）。

4）框架柱：矩形截面柱边长 $\geqslant 400$mm，圆柱直径 $D \geqslant 450$mm，$h/b \leqslant 3$，剪跨比 > 2。轴压比要求 $\lambda_n = N/f_c bh \leqslant 0.65$（一级），0.75（二级），$N = N_G + N_E$

式中　N_G——重力荷载作用下的内力设计值；

　　　N_E——地震作用下的内力设计值。8 度时可按 $0.25 \sim 0.3 N_G$ 取值，7 度时可按 $0.10 \sim 0.15 N_G$ 取值，此数据为若干算例的统计经验值，设计时应按规范和具体结构进行计算。

轴压比指柱的组合轴压力设计值与柱的全截面面积和混凝土抗压强度设计值乘积之比值。轴压比是控制框架柱偏心受拉钢筋先达到抗拉强度，还是受压区混凝土边缘先达到其极限压应变的主要指标。也是影响柱的破坏状态和变形能力的重要因素。轴压比不同，柱将呈现两种破坏状态：一种是受拉钢筋首先屈服的大偏心受压破坏；另一种是混凝土受压区压碎而受拉钢筋尚未屈服的小偏心受压破坏。对框架柱的设计，规范要求一般应设计为大偏心受压构件，以保证柱有一定的延性。要控制轴压比，防止框架结构脆性破坏；提高延性，增强其抗震性能。

算例： 某工程为 6 层框架结构，开间 3.6m，进深 6.0m，底层柱高 3.2m，其上各层层高 3.0m，总高度 18.2m，混凝土强度

C25，$f_C = 11.9\text{MPa}$，8 度区二级抗震等级，轴压比限值 $\lambda_n = 0.75$。求静载作用和地震作用下的底层柱截面。

解：取单位楼层面积重力代表值：14kN/m^2

考虑地震作用时：

$$N_G = 14 \times 3.6 \times 6.0 \times 6 = 1814.4\text{kN}$$

若取 $N_E = 0.25N_G = 0.25 \times 1814.4 = 453.6\text{kN}$

$$N = N_G + N_E = 1814.4 + 453.6 = 2268\text{kN}$$

由 $A = bh = \dfrac{N}{0.75f_C}$ 代入得：$A = \dfrac{2268 \times 10^3}{0.75 \times 11.9} = 254117.65\text{mm}^2$

选截面 $550 \times 550\text{mm}^2$ $A = 302500\text{mm}^2$

静载作用：由式 $N = 0.9\phi f_C A$

$N = 1814.4\text{kN}$，底层柱 $L_0 = 3.2 \times 1.0 = 3.2\text{m}$

取 $b = 600\text{mm}$ $L_0/b = 3200/600 = 5.3 < 8$，$\phi = 1.0$

由 $\qquad A = \dfrac{N}{0.9\phi f_C} \qquad A = \dfrac{1814.4 \times 10^3}{0.9 \times 1.0 \times 11.9}$

$$A = \dfrac{1814.4 \times 10^3}{10.71} = 169411\text{mm}^2$$

取 $b \cdot h = 412 \times 412\text{mm}^2$（取 450mm^2）

$$550^2/412^2 = \dfrac{302500}{169411} = 1.79 \text{ 倍}$$

由此对比：在本题条件下 8 度区地震作用比静力作用条件下（混凝土强度相同时）截面扩大 2 倍左右。

或：$f_c = \dfrac{N_G}{0.9\phi A}$ 代入得：$f_c = \dfrac{1814.4 \times 10^3}{0.9 \times 1.0 \times 550 \times 550} = 6.66\text{MPa}$

取混凝土 C15：$f_C = 7.2\text{MPa}$

C25/C15 $= \dfrac{11.9}{7.2} = 1.65$（倍）$\qquad 11.9/6.66 = 1.79$（倍）

由此对比：在本题条件下 8 度区地震作用比静力作用条件下（截面相同时）强度需要提高 $1.5 \sim 2$ 倍左右。

5）框架梁：梁宽 $b \geqslant 20\text{cm}$，$h/b \leqslant 4$，$L_0/h \geqslant 4$，一般框架结构主梁截面高度 h_b 可按 $\dfrac{1}{10} \sim \dfrac{1}{18}$ 跨度确定。

6）框架结构变形能力：

钢筋混凝土框架的层间变形能力主要取决于梁，柱的变形性能。柱是压弯构件，其变形能力不如弯曲构件的梁。所以，较合理的框架破坏机制，应该是梁比柱的塑性铰早产生，而底层柱的柱底塑性铰尽可能晚些形成，且各层柱的屈服顺序尽量相互错开，不要集中在某一层内，这样既能消耗地震能量，又能保证整个结构的安全。使框架结构在地震作用下呈现梁铰型延性结构。

工程设计的框架结构要符合"强柱弱梁"、"强剪弱弯"和"更强节点"的设计原则，以提高框架结构的延性和抗变形能力。

所谓"强柱弱梁"，就是柱的设计弯矩大于梁弯矩设计值，保证框架柱不会先于梁屈服。以形成合理的框架结构抗震体系。抗震规范是以增大柱端弯矩设计值（柱端弯矩增大系数）予以实现。

"强剪弱弯"，就是要求框架柱本身在形成塑性铰之前不能发生脆性剪切破坏，柱的抗剪强度必须大于其抗弯强度。抗震规范是以增大柱的剪力设计值（采用柱端剪力增大系数）予以实现。

对于框架梁的设计，也不能发生梁的脆性破坏。梁端斜截面的抗剪强度要大于其正截面抗弯强度。保证梁的受拉钢筋屈服之前不发生剪切破坏。

"更强节点"，框架节点受力比较复杂，但主要是承受剪力和压力的组合作用。要防止节点过早出现剪切和压缩的脆性破坏。要使框架节点满足强柱弱梁的要求，使梁柱节点的承载能力大于梁柱构件的承载能力，保证塑性铰首先发生在梁上。

而保证节点区不发生剪切破坏的主要设计措施就是保证节点区混凝土的强度和在节点核心区内配置足够的箍筋。由此可知，保证框架结构节点混凝土强度、密实度、箍筋设置的施工质量是多么重要，是重中之重。

7）框架结构柱、梁钢筋构造要求：

根据《高层建筑混凝土结构技术规程》（JGJ 3—2010）设计强制性条文及有关条文第 6.4.3 条～6.4.7 条、第 6.3.2 条～6.3.7 条、第 6.5.5 条规定。

框架柱：（以下为规程原文）

6.4.3 柱纵向钢筋和箍筋配置应符合下列要求：

1 柱全部纵向钢筋的配筋率，不应小于表 6.4.3-1 的规定值，且柱截面每一侧纵向钢筋配筋率不应小于 0.2%；抗震设计时，对Ⅳ类场地上较高的高层建筑，表中数值应增加 0.1。

表 6.4.3-1　柱纵向受力钢筋最小配筋百分率（%）

柱类型	抗震等级				非抗震
	一级	二级	三级	四级	
中柱、边柱	0.9（1.0）	0.7（0.8）	0.6（0.7）	0.5（0.6）	0.5
角柱	1.1	0.9	0.8	0.7	0.5
框支柱	1.1	0.9	—	—	0.7

注：1　表中括号内数值适用于框架结构；
　　2　采用 335MPa 级、400MPa 级纵向受力钢筋时，应分别按表中数值增加 0.1 和 0.05 采用；
　　3　当混凝土强度等级高于 C60 时，上述数值应增加 0.1 采用。

2 抗震设计时，柱箍筋在规定的范围内应加密，加密区的箍筋间距和直径，应符合下列要求：

1） 箍筋的最大间距和最小直径，应按表 6.4.3-2 采用；

表 6.4.3-2　柱端箍筋加密区的构造要求

抗震等级	箍筋最大间距（mm）	箍筋最小直径（mm）
一级	6d 和 100 的较小值	10
二级	8d 和 100 的较小值	8
三级	8d 和 150（柱根 100）的较小值	8
四级	8d 和 150（柱根 100）的较小值	6（柱根 8）

注：1　d 为柱纵向钢筋直径（mm）；
　　2　柱根指框架柱底部嵌固部位。

2） 一级框架柱的箍筋直径大于 12mm 且箍筋肢距不大于 150mm 及二级框架柱箍筋直径不小于 10mm 且肢距不大于 200mm 时，除柱根外最大间距应允许采用 150mm；三级框架柱的截面尺寸不大于 400mm 时，箍筋最小直径应允许采用 6mm；四级框架柱的剪跨比不大于 2 或柱中全部纵向钢筋的配筋率大于 3% 时，箍筋直径不应小于 8mm；

3) 剪跨比不大于 2 的柱，箍筋间距不应大于 100mm。

6.4.4 柱的纵向钢筋配置，尚应满足下列规定：

1 抗震设计时，宜采用对称配筋。

2 截面尺寸大于 400mm 的柱，一、二、三级抗震设计时其纵向钢筋间距不宜大于 200mm；抗震等级为四级和非抗震设计时，柱纵向钢筋间距不宜大于 300mm；柱纵向钢筋净距均不应小于 50mm；

3 全部纵向钢筋的配筋率，非抗震设计时不宜大于 5％、不应大于 6％，抗震设计时不应大于 5％。

4 一级且剪跨比不大于 2 的柱，其单侧纵向受拉钢筋的配筋率不宜大于 1.2％。

5 边柱、角柱及剪力墙端柱考虑地震作用组合产生小偏心受拉时，柱内纵筋总截面面积应比计算值增加 25％。

6.4.5 柱的纵筋不应与箍筋、拉筋及预埋件等焊接。

6.4.6 抗震设计时，柱箍筋加密区的范围应符合下列规定：

1 底层柱的上端和其他各层柱的两端，应取矩形截面柱之长边尺寸（或圆形截面柱之直径）、柱净高之 1/6 和 500mm 三者之最大值范围；

2 底层柱刚性地面上、下各 500mm 的范围；

3 底层柱柱根以上 1/3 柱净高的范围；

4 剪跨比不大于 2 的柱和因填充墙等形成的柱净高与截面高度之比不大于 4 的柱全高范围；

5 一级、二级框架角柱的全高范围；

6 需要提高变形能力的柱的全高范围。

6.4.7 柱加密区范围内箍筋的体积配箍率，应符合下列规定：

1 柱箍筋加密区箍筋的体积配箍率，应符合下式要求：

$$\rho_v \geqslant \lambda_v f_c / f_{yv} \tag{6.4.7}$$

式中：ρ_v——柱箍筋的体积配箍率；

λ_v——柱最小配箍特征值，宜按表 6.4.7 采用；

f_c——混凝土轴心抗压强度设计值，当柱混凝土强度等级低于 C35 时，应按 C35 计算；

f_{yv}——柱箍筋或拉筋的抗拉强度设计值。

表 6.4.7　　柱端箍筋加密区最小配箍特征值 λ_v

抗震等级	箍筋形式	柱轴压比								
		≤0.30	0.40	0.50	0.60	0.70	0.80	0.90	1.00	1.05
一	普通箍、复合箍	0.10	0.11	0.13	0.15	0.17	0.20	0.23	—	—
	螺旋箍、复合或连续复合螺旋箍	0.08	0.09	0.11	0.13	0.15	0.18	0.21	—	—
二	普通箍、复合箍	0.08	0.09	0.11	0.13	0.15	0.17	0.19	0.22	0.24
	螺旋箍、复合或连续复合螺旋箍	0.06	0.07	0.09	0.11	0.13	0.15	0.17	0.20	0.22
三	普通箍、复合箍	0.06	0.07	0.09	0.11	0.13	0.15	0.17	0.20	0.22
	螺旋箍、复合或连续复合螺旋箍	0.05	0.06	0.07	0.09	0.11	0.13	0.15	0.18	0.20

注：普通箍指单个矩形箍或单个圆形箍；螺旋箍指单个连续螺旋箍筋；复合箍指由矩形、多边形、圆形箍或拉筋组成的箍筋；复合螺旋箍指由螺旋箍与矩形、多边形、圆形箍或拉筋组成的箍筋；连续复合螺旋箍指全部螺旋箍由同一根钢筋加工而成的箍筋。

2　对一、二、三、四级框架柱，其箍筋加密区范围内箍筋的体积配箍率尚且分别不应小于 0.8%、0.6%、0.4% 和 0.4%。

3　剪跨比不大于 2 的柱宜采用复合螺旋箍或井字复合箍，其体积配箍率不应小于 1.2%；设防烈度为 9 度时，不应小于 1.5%。

4　计算复合箍筋的体积配箍率时，可不扣除重叠部分的箍筋体积；计算复合螺旋箍筋的体积配箍率时，其非螺旋箍筋的体积应乘以换算系数 0.8。

框架梁：（以下为规程原文）

6.3.2　框架梁设计应符合下列要求：

1　抗震设计时，计入受压钢筋作用的梁端截面混凝土受

83

压区高度与有效高度之比值，一级不应大于 0.25，二、三级不应大于 0.35。

2 纵向受拉钢筋的最小配筋百分率 ρ_{min}（%），非抗震设计时，不应小于 0.2 和 $45f_t/f_y$ 二者的较大值；抗震设计时，不应小于表 6.3.2-1 规定的数值。

表 6.3.2-1　梁纵向受拉钢筋最小配筋百分率 ρ_{min}（%）

抗震等级	位 置	
	支座（取较大值）	跨中（取较大值）
一级	0.40 和 $80f_t/f_y$	0.30 和 $65f_t/f_y$
二级	0.30 和 $65f_t/f_y$	0.25 和 $55f_t/f_y$
三、四级	0.25 和 $55f_t/f_y$	0.20 和 $45f_t/f_y$

3 抗震设计时，梁端截面的底面和顶面纵向钢筋截面面积的比值，除按计算确定外，一级不应小于 0.5，二、三级不应小于 0.3。

4 抗震设计时，梁端箍筋的加密区长度、箍筋最大间距和最小直径应符合表 6.3.2-2 的要求；当梁端纵向钢筋配筋率大于 2% 时，表中箍筋最小直径应增大 2mm。

表 6.3.2-2　梁端箍筋加密区的长度、箍筋最大间距和最小直径

抗震等级	加密区长度（取较大值）（mm）	箍筋最大间距（取最小值）（mm）	箍筋最小直径（mm）
一	$2.0h_b$，500	$h_b/4$，$6d$，100	10
二	$1.5h_b$，500	$h_b/4$，$8d$，100	8
三	$1.5h_b$，500	$h_b/4$，$8d$，150	8
四	$1.5h_b$，500	$h_b/4$，$8d$，150	6

注：1　d 为纵向钢筋直径，h_b 为梁截面高度
　　2　一、二级抗震等级框架梁，当箍筋直径大于 12mm、肢数不少于 4 肢且肢距不大于 150mm 时，箍筋加密区最大间距应允许适当放松，但不应大于 150mm。

6.3.3　梁的纵向钢筋配置，尚应符合下列规定：

1　抗震设计时，梁端纵向受拉钢筋的配筋率不宜大于 2.5%，不应大于 2.75%；当梁端受拉钢筋的配筋率大于 2.5% 时，受压钢筋的配筋率不应小于受拉钢筋的一半。

2 沿梁全长顶面和底面应至少各配置两根纵向配筋，一、二级抗震设计时钢筋直径不应小于14mm，且分别不应小于梁两端顶面和底面纵向配筋中较大截面面积的1/4；三、四级抗震设计和非抗震设计时钢筋直径不应小于12mm。

3 一、二、三级抗震等级的框架梁内贯通中柱的每根纵向钢筋的直径，对矩形截面柱，不宜大于柱在该方向截面尺寸的1/20；对圆形截面柱，不宜大于纵向钢筋所在位置柱截面弦长的1/20。

6.3.4 非抗震设计时，框架梁箍筋配筋构造应符合下列规定：

1 应沿梁全长设置箍筋，第一个箍筋应设置在距支座边缘50mm处。

2 截面高度大于800mm的梁，其箍筋直径不宜小于8mm；其余截面高度的梁不应小于6mm。在受力钢筋搭接长度范围内，箍筋直径不应小于搭接钢筋最大直径的1/4。

6.3.5 抗震设计时，框架梁的箍筋尚应符合下列构造要求：

1 沿梁全长箍筋的面积配筋率应符合下列规定：

$$一级 \quad \rho_{sv} \geqslant 0.30 f_t / f_{yv} \qquad (6.3.5\text{-}1)$$

$$二级 \quad \rho_{sv} \geqslant 0.28 f_t / f_{yv} \qquad (6.3.5\text{-}2)$$

$$三、四级 \quad \rho_{sv} \geqslant 0.26 f_t / f_{yv} \qquad (6.3.5\text{-}3)$$

式中：ρ_{sv}——框架梁沿梁全长箍筋的面积配筋率。

2 在箍筋加密区范围内的箍筋肢距：一级不宜大于200mm和20倍箍筋直径的较大值，二、三级不宜大于250mm和20倍箍筋直径的较大值，四级不宜大于300mm；

3 箍筋应有135°弯钩，弯钩端头直段长度不应小于10倍的箍筋直径和75mm的较大值；

4 在纵向钢筋搭接长度范围内的箍筋间距，钢筋受拉时不应大于搭接钢筋较小直径的5倍，且不应大于100mm；钢筋受压时不应大于搭接钢筋较小直径的10倍，且不应大于200mm。

5 框架梁非加密区箍筋最大间距不宜大于加密区箍筋间距的2倍。

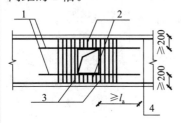

图 6.3.7 梁上洞口周边配筋
构造示意

1—洞口上、下附加纵向钢筋；2—洞
口上、下附加箍筋；3—洞口两侧附
加箍筋；4—梁纵向钢筋；l_a—受拉钢
筋的锚固长度

6.3.6 框架梁的纵向钢筋不应与箍筋、拉筋及预埋件等焊接。

6.3.7 框架梁上开洞时，洞口位置宜位于梁跨中 1/3 区段，洞口高度不应大于梁高的 40%；开洞较大时应进行承载力验算。梁上洞口周边应配置附加纵向钢筋和箍筋（图 6.3.7），并应符合计算及构造要求。

6.5.5 抗震设计时，框架梁、柱的纵向钢筋在框架节点区的锚固和搭接（图 6.5.5）应符合下列要求：

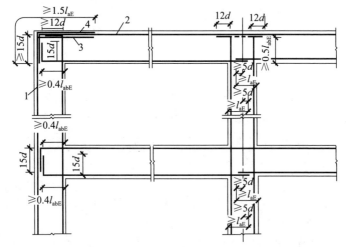

图 6.5.5 抗震设计时框架梁、柱纵向钢筋在节点区的锚固示意

1—柱外侧纵向钢筋；2—梁上部纵向钢筋；3—伸入梁内的柱外侧纵向钢筋；
4—不能伸入梁内的柱外侧纵向钢筋，可伸入板内

1 顶层中节点柱纵向钢筋和边节点柱内侧纵向钢筋应伸至柱顶。当从梁底边计算的直线锚固长度不小于 l_{aE} 时，可不必水平弯折，否则应向柱内或梁内、板内水平弯折，锚固段弯折前的竖直投影长度不应小于 $0.5l_{abE}$，弯折后的水平投影长度不宜小于 12 倍的柱纵向钢筋直径。此处 l_{abE} 为抗震时钢筋的基本锚固长度，一、二级取 $1.15l_{ab}$，三、四级分别取 $1.5l_{ab}$ 和 $1.00l_{ab}$。

2 顶层端节点处，柱外侧纵向钢筋可与梁上部纵向钢筋搭接，搭接长度不应小于 $1.5l_{aE}$，且伸入梁内的柱外侧纵向钢筋截面面积不宜小于柱外侧全部纵向钢筋截面面积的 65%；在梁宽范围以外的柱外侧纵向钢筋可伸入现浇板内，其伸入长度与伸入梁内的相同。当柱外侧纵向钢筋的配筋率大于 1.2% 时，伸入梁内的柱纵向钢筋宜分两批截断，其截断点之间的距离不宜小于 20 倍的柱纵向钢筋直径。

3 梁上部纵向钢筋伸入端节点的锚固长度，直线锚固时不应小于 l_{aE}，且伸过柱中心线的长度不应小于 5 倍的梁纵向钢筋直径；当柱截面尺寸不足时，梁上部纵向钢筋应伸至节点对边并向下弯折，锚固段弯折前的水平投影长度不应小于 $0.4l_{abE}$，弯折后的竖直投影长度应取 15 倍的梁纵向钢筋直径。

4 梁下部纵向钢筋的锚固与梁上部纵向钢筋相同，但采用 90°弯折方式锚固时，竖直段应向上弯入节点内。

《混凝土结构设计规范》GB 50010—2010。第 11.6.7 条，框架梁、柱纵向受力钢筋在框架节点区的锚固和搭接。（以下为原文）

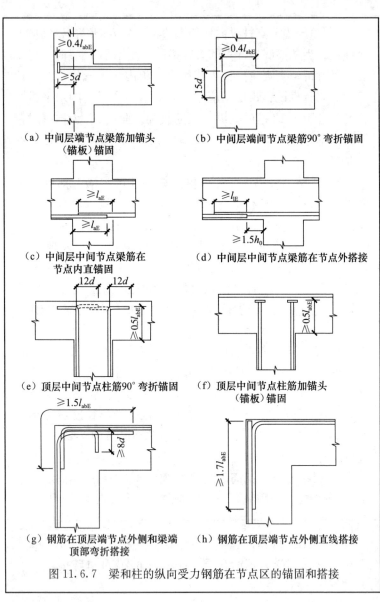

（a）中间层端节点梁筋加锚头
（锚板）锚固

（b）中间层端间节点梁筋90°弯折锚固

（c）中间层中间节点梁筋在
节点内直锚固

（d）中间层中间节点梁筋在节点外搭接

（e）顶层中间节点柱筋90°弯折锚固

（f）顶层中间节点柱筋加锚头
（锚板）锚固

（g）钢筋在顶层端节点外侧和梁端
顶部弯折搭接

（h）钢筋在顶层端节点外侧直线搭接

图 11.6.7　梁和柱的纵向受力钢筋在节点区的锚固和搭接

（2）剪力墙结构

1）剪力墙的厚度：一、二级不应小于 160mm，且不宜小于层高或无支长度的 1/20，三、四级不应小于 140mm 且不宜小于层高或无支长度的 1/25；无端柱或翼墙时，一、二级不宜小于层高或无支长度的 1/16，三、四级不宜小于层高或无支长度的 1/20。

底部加强部位的墙厚，一、二级不应小于 200mm 且不宜小于层高或无支长度的 1/16，三、四级不应小于 160mm 且不宜小于层高或无支长度的 1/20；无端柱或翼墙时，一、二级不宜小于层高或无支长度的 1/12，三、四级不宜小于层高或无支长度的 1/16。剪力墙体厚度估算：8 度设防：$b_w = (12 \sim 13) n$，$b_w \geqslant 160mm$，剪力墙厚度与层高的关系是由墙体在重力荷载作用下不产生屈曲的要求来决定的。剪力墙可以看做是支承在相邻楼板上的压弯板，如果太薄，容易在外界干扰下丧失稳定。

2）剪力墙设计的基本要求是：在竖向重力荷载和风荷载作用下的剪力墙，结构应处在弹性工作阶段，这时需要满足强度、变形和抗裂性等要求；在竖向重力荷载和地震作用下的剪力墙，允许结构进入弹塑性工作状态，这时应保证剪力墙具有足够的强度、良好的延性和一定的变形能力。

3）抗震剪力墙应设计成高细剪力墙，呈受弯工作状态，由受弯承载力决定破坏形态，使剪力墙具有足够延性。剪力墙太长，形成低矮剪力墙，将由受剪承载力控制破坏状态，剪力墙呈脆性，对抗震不利。因此应限制剪力墙的高矮。每一墙肢截面高度不宜大于 8m，并符合"强墙（肢）弱（连）梁"的原则。根据剪力墙的高宽比，可将墙体分为高墙（$H_w/h_w \geqslant 2$）弯曲破坏；中高墙（$2 > H_w/h_w \geqslant 1$）弯剪破坏；矮墙（$H_w/h_w \leqslant 1$）剪切破坏（H_w 为剪力墙总高度，h_w 为剪力墙截面高度）。

4）剪力墙结构的合理刚度控制（剪力墙布置合理数量）：

剪力墙应沿结构平面主要轴线方向布置。布置太多，位移小，说明结构刚度大，地震作用增大；布置太少，位移大，说明刚度小，变形大，应加大构件尺寸，改变结构形式。判断剪力墙结构合理刚度可以由基本周期考虑，宜使剪力墙结构基本周期控制在 $T_1 = (0.04\sim0.05)N$ 较合理（N 为总层数）。

5）剪力墙结构钢筋构造要求

根据《高层建筑混凝土结构技术规程》（JGJ 3—2010）设计强制性条文及第 7.2.13 条～第 7.2.20 条、第 7.2.24～25 条、第 7.2.27～28 条规定：（以下为规程原文）

7.2.13 重力荷载代表值作用下，一、二、三级剪力墙墙肢的轴压比不宜超过表 7.2.13 的限值。

表 7.2.13　　　　　剪力墙墙肢轴压比限值

抗震等级	一级（9度）	一级（6、7、8度）	二、三级
轴压比限值	0.4	0.5	0.6

注：墙肢轴压比是指重力荷载代表值作用下墙肢承受的轴压力设计值与墙肢的全截面面积和混凝土轴心抗压强度设计值乘积之比值。

7.2.14 剪力墙两端和洞口两侧应设置边缘构件，并应符合下列规定：

1　一、二、三级剪力墙底层墙肢底截面的轴压比大于表 7.2.14 的规定值时，以及部分框支剪力墙结构的剪力墙，应在底部加强部位及相邻的上一层设置约束边缘构件，约束边缘构件应符合本规程第 7.2.15 条的规定；

2　除本条第 1 款所列部位外，剪力墙应按本规程第 7.2.16 条设置构造边缘构件；

3　B 级高度高层建筑的剪力墙，宜在约束边缘构件层与构造边缘构件层之间设置 1～2 层过渡层，过渡层边缘构件的箍筋配置要求可低于约束边缘构件的要求，但应高于构造边缘构件的要求。

表 7.2.14　剪力墙可不设约束边缘构件的最大轴压比

等级或烈度	一级（9度）	一级（6、7、8度）	二、三级
轴压比	0.1	0.2	0.3

7.2.15 剪力墙的约束边缘构件可为暗柱、端柱和翼墙（图 7.2.15），并应符合下列规定：

1 约束边缘构件沿墙肢的长度 l_c 和箍筋配箍特征值 λ_v 应符合表 7.2.15 的要求，其体积配箍率 ρ_v 应按下式计算：

$$\rho_v = \lambda_v \frac{f_c}{f_{yv}} \qquad (7.2.15)$$

式中：ρ_v——箍筋体积配箍率。可计入箍筋、拉筋以及符合构造要求的水平分布钢筋，计入的水平分布钢筋的体积配箍率不应大于总体积配箍率的 30%；

λ_v——约束边缘构件配箍特征值；

f_c——混凝土轴心抗压强度设计值；混凝土强度等级低于 C35 时，应取 C35 的混凝土轴心抗压强度设计值；

f_{yv}——箍筋、拉筋或水平分布钢筋的抗拉强度设计值。

表 7.2.15 约束边缘构件沿墙肢的长度 l_c 及其配箍特征值 λ_v

项 目	一级（9度）		一级（6、7、8度）		二、三级	
	$\mu_N \leqslant 0.2$	$\mu_N > 0.2$	$\mu_N \leqslant 0.3$	$\mu_N > 0.3$	$\mu_N \leqslant 0.4$	$\mu_N > 0.4$
l_c（暗柱）	$0.20h_w$	$0.25h_w$	$0.15h_w$	$0.20h_w$	$0.15h_w$	$0.20h_w$
l_c（翼墙或端柱）	$0.15h_w$	$0.20h_w$	$0.10h_w$	$0.15h_w$	$0.10h_w$	$0.15h_w$
λ_v	0.12	0.20	0.12	0.20	0.12	0.20

注：1 μ_N 为墙肢在重力荷载代表值作用下的轴压比，h_w 为墙肢的长度；
　　2 剪力墙的翼墙长度小于翼墙厚度的 3 倍或端柱截面边长小于 2 倍墙厚时，按无翼墙、无端柱查表；
　　3 l_c 为约束边缘构件沿墙肢的长度（图 7.2.15）。对暗柱不应小于墙厚和 400mm 的较大值；有翼墙或端柱时，不应小于翼墙厚度或端柱沿墙肢方向截面高度加 300mm。

2 剪力墙约束边缘构件阴影部分（图 7.2.15）的竖向钢筋除应满足正截面受压（受拉）承载力计算要求外，其配筋率一、二、三级时分别不应小于 1.2%、1.0% 和 1.0%，并分别不应少于 8φ16、6φ16 和 6φ14 的钢筋（φ 表示钢筋直径）；

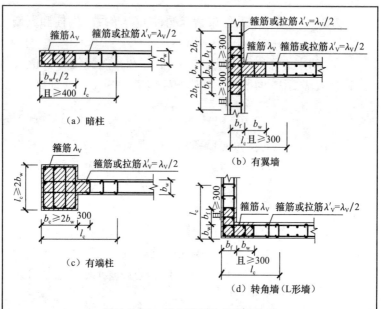

图 7.2.15 剪力墙的约束边缘构件

3 约束边缘构件内箍筋或拉筋沿竖向的间距，一级不宜大于 100mm，二、三级不宜大于 150mm；箍筋、拉筋沿水平方向的肢距不宜大于 300mm，不应大于竖向钢筋间距的 2 倍。

7.2.16 剪力墙构造边缘构件的范围宜按图 7.2.16 中阴影部分采用，其最小配筋应满足表 7.2.16 的规定，并应符合下列规定：

1 竖向配筋应满足正截面受压（受拉）承载力的要求；

2 当端柱承受集中荷载时，其竖向钢筋、箍筋直径和间距应满足框架柱的相应要求；

3 箍筋、拉筋沿水平方向的肢距不宜大于 300mm，不应大于竖向钢筋间距的 2 倍；

4 抗震设计时，对于连体结构、错层结构以及 B 级高度高层建筑结构中的剪力墙（筒体），其构造边缘构件的最小配筋应符合下列要求：

1）竖向钢筋最小量应比表 7.2.16 中的数值提高 $0.001A_c$ 采用；

2）箍筋的配筋范围宜取图 7.2.16 中阴影部分，其配箍特征值 λ_v 不宜小于 0.1。

5 非抗震设计的剪力墙，墙肢端部应配置不少于 4φ12 的纵向钢筋，箍筋直径不应小于 6mm、间距不宜大于 250mm。

表 7.2.16　剪力墙构造边缘构件的最小配筋要求

抗震等级	底部加强部位		
	竖向钢筋最小量（取较大值）	箍筋	
		最小直径（mm）	沿竖向最大间距（mm）
一	$0.010A_c$，6φ16	8	100
二	$0.008A_c$，6φ14	8	150
三	$0.006A_c$，6φ12	6	150
四	$0.005A_c$，4φ12	6	200
抗震等级	其他部位		
	竖向钢筋最小量（取较大值）	拉筋	
		最小直径（mm）	沿竖向最大间距（mm）
一	$0.008A_c$，6φ14	8	150
二	$0.006A_c$，6φ12	8	200
三	$0.005A_c$，4φ12	6	200
四	$0.004A_c$，4φ12	6	250

注：1　A_c 为构造边缘构件的截面面积，即图 7.2.16 剪力墙截面的阴影部分；
　　2　符号 φ 表示钢筋直径；
　　3　其他部位的转角处宜采用箍筋。

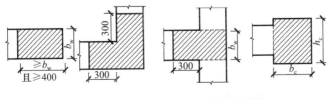

图 7.2.16　剪力墙的构造边缘构件范围

7.2.17 剪力墙竖向和水平分布钢筋的配筋率，一、二、三级时均不应小于 0.25%，四级和非抗震设计时均不应小于 0.20%。

7.2.18 剪力墙的竖向和水平分布钢筋的间距均不宜大于 300mm，直径不应小于 8mm。剪力墙的竖向和水平分布钢筋的直径不宜大于墙厚的 1/10。

7.2.19 房屋顶层剪力墙、长矩形平面房屋的楼梯间和电梯间剪力墙、端开间纵向剪力墙以及端山墙的水平和竖向分布钢筋的配筋率均不应小于 0.25%，间距均不应大于 200mm。

7.2.20 剪力墙的钢筋锚固和连接应符合下列规定：

1 非抗震设计时，剪力墙纵向钢筋最小锚固长度应取 l_a；抗震设计时，剪力墙纵向钢筋最小锚固长度应取 l_{aE}。l_a、l_{aE} 的取值应符合本规程第 6.5 节的有关规定。

2 剪力墙竖向及水平分布钢筋采用搭接连接时（图 7.2.20），一、二级剪力墙的底部加强部位，接头位置应错开，同一截面连接的钢筋数量不宜超过总数量的 50%，错开净距不宜小于 500mm；其他情况剪力墙的钢筋可在同一截面连接。分布钢筋的搭接长度，非抗震设计时不应小于 $1.2l_a$，抗震设计时不应小于 $1.2l_{aE}$。

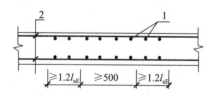

图 7.2.20　剪力墙分布钢筋的搭接连接

1—竖向分布钢筋；2—水平分布钢筋；非抗
震设计时图中 l_{aE} 取 l_a

3 暗柱及端柱内纵向钢筋连接和锚固要求宜与框架柱相同，宜符合本规程第 6.5 节的有关规定。

7.2.24 跨高比（l/h_b）不大于 1.5 的连梁，非抗震设计时，其纵向钢筋的最小配筋率可取为 0.2%；抗震设计时，其纵向钢筋的最小配筋率宜符合表 7.2.24 的要求；跨高比大于 1.5 的连梁，其纵向钢筋的最小配筋率可按框架梁的要求采用。

表 7.2.24　跨高比不大于 1.5 的连梁纵向钢筋的最小配筋率（%）

跨高比	最小配筋率（采用较大值）
$l/h_b \leqslant 0.5$	0.20，$45f_t/f_y$
$0.5 < l/h_b \leqslant 1.5$	0.25，$55f_t/f_y$

7.2.25 剪力墙结构连梁中，非抗震设计时，顶面及底面单侧纵向钢筋的最大配筋率不宜大于 2.5%；抗震设计时，顶面及底面单侧纵向钢筋的最大配筋率宜符合表 7.2.25 的要求。如不满足，则应按实配钢筋进行连梁强剪弱弯的验算。

表 7.2.25　　　连梁纵向钢筋的最大配筋率（%）

跨高比	最小配筋率
$l/h_b \leqslant 1.0$	0.6
$1.0 < l/h_b \leqslant 2.0$	1.2
$2.0 < l/h_b \leqslant 2.5$	1.5

7.2.27　连梁的配筋构造（图 7.2.27）应符合下列规定：

1　连梁顶面、底面纵向水平钢筋伸入墙肢的长度，抗震设计时不应小于 l_{aE}，非抗震设计时不应小于 l_a，且均不应小于 600mm。

2　抗震设计时，沿连梁全长箍筋的构造应符合本规程第 6.3.2 条框架梁梁端箍筋加密区的箍筋构造要求；非抗震设计时，沿连梁全长的箍筋直径不应小于 6mm，间距不应大于 150mm。

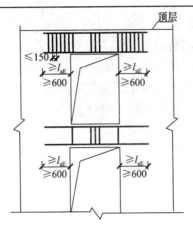

图 7.2.27　连梁配筋构造示意

注：非抗震设计时图中 l_{aE} 取 l_a。

　　3　顶层连梁纵向水平钢筋伸入墙肢的长度范围内应配置箍筋，箍筋间距不宜大于 150mm，直径应与该连梁的箍筋直径相同。

　　4　连梁高度范围内的墙肢水平分布钢筋应在连梁内拉通作为连梁的腰筋。连梁截面高度大于 700mm 时，其两侧面腰筋的直径不应小于 8mm，间距不应大于 200mm；跨高比不大于 2.5 的连梁，其两侧腰筋的总面积配筋率不应小于 0.3%。

　　7.2.28　剪力墙开小洞口和连梁开洞应符合下列规定：

　　1　剪力墙开有边长小于 800mm 的小洞口、且在结构整体计算中不考虑其影响时，应在洞口上、下和左、右配置补强钢筋，补强钢筋的直径不应小于 12mm，截面面积应分别不小于被截断的水平分布钢筋和竖向分布钢筋的面积（图 7.2.28a）；

　　2　穿过连梁的管道宜预埋套管，洞口上、下的截面有效高度不宜小于梁高的 1/3，且不宜小于 200mm；被洞口削弱的截面应进行承载力验算，洞口处应配置补强纵向钢筋和箍筋（图 7.2.28b），补强纵向钢筋的直径不应小于 12mm。

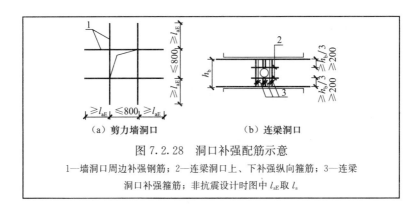

（a）剪力墙洞口 （b）连梁洞口

图 7.2.28 洞口补强配筋示意

1—墙洞口周边补强钢筋；2—连梁洞口上、下补强纵向箍筋；3—连梁
洞口补强箍筋；非抗震设计时图中 l_{aE} 取 l_a

3.5 混凝土结构设计有关规定要求

混凝土结构设计的有关规定均摘自《混凝土结构设计规范》
（GB 50010—2010）、《高层建筑混凝土结构技术规程》（JGJ 3—
2010）、《建筑抗震设计规范》（GB 50011—2010）。

1. 混凝土结构伸缩缝

8.1.1 钢筋混凝土结构伸缩缝的最大间距可按表 8.1.1
确定。

表 8.1.1 钢筋混凝土结构伸缩缝最大间距（m）

结构类型		室内或土中	露 天
排架结构	装配式	100	70
框架结构	装配式	75	50
	现浇式	55	35
剪力墙结构	装配式	65	40
	现浇式	45	30
挡土墙、地下室墙壁等类结构	装配式	40	30
	现浇式	30	20

注：1 装配整体式结构的伸缩缝间距，可根据结构的具体情况取表中装配式结
构与现浇式结构之间的数值；
 2 框架-剪力墙结构或框架-核心筒结构房屋的伸缩缝间距，可根据结构的具
体情况取表中框架结构与剪力墙结构之间的数值；
 3 当屋面无保温或隔热措施时，框架结构、剪力墙结构的伸缩缝间距宜按
表中露天栏的数值取用；
 4 现浇挑檐、雨罩等外露结构的局部伸缩缝间距不宜大于12m。

8.1.2 对下列情况，本规范表8.1.1中的伸缩缝最大间距宜适当减小；

1 柱高（从基础顶面算起）低于8m的排架结构；

2 屋面无保温、隔热措施的排架结构；

3 位于气候干燥地区、夏季炎热且暴雨频繁地区的结构或经常处于高温作用下的结构；

4 采用滑模类工艺施工的各类墙体结构；

2. 受弯构件挠度允许值

3.4.3 钢筋混凝土受弯构件的最大挠度应按荷载的准永久组合，预应力混凝土受弯构件的最大挠度应按荷载的标准组合，并均应考虑荷载长期作用的影响进行计算，其计算值不应超过表3.4.3规定的挠度限值。

表 3.4.3　　　　　　受弯构件的挠度限值

构件类型		挠度限值
吊车梁	手动吊车	$l_0/500$
	电动吊车	$l_0/600$
屋盖、楼盖及楼梯构件	当 $l_0 < 7$m 时	l_0200（$l_0/250$）
	当 7m$\leqslant l_0 \leqslant 9$m 时	l_0250（$l_0/300$）
	当 $l_0 > 9$m 时	l_0300（$l_0/400$）

注：1　表中 l_0 为构件的计算跨度；计算悬臂构件的挠度限值时，其计算跨度 l_0 按实际悬臂长度的2倍取用；

　　2　表中括号内的数值适用于使用上对挠度有较高要求的构件；

　　3　如果构件制作时预先起拱，且使用上也允许，则在验算挠度时，可将计算所得的挠度值减去起拱值；对预应力混凝土构件，尚可减去预加力所产生的反拱值；

　　4　构件制作时的起拱值和预加力所产生的反拱值，不宜超过构件在相应荷载组合作用下的计算挠度值

3. 荷载作用最大裂缝宽度限值

3.4.5 结构构件应根据结构类型和本规范第3.5.2条规定的环境类别，按表3.4.5的规定选用不同的裂缝控制等级及最大裂缝宽度限值 w_{lim}。

表 3.4.5　结构构件的裂缝控制等级及最大裂缝宽度的限值（mm）

环境类别	钢筋混凝土结构		预应力混凝土结构	
	裂缝控制等级	w_{lim}	裂缝控制等级	w_{lim}
一	三级	0.30（0.40）	三级	0.20
二 a		0.20		0.10
二 b			二级	—
三 a、三 b			一级	—

注：1　对处于年平均相对湿度小于 60％地区一类环境下的受弯构件，其最大裂缝宽度限值可采用括号内的数值；

　　2　在一类环境下，对钢筋混凝土屋架、托架及需作疲劳验算的吊车梁，其最大裂缝宽度限值应取为 0.20mm；对钢筋混凝土屋面梁和托梁，其最大裂缝宽度限值应取为 0.30mm；

　　3　在一类环境下，对预应力混凝土屋架、托架及双向板体系，应按二级裂缝控制等级进行验算；对一类环境下的预应力混凝土屋面梁、托梁、单向板，应按表中二 a 级环境的要求进行验算；在一类和二 a 类环境下需作疲劳验算的预应力混凝土吊车梁，应按裂缝控制等级不低于二级的构件进行验算；

　　4　表中规定的预应力混凝土构件的裂缝控制等级和最大裂缝宽度限值仅适用于正截面的验算；预应力混凝土构件的斜截面裂缝控制验算应符合本规范第 7 章的有关规定；

　　5　对于烟囱、筒仓和处于液体压力下的结构，其裂缝控制要求应符合专门标准的有关规定；

　　6　对于处于四、五类环境下的结构构件，其裂缝控制要求应符合专门标准的有关规定；

　　7　表中的最大裂缝宽度限值为用于验算荷载作用引起的最大裂缝宽度。

4. 耐久性规定

3.5.1　混凝土结构应根据设计使用年限和环境类别进行耐久性设计，耐久性设计包括下列内容：

　　1　确定结构所处的环境类别；

　　2　提出对混凝土材料的耐久性基本要求；

　　3　确定构件中钢筋的混凝土保护层厚度；

　　4　不同环境条件下的耐久性技术措施；

　　5　提出结构使用阶段的检测与维护要求。

注：对临时性的混凝土结构，可不考虑混凝土的耐久性要求。

3.5.2　混凝土结构暴露的环境类别应按表 3.5.2 的要求划分。

表 3.5.2

表 3.5.2 　　　　　　　　混凝土结构的环境类别

环境类别	条　　件
一	室内干燥环境； 无侵蚀性静水浸没环境
二 a	室内潮湿环境； 非严寒和非寒冷地区的露天环境； 非严寒和非寒冷地区与无侵蚀性的水或土壤直接接触的环境； 严寒和寒冷地区的冰冻线以下与无侵蚀性的水或土壤直接接触的环境
二 b	干湿交替环境； 水位频繁变动环境； 严寒和寒冷地区的露天环境； 严寒和寒冷地区冰冻线以上与无侵蚀性的水或土壤直接接触的环境
三 a	严寒和寒冷地区冬季水位变动区环境； 受除冰盐影响环境； 海风环境
三 b	盐渍土环境； 受除冰盐作用环境； 海岸环境
四	海水环境
五	受人为或自然的侵蚀性物质影响的环境

注：1　室内潮湿环境是指构件表面经常处于结露或湿润状态的环境；
　　2　严寒和寒冷地区的划分应符合现行国家标准《民用建筑热工设计规范》GB 50176 的有关规定；
　　3　海岸环境和海风环境宜根据当地情况，考虑主导风向及结构所处迎风、背风部位等因素的影响，由调查研究和工程经验确定；
　　4　受除冰盐影响环境是指受到除冰盐盐雾影响的环境；受除冰盐作用环境是指被除冰盐溶液溅射的环境以及使用除冰盐地区的洗车房、停车楼等建筑。
　　5　暴露的环境是指混凝土结构表面所处的环境。

3.5.3 　设计使用年限为 50 年的混凝土结构，其混凝土材料宜符合表 3.5.3 的规定。

表 3.5.3　　　结构混凝土材料的耐久性基本要求

环境等级	最大水胶比	最低强度等级	最大氯离子含量（%）	最大碱含量（kg/m³）
一	0.60	C20	0.30	不限制
二 a	0.55	C25	0.20	
二 b	0.50（0.55）	C30（C25）	0.15	
三 a	0.45（0.50）	C35（C30）	0.15	3.0
三 b	0.40	C40	0.10	

注：1　氯离子含量系指其占胶凝材料总量的百分比；
　　2　预应力构件混凝土中的最大氯离子含量为 0.06%；其最低混凝土强度等级宜按表中的规定提高两个等级；
　　3　素混凝土构件的水胶比及最低强度等级的要求可适当放松；
　　4　有可靠工程经验时，二类环境中的最低混凝土强度等级可降低一个等级；
　　5　处于严寒和寒冷地区二 b、三 a 类环境中的混凝土应使用引气剂．并可采用括号中的有关参数；
　　6　当使用非碱活性骨料时．对混凝土中的碱含量可不作限制。

5. 混凝土强度标准值和设计值、弹性模量

4.1.1　混凝土强度等级应按立方体抗压强度标准值确定。立方体抗压强度标准值系指按标准方法制作、养护的边长为 150mm 的立方体试件，在 28d 或设计规定龄期以标准试验方法测得的具有 95% 保证率的抗压强度值。

4.1.3　混凝土轴心抗压强度的标准值 f_{ck} 应按表 4.1.3-1 采用；轴心抗拉强度的标准值 f_{tk} 应按表 4.1.3-2 采用

表 4.1.3-1　　　混凝土轴心抗压强度标准值（N/mm²）

强度	混凝土强度等级													
	C15	C20	C25	C30	C35	C40	C45	C50	C55	C60	C65	C70	C75	C80
f_{ck}	10.0	13.4	16.7	20.1	23.4	26.8	29.6	32.4	35.5	38.5	41.5	44.5	47.4	50.2

表 4.1.3-2　　　混凝土轴心抗拉强度标准值（N/mm²）

强度	混凝土强度等级													
	C15	C20	C25	C30	C35	C40	C45	C50	C55	C60	C65	C70	C75	C80
f_{tk}	1.27	1.54	1.78	2.01	2.20	2.39	2.51	2.64	2.74	2.85	2.93	2.99	3.05	3.11

4.1.4 混凝土轴心抗压强度的设计值 f_c 应按表 4.1.4-1 采用；轴心抗拉强度的设计值 f_t 应按表 4.1.4-2 采用。

表 4.1.4-1　混凝土轴心抗压强度设计值（N/mm²）

强度	混凝土强度等级													
	C15	C20	C25	C30	C35	C40	C45	C50	C55	C60	C65	C70	C75	C80
f_c	7.2	9.6	11.9	14.3	16.7	19.1	21.1	23.1	25.3	27.5	29.7	31.8	33.8	35.9

表 4.1.4-2　混凝土轴心抗拉强度设计值（N/mm²）

强度	混凝土强度等级													
	C15	C20	C25	C30	C35	C40	C45	C50	C55	C60	C65	C70	C75	C80
f_t	0.91	1.10	1.27	1.43	1.57	1.71	1.80	1.89	1.96	2.04	2.09	2.14	2.18	2.22

4.1.5 混凝土受压和受拉的弹性模量 E_c 宜按表 4.1.5 采用。

混凝土的剪切变形模量 G_c 可按相应弹性模量值的 40% 采用。

混凝土泊松比 υ_c 可按 0.2 采用。

表 4.1.5　混凝土的弹性模量（×10⁴N/mm²）

混凝土强度等级	C15	C20	C25	C30	C35	C40	C45	C50	C55	C60	C65	C70	C75	C80
E_c	2.20	2.55	2.80	3.00	3.15	3.25	3.35	3.45	3.55	3.60	3.65	3.70	3.75	3.80

注：1　当有可靠试验依据时，弹性模量可根据实测数据确定；
　　2　当混凝土中掺有大量矿物掺合料时，弹性模量可按规定龄期根据实测数据确定。

6. 普通钢筋强度标准值和设计值，弹性模量

4.2.2 钢筋的强度标准值应具有不小于 95% 的保证率。

普通钢筋的屈服强度标准值 f_{yk}、极限强度标准值 f_{stk} 应按表 4.2.2-1 采用；预应力钢丝、钢绞线和预应力螺纹钢筋的屈服强度标准值 f_{pyk}、极限强度标准值 f_{ptk} 应按表 4.2.2-2 采用。

表 4.2.2-1　　　普通钢筋强度标准值（N/mm²）

牌　号	符　号	公称直径 d(mm)	屈服强度标准值 f_{yk}	极限强度标准值 f_{stk}
HPB300	Φ	6~22	300	420
HRB335 HRBF335	Φ Φ^F	6~50	335	445
HRB400 HRBF400 RRB400	Φ Φ^F Φ^R	6~50	400	540
HRB500 HRBF500	Φ Φ^F	6~50	500	630

表 4.2.2-2　　　预应力筋强度标准值（N/mm²）

种　类		符　号	公称直径 d (mm)	屈服强度标准值 f_{pyk}	极限强度标准值 f_{ptk}
中强度 预应力 钢丝	光面螺 旋肋	Φ^{PM} Φ^{HM}	5、7、9	620	800
				780	970
				980	1270
预应力 螺纹 钢筋	螺纹	Φ^T	18、25、32、 40、50	785	980
				930	1080
				1080	1230
消除应 力钢丝	光面	Φ^P	5	—	1570
				—	1860
			7	—	1570
	螺旋肋	Φ^H	9	—	1470
				—	1570
钢绞线	1×3 （三股）	Φ^S	8.6、10.8、12.9	—	1570
				—	1860
				—	1960
	1×7 （七股）		9.5、12.7、 15.2、17.8	—	1720
				—	1860
				—	1960
			21.6	—	1860

注：极限强度标准值为 1960N/mm² 的钢绞线作后张预应力配筋时，应有可靠的
　　工程经验。

4.2.3　普通钢筋的抗拉强度设计值 f_y、抗压强度设计

值 f'_y 应按表 4.2.3-1 采用；预应力筋的抗拉强度设计值 f_{py}、
抗压强度设计值 f'_{py} 应按表 4.2.3-3 采用。

当构件中配有不同种类的钢筋时，每种钢筋应采用各自的强度设计值。横向钢筋的抗拉强度设计值 f_{yv} 应按表中 f_y 的数值采用；当用作受剪、受扭、受冲切承载力计算时，其数值大于 $360N/mm^2$ 时应取 $360N/mm^2$。

表4.2.3-1　普通钢筋强度设计值（N/mm²）

牌　号	抗拉强度设计值 f_y	抗压强度设计值 f_y'
HPB300	270	270
HRB335、HRBF335	300	300
HRB400、HRBF400、RRB400	360	360
HRB500、HRBF500	435	410

表4.2.3-2　预应力筋强度设计值（N/mm²）

种　类	极限强度标准值 f_{ptk}	抗拉强度设计值 f_{py}	抗压强度设计值 f_{py}'
中强度预应力钢丝	800	510	410
	970	650	
	1270	810	
消除应力钢丝	1470	1040	410
	1570	1110	
	1860	1320	
钢绞线	1570	1110	390
	1720	1220	
	1860	1320	
	1960	1390	
预应力螺纹钢筋	980	650	410
	1080	770	
	1230	900	

注：当预应力筋的强度标准值不符合表4.2.3-2的规定时，其强度设计值应进行相应的比例换算。

4.2.4　普通钢筋及预应力筋在最大力下的总伸长率 δ_{gt} 不应小于表4.2.4规定的数值。

表4.2.4　普通钢筋及预应力筋在最大力下的总伸长率限值

钢筋品种	普通钢筋			预应力筋
	HPB300	HRB335、HRBF335、HRB400、HRBF400、HRB500、HRBF500	RRB400	
δ_{gt}（%）	10.0	7.5	5.0	3.5

4.2.5 普通钢筋和预应力筋的弹性模量 E_s 应按表 4.2.5 采用。

表 4.2.5　　钢筋的弹性模量（$\times 10^5 \text{N/mm}^2$）

牌号或种类	弹性模量 E_s
HPB300 钢筋	2.10
HRB335、HRB400、HRB500 钢筋 HRBF335、HRBF400、HRBF500 钢筋 RRB400 钢筋 预应力螺纹钢筋	2.00
消除应力钢丝、中强度预应力钢丝	2.05
钢绞线	1.95

注：必要时可采用实测的弹性模量。

7. 混凝土保护层厚度

8.2.1 构件中普通钢筋及预应力筋的混凝土保护层厚度应满足下列要求。

1　构件中受力钢筋的保护层厚度不应小于钢筋的公称直径 d；

2　设计使用年限为 50 年的混凝土结构，最外层钢筋的保护层厚度应符合表 8.2.1 的规定；设计使用年限为 100 年的混凝土结构，最外层钢筋的保护层厚度不应小于表 8.2.1 中数值的 1.4 倍。

表 8.2.1　　混凝土保护层的最小厚度 c（mm）

环境类别	板、墙、壳	梁、柱、杆
一	15	20
二 a	20	25
二 b	25	35
三 a	30	40
三 b	40	50

注：1　混凝土强度等级不大于 C25 时，表中保护层厚度数值应增加 5mm；
　　2　钢筋混凝土基础宜设置混凝土垫层。基础中钢筋的混凝土保护层厚度应从垫层顶面算起，且不应小于 40mm。

8. 纵向受力钢筋的最小配筋率

8.5.1 钢筋混凝土结构构件中纵向受力钢筋的配筋百分率 ρ_{min} 不应小于表 8.5.1 规定的数值。

表 8.5.1　　纵向受力钢筋的最小配筋百分率 ρ_{min}（%）

受力类型			最小配筋百分率
受压构件	全部纵向钢筋	强度等级 500MPa	0.50
		强度等级 400MPa	0.55
		强度等级 300MPa、335MPa	0.60
	一侧纵向钢筋		0.20
受弯构件，偏心受拉、轴心受拉构件一侧的受拉钢筋			0.20 和 $45f_t/f_y$ 中的较大值

注：1　受压构件全部纵向钢筋最小配筋百分率，当采用 C60 以上强度等级的混凝土时，应按表中规定增加 0.10；

2　板类受弯构件（不包括悬臂板）的受拉钢筋，当采用强度等级 400MPa、500MPa 的钢筋时，其最小配筋百分率应允许采用 0.15 和 $45f_t/f_y$ 中的较大值；

3　偏心受拉构件中的受压钢筋，应按受压构件一侧纵向钢筋考虑；

4　受压构件的全部纵向钢筋和一侧纵向钢筋的配筋率以及轴心受拉构件和小偏心受拉构件一侧受拉钢筋的配筋率均应按构件的全截面面积计算；

5　受弯构件、大偏心受拉构件一侧受拉钢筋的配筋率应按全截面面积扣除受压翼缘面积 $(b_f'-b)\ h_f'$ 后的截面面积计算；

6　当钢筋沿构件截面周边布置时，"一侧纵向钢筋"系指沿受力方向两个对边中一边布置的纵向钢筋。

8.5.2 卧置于地基上的混凝土板，板中受拉钢筋的最小配筋率可适当降低，但不应小于 0.15%。

9. 抗震结构材料要求

《建筑抗震设计规范》（GB 50011—2001）第 3.9.1 条、第 3.9.2 条强制性条文和第 3.9.3 条规定。

3.9.1 抗震结构对材料和施工质量的特别要求，应在设计文件上注明。

3.9.2 结构材料性能指标，应符合下列最低要求：

1　砌体结构材料应符合下列规定：

1）普通砖和多孔砖的强度等级不应低于 MU10，其砌筑砂浆强度等级不应低于 M5；

2）混凝土小型空心砌块的强度等级不应低于 MU7.5，其砌筑砂浆强度等级不应低于 Mb7.5。

2 混凝土结构材料应符合下列规定：

1）混凝土的强度等级，框支梁、框支柱及抗震等级为一级的框架梁、柱、节点核芯区，不应低于 C30；构造柱、芯柱、圈梁及其他各类构件不应低于 C20；

2）抗震等级为一、二、三级的框架和斜撑构件（含梯段），其纵向受力钢筋采用普通钢筋时，钢筋的抗拉强度实测值与屈服强度实测值的比值不应小于 1.25；钢筋的屈服强度实测值与屈服强度标准值的比值不应大于 1.3，且钢筋在最大拉力下的总伸长率实测值不应小于 9%。

3 钢结构的钢材应符合下列规定：

1）钢材的屈服强度实测值与抗拉强度实测值的比值不应大于 0.85；

2）钢材应有明显的屈服台阶，且伸长率不应小于 20%；

3）钢材应有良好的焊接性和合格的冲击韧性。

3.9.3 结构材料性能指标，尚宜符合下列要求：

1 普通钢筋宜优先采用延性、韧性和焊接性较好的钢筋；普通钢筋的强度等级，纵向受力钢筋宜选用符合抗震性能指标的不低于 HRB400 级的热轧钢筋，也可采用符合抗震性能指标的 HRB335 级热轧钢筋；箍筋宜选用符合抗震性能指标的不低于 HRB335 级的热轧钢筋，也可选用 HPB300 级热轧钢筋。

注：钢筋的检验方法应符合现行国家标准《混凝土结构工程施工质量验收规范》GB 50204 的规定。

2 混凝土结构的混凝土强度等级，抗震墙不宜超过 C60。其他构件，9 度时不宜超过 C60，8 度时不宜超过 C70。

3 钢结构的钢材宜采用 Q235 等级 B、C、D 的碳素结构钢及 Q345 等级 B、C、D、E 的低合金高强度结构钢；当有可靠依据时，尚可采用其他钢种和钢号。

《高层建筑混凝土结构技术规程》JGJ 3—2010 第 3.2.1 条、第 3.2.2 条、第 3.2.5 条的规定。

3.2.1 高层建筑混凝土结构宜采用高强高性能混凝土和高强钢筋；构件内力较大或抗震性能有较高要求时，宜采用型钢混凝土、钢管混凝土构件。

3.2.2 各类结构用混凝土的强度等级均不应低于 C20，并应符合下列规定：

1 抗震设计时. 一级抗震等级框架梁、柱及其节点的混凝土强度等级不应低于 C30；

2 筒体结构的混凝土强度等级不宜低于 C30；

3 作为上部结构嵌固部位的地下室楼盖的混凝土强度等级不宜低于 C30；

4 转换层楼板、转换梁、转换柱、箱形转换结构以及转换厚板的混凝土强度等级均不应低于 C30；

5 预应力混凝土结构的混凝土强度等级不宜低于 C40、不应低于 C30；

6 型钢混凝土梁、柱的混凝土强度等级不宜低于 C30；

7 现浇非预应力混凝土楼盖结构的混凝土强度等级不宜高于 C40；

8 抗震设计时，框架柱的混凝土强度等级，9 度时不宜高于 C60，8 度时不宜高于 C70；剪力墙的混凝土强度等级不宜高于 C60。

3.2.5 混合结构中的型钢混凝土竖向构件的型钢及钢管混凝土的钢管宜采用 Q345 和 Q235 等级的钢材，也可采用 Q390、Q420 等级或符合结构性能要求的其他钢材；型钢梁宜采用 Q235 和 Q345 等级的钢材。

10. 砌体结构抗震措施

《建筑抗震设计规范》（GB 50011—2001）第 7.1.2 条～第 7.1.5 条强制性条文的规定。

7.1.2 多层房屋的层数和高度应符合下列要求：

1 一般情况下，房屋的层数和总高度不应超过表 7.1.2 的规定。

表 7.1.2　　　　　房屋的层数和总高度限值（m）

房屋类别		最小抗震墙厚度(mm)	烈度和设计基本地震加速度											
			6		7				8				9	
			0.05g		0.10g		0.15g		0.20g		0.30g		0.40g	
			高度	层数	高度	层数	高度	层数	高度	层数	高度	层数	高度	层数
多层砌体房屋	普通砖	240	21	7	21	7	21	7	18	6	15	5	12	4
	多孔砖	240	21	7	21	7	18	6	18	6	15	5	9	3
	多孔砖	190	21	7	18	6	15	5	15	5	12	4	—	—
	小砌块	190	21	7	21	7	18	6	18	6	15	5	9	3
底部框架-抗震墙砌体房屋	普通砖多孔砖	240	22	7	22	7	19	6	16	5	—	—	—	—
	多孔砖	190	22	7	19	6	16	5	13	4	—	—	—	—
	小砌块	190	22	7	22	7	19	6	16	5	—	—	—	—

注：1　房屋的总高度指室外地面到主要屋面板板顶或檐口的高度，半地下室从地下室室内地面算起，全地下室和嵌固条件好的半地下室应允许从室外地面算起；对带阁楼的坡屋面应算到山尖墙的1/2高度处。

　　2　室内外高差大于0.6m时，房屋总高度应允许比表中的数据适当增加，但增加量应少于1.0m；

　　3　乙类的多层砌体房屋仍按本地区设防烈度查表，其层数应减少一层且总高度应降低3m；不应采用底部框架-抗震墙砌体房屋；

　　4　本表小砌块砌体房屋不包括配筋混凝土小型空心砌块砌体房屋。

2 横墙较少的多层砌体房屋，总高度应比表 7.1.2 的规定降低 3m，层数相应减少一层；各层横墙很少的多层砌体房屋，还应再减少一层。

注：横墙较少是指同一楼层内开间大于 4.2m 的房间占该层总面积的 40% 以上；其中，开间不大于 4.2m 的房间占该层总面积不到 20% 且开间大于 4.8m 的房间占该层总面积的 50% 以上为横墙很少。

3 6、7 度时，横墙较少的丙类多层砌体房屋，当按规定采取加强措施并满足抗震承载力要求时，其高度和层数应允许仍按表 7.1.2 的规定采用。

4 采用蒸压灰砂砖和蒸压粉煤灰砖的砌体的房屋，当砌体的抗剪强度仅达到普通黏土砖砌体的**70%**时，房屋的层数应比普通砖房减少一层，总高度应减少**3m**；当砌体的抗剪强度达到普通黏土砖砌体的取值时，房屋层数和总高度的要求同普通砖房屋。

7.1.3 多层砌体承重房屋的层高，不应超过 3.6m。

底部框架-抗震墙砌体房屋的底部，层高不应超过 4.5m；当底层采用约束砌体抗震墙时，底层的层高不应超过 4.2m。

注：当使用功能确有需要时，采用约束砌体等加强措施的普通砖房屋，层高不应超过3.9m。

7.1.4 多层砌体房屋总高度与总宽度的最大比值，宜符合表 7.1.4 的要求。

表 7.1.4　　　　　　　房屋最大高宽比

烈　度	6	7	8	9
最大高宽比	2.5	2.5	2.0	1.5

注：1　单面走廊房屋的总宽度不包括走廊宽度；
　　2　建筑平面接近正方形时，其高宽比宜适当减小。

7.1.5 房屋抗震横墙的间距，不应超过表 7.1.5 的要求；

表 7.1.5　　　　　　房屋抗震横墙的间距（m）

房屋类别		烈　度			
		6	7	8	9
多层砌体房屋	现浇或装配整体式钢筋混凝土楼、屋盖	15	15	11	7
	装配式钢筋混凝土楼、屋盖	11	11	9	4
	木屋盖	9	9	4	—
底部框架-抗震墙砌体房屋	上部各层	同多层砌体房屋			—
	底层或底部两层	18	15	11	—

注：1　多层砌体房屋的顶层，除木屋盖外的最大横墙间距应允许适当放宽，但应采取相应加强措施；
　　2　多孔砖抗震横墙厚度为 190mm 时，最大横墙间距应比表中数值减少 3m。

11. 现浇混凝土结构房屋适用的最大高度、高宽比见《高层建筑混凝土结构技术规程》（JGJ 3—2010）第 3.3.1 条、第 3.3.2 条规定。

3.3.1 钢筋混凝土高层建筑结构的最大适用高度应区分为 A 级和 B 级。A 级高度钢筋混凝土乙类和丙类高层建筑的最大适用高度应符合表 3.3.1-1 的规定，B 级高度钢筋混凝土乙类和丙类高层建筑的最大适用高度应符合表 3.3.1-2 的规定。

平面和竖向均不规则的高层建筑结构，其最大适用高度宜适当降低。

表 3.3.1-1 A 级高度钢筋混凝土高层建筑的最大适用高度（m）

结构体系		非抗震设计	抗震设防烈度				
			6 度	7 度	8 度		9 度
					0.20g	0.30g	
框架		70	60	50	40	35	—
框架-剪力墙		150	130	120	100	80	50
剪力墙	全部落地剪力墙	150	140	120	100	80	60
	部分框支剪力墙	130	120	100	80	50	不应采用
筒体	框架-核心筒	160	150	130	100	90	70
	筒中筒	200	180	150	120	100	80
板柱-剪力墙		110	80	70	55	40	不应采用

注：1 表中框架不含异形柱框架；
2 部分框支剪力墙结构指地面以上有部分框支剪力墙的剪力墙结构；
3 甲类建筑，6、7、8 度时宜按本地区抗震设防烈度提高一度后符合本表的要求，9 度时应专门研究；
4 框架结构、板柱-剪力墙结构以及 9 度抗震设防的表列其他结构，当房屋高度超过本表数值时，结构设计应有可靠依据，并采取有效的加强措施。

表 3.3.1-2 B 级高度钢筋混凝土高层建筑的最大适用高度（m）

结构体系		非抗震设计	抗震设防烈度			
			6 度	7 度	8 度	
					0.20g	0.30g
框架-剪力墙		170	160	140	120	100
剪力墙	全部落地剪力墙	180	170	150	130	110
	部分框支剪力墙	150	140	120	100	80
筒体	框架-核心筒	220	210	180	140	120
	筒中筒	300	280	230	170	150

注：1 部分框支剪力墙结构指地面以上有部分框支剪力墙的剪力墙结构；
2 甲类建筑，6、7 度时宜按本地区设防烈度提高一度后符合本表的要求，8 度时应专门研究；
3 当房屋高度超过本表数值时，结构设计应有可靠依据，并采取有效的加强措施。

3.3.2 钢筋混凝土高层建筑结构的高宽比不宜超过表3.3.2的规定。

表3.3.2 钢筋混凝土高层建筑结构适用的最大高宽比

结构体系	非抗震设计	抗震设防烈度		
		6度、7度	8度	9度
框架	5	4	3	—
板柱-剪力墙	6	5	4	—
框架-剪力墙、剪力墙	7	6	5	4
框架-核心筒	8	7	6	4
筒中筒	8	8	7	5

12. 现浇结构房屋抗震等级见《高层建筑混凝土结构技术规程》(JGJ 3—2010) 第3.9.1~第3.9.4条规定。

3.9.1 各抗震设防类别的高层建筑结构，其抗震措施应符合下列要求：

1 甲类、乙类建筑：应按本地区抗震设防烈度提高一度的要求加强其抗震措施，但抗震设防烈度为**9**度时应按比**9**度更高的要求采取抗震措施；当建筑场地为Ⅰ类时，应允许仍按本地区抗震设防烈度的要求采取抗震构造措施。

2 丙类建筑：应按本地区抗震设防烈度确定其抗震措施；当建筑场地为Ⅰ类时，除**6**度外，应允许按本地区抗震设防烈度降低一度的要求采取抗震构造措施。

3.9.2 当建筑场地为Ⅲ、Ⅳ类时，对设计基本地震加速度为0.15g和0.30g的地区，宜分别按抗震设防烈度8度(0.20g)和9度(0.40g)时各类建筑的要求采取抗震构造措施。

3.9.3 抗震设计时，高层建筑钢筋混凝土结构构件应根据抗震设防分类、烈度、结构类型和房屋高度采用不同的抗震等级，并应符合相应的计算和构造措施要求。A级高度丙类建筑钢筋混凝土结构的抗震等级应按表**3.9.3**确定。当本地区的设防烈度为**9**度时，A级高度乙类建筑的抗震等级应按特一级采用。甲类建筑应采取更有效的抗震措施。

注：本规程"特一级和一、二、三、四级"即"抗震等级为特一级和一、二、三、四级"的简称。

表 3.9.3　A 级高度的高层建筑结构抗震等级

结构类型			6度	6度	7度	7度	8度	8度	9度
框架结构			三	三	二	二	一	一	—
框架-剪力墙结构	高度（m）		≤60	>60	≤60	>60	≤60	>60	≤50
	框架		四	三	三	二	二	一	一
	剪力墙		三	三	二	二	一	一	—
剪力墙结构	高度（m）		≤80	>80	≤80	>80	≤80	>80	≤60
	剪力墙		四	三	三	二	二	一	一
部分框支剪力墙结构	非底部加强部位的剪力墙		四	三	三	二	二	一	
	底部加强部位的剪力墙		三	三	二	二	一	一	
	框支框架		二	二	二	二	一	一	
简体结构	框架-核心筒	框架	三	三	二	二	一	一	—
		核心筒	二	二	二	二	一	一	—
	筒中筒	内筒	三	三	二	二	一	一	—
		外筒	三	三	二	二	一	一	—
板柱-剪力墙结构	高度		≤35	>35	≤35	>35	≤35	>35	—
	框架、板柱及柱上板带		三	二	二	二	一	一	—
	剪力墙		二	二	二	一	二	一	—

注：1　接近或等于高度分界时，应结合房屋不规则程度及场地、地基条件适当确定抗震等级；
　　2　底部带转换层的简体结构，其转换框架的抗震等级应按表中部分框支剪力墙结构的规定采用；
　　3　当框架-核心筒结构的高度不超过 60m 时，其抗震等级应允许按框架-剪力墙结构采用。

3.9.4　抗震设计时，B 级高度丙类建筑钢筋混凝土结构的抗震等级应按表 3.9.4 确定。

表 3.9.4　B 级高度的高层建筑结构抗震等级

结构类型		6度	7度	8度
框架-剪力墙	框架	二	一	一
	剪力墙	二	一	特一
剪力墙	剪力墙	二	一	一
部分框支剪力墙	非底部加强部位剪力墙	二	一	一
	底部加强部位剪力墙	一	一	特一
	框支框架	一	特一	特一
框架-核心筒	框架	二	一	一
	简体	二	一	特一
筒中筒	外筒	二	一	特一
	内筒	二	一	特一

注：底部带转换层的简体结构，其转换框架和底部加强部位简体的抗震等级应按表中部分框支剪力墙结构的规定采用。

13. 混合结构高层建筑适用的最大高度、高宽比见《高层建筑混凝土结构技术规程》（JGJ3—2010）第 11.1.2 条、第 11.1.3 的规定。

11.1.2 混合结构高层建筑适用的最大高度应符合表 11.1.2 的规定。

表 11.1.2　混合结构高层建筑适用的最大高度（m）

结构体系		非抗震设计	抗震设防烈度				
			6 度	7 度	8 度		9 度
					0.2g	0.3g	
框架-核心筒	钢框架-钢筋混凝土核心筒	210	200	160	120	100	70
	型钢（钢管）混凝土框架-钢筋混凝土核心筒	240	220	190	150	130	70
筒中筒	钢外筒-钢筋混凝土核心筒	280	260	210	160	140	80
	型钢（钢管）混凝土外筒-钢筋混凝土核心筒	300	280	230	170	150	90

注：平面和竖向均不规则的结构，最大适用高度应适当降低。

11.1.3 混合结构高层建筑的高宽比不宜大于表 11.1.3 的规定。

表 11.1.3　混合结构高层建筑适用的最大高宽比

结构体系	非抗震设计	抗震设防烈度		
		6 度、7 度	8 度	9 度
框架-核心筒	8	7	6	4
筒中筒	8	8	7	5

14. 混合结构抗震等级见《高层建筑混凝土结构技术规程》（JGJ3—2010）第 11.1.4 条的规定。

11.1.4 抗震设计时，混合结构房屋应根据设防类别、烈度、结构类型和房屋高度采用不同的抗震等级，并应符合相应的计算和构造措施要求。丙类建筑混合结构的抗震等级应按表 11.1.4 确定。

表 11.1.4　　　　钢-混凝土混合结构抗震等级

结构类型		抗震设防烈度						
		6 度		7 度		8 度		9 度
房屋高度（m）		≤150	>150	≤130	>130	≤100	>100	≤70
钢框架-钢筋混凝土核心筒	钢筋混凝土核心筒	二	—	—	特一	—	特一	特一
型钢（钢管）混凝土框架-钢筋混凝土核心筒	钢筋混凝土核心筒	二	二	二	—	—	特一	特一
	型钢（钢管）混凝土框架	三	二	二	—	—	—	—
房屋高度（m）		≤180	>180	≤150	>150	≤120	>120	≤90
钢外筒-钢筋混凝土核心筒	钢筋混凝土核心筒	二	—	—	特一	—	特一	特一
型钢（钢管）混凝土外筒-钢筋混凝土核心筒	钢筋混凝土核心筒	二	二	二	—	—	特一	特一
	型钢（钢管）混凝土外筒	三	二	二	—	—	—	—

注：钢结构构件抗震等级，抗震设防烈度为 6、7、8、9 度时应分别取四、三、二、一级。

15. 受拉钢筋锚固长度公式见《混凝土结构设计规范》（GB 50010—2010）第 8.3.1 条所列公式。

受拉钢筋基本锚固长度 $L_a = \alpha \dfrac{f_y}{f_t} d$

式中　α——钢筋的外形系数（光面钢筋：0.16；带肋钢筋：0.14）；

f_y——见 GB 50010 表 4.2.3；普通钢筋抗拉强度设计值；

f_t——见 GB 50010 表 4.1.4；混凝土轴心抗拉强度设计值；

d——钢筋直径。

16. 非抗震设计普通钢筋的最小受拉锚固长度 L_a：

非抗震设计普通钢筋的最小受拉锚固长度 L_a

混凝土强度等级	HPB300 级钢筋 $d \leqslant 25mm$	HRB335 级钢筋		HRB400 和 RRB400 级钢筋	
		$d \leqslant 25mm$	$d > 25mm$	$d \leqslant 25mm$	$d > 25mm$
C20	$39d$	$38d$	$42d$	$46d$	$51d$
C25	$34d$	$33d$	$36d$	$40d$	$44d$
C30	$30d$	$29d$	$32d$	$35d$	$39d$
C35	$28d$	$27d$	$30d$	$32d$	$35d$
$\geqslant$C40	$25d$	$25d$	$27d$	$30d$	$33d$

注：1. HPB235 级钢筋（光面钢筋）的末端应做 180°弯钩，弯后平直段长度应 $\geqslant 3d$；
    2. 当钢筋在混凝土施工过程中易受扰动（如滑模施工）时，其锚固长度应将表值乘以修正系数 1.1。
    3. 当 HRB335、HRB400、RRB400 级钢筋在锚固区的混凝土保护层厚度 $>3d$ 且配有箍筋时，其锚固长度可将表值乘以修正系数 0.8。
    4. 任何情况下锚固长度应 $\geqslant 250mm$。
    5. 当钢筋末端采用机械锚固时，其锚固长度可将表值乘以修正系数 0.7。

17. 纵向受拉钢筋抗震最小锚固长度 l_{aE} 见《高层建筑混凝土结构技术规程》第 6.5.3 条规定。

    一、二级抗震等级 $l_{aE} = 1.15 l_a$

    三级抗震等级 $l_{aE} = 1.05 l_a$

    四级抗震等级 $l_{aE} = l_a$

特一级、一级、二级抗震等级钢筋锚固长度 L_{aE}

钢筋种类 \ 混凝土 \ 钢筋直径(mm)	C20		C25		C30		C35		C40	
	$\leqslant 25$	> 25	$\leqslant 25$	> 25	$\leqslant 25$	> 25	$\leqslant 25$	> 25	$\leqslant 25$	> 25
HPB300	$45d$	—	$39d$	—	$35d$	—	$32d$	—	$29d$	—
HRB335	$45d$	$48d$	$38d$	$41d$	$35d$	$37d$	$31d$	$35d$	$29d$	$31d$
HRB400	$53d$	$59d$	$46d$	$51d$	$41d$	$45d$	$37d$	$41d$	$35d$	$38d$

18. 纵向受拉钢筋抗震绑扎搭接长度 l_{lE} 见《高层建筑混凝土结构技术规程》第 6.5.3 条规定。

钢筋接头面积百分率≤25%时，$l_{lE}=1.38L_a$

钢筋接头面积百分率≤50%时，$l_{lE}=1.61L_a$

特一级、一级、二级抗震等级钢筋搭接长度 L_{lE}

种类	接头百分率(%)	钢筋直径(mm) C20 ≤25	>25	C25 ≤25	>25	C30 ≤25	>25	C35 ≤25	>25	C40 ≤25	>25
HPB300	≤25	54d	—	47d	—	41d	—	39d	—	35d	—
	50	63d	—	54d	—	48d	—	45d	—	40d	—
HRB335	≤25	54d	58d	46d	52d	41d	46d	38d	41d	35d	38d
	50	63d	68d	54d	60d	48d	54d	44d	48d	41d	44d
HRB400	≤25	64d	71d	55d	61d	50d	54d	46d	50d	41d	46d
	50	75d	83d	64d	71d	58d	63d	54d	59d	48d	54d

19. 钢筋截面面积及理论重量见表 B1。

表 B1　　　钢筋的计算截面面积及理论重量

公称直径 (mm)	不同根数钢筋的计算截面面积 (mm²) 1	2	3	4	5	6	7	8	9	单根钢筋理论重量 (kg/m)
6	28.3	57	85	113	142	170	198	226	255	0.222
6.5	33.2	66	100	133	166	199	232	265	299	0.260
8	50.3	101	151	201	252	302	352	402	453	0.395
8.2	52.8	106	158	211	264	317	370	423	475	0.432
10	78.5	157	236	314	393	471	550	628	707	0.617
12	113.1	226	339	452	565	678	791	904	1017	0.888
14	153.9	308	461	615	769	923	1077	1231	1385	1.21
16	201.1	402	603	804	1005	1206	1407	1608	1809	1.58
18	254.5	509	763	1017	1272	1527	1781	2036	2290	2.00
20	314.2	628	942	1256	1570	1884	2199	2513	2827	2.47
22	380.1	760	1140	1520	1900	2281	2661	3041	3421	2.98
25	490.9	982	1473	1964	2454	2945	3436	3927	4418	3.85
28	615.8	1232	1847	2463	3079	3695	4310	4926	5542	4.83
32	804.2	1609	2413	3217	4021	4826	5630	6434	7238	6.31
36	1017.9	2036	3054	4072	5089	6107	7125	8143	9161	7.99
40	1256.6	2513	3770	5027	6283	7540	8796	10053	11310	9.87
50	1964	3928	5892	7856	9820	11784	13748	15712	17676	15.42

注：表中直径 $d=8.2$mm 的计算截面面积及理论重量仅适用于有纵肋的热处理钢筋。

20. 各种钢筋间距时每米板宽的钢筋面积。

各种钢筋间距时每米板宽的钢筋面积（mm²）

钢筋间距 (mm)	钢筋直径（mm）											
	3	4	5	6	6/8	8	8/10	10	10/12	12	12/14	14
70	101	179	281	404	561	719	920	1121	1369	1616	1907	2199
75	94.3	167	262	377	524	671	859	1047	1277	1508	1780	2052
80	88.4	157	245	354	491	629	805	981	1198	1414	1669	1924
85	83.2	148	231	333	462	592	758	924	1127	1331	1571	1811
90	78.5	140	218	314	437	559	716	872	1064	1257	1483	1710
95	74.5	132	207	298	414	529	678	826	1008	1190	1405	1620
100	70.6	126	196	283	393	503	644	785	958	1131	1335	1539
110	64.2	114	178	257	357	457	585	714	871	1028	1214	1399
120	58.9	105	163	236	327	419	537	654	798	942	1113	1283
125	56.5	100	157	226	314	402	515	628	766	905	1068	1231
130	54.4	96.6	151	218	302	387	495	604	737	870	1027	1184
140	50.5	89.7	140	202	281	359	460	561	684	808	954	1099
150	47.1	83.8	131	189	262	335	429	523	639	754	890	1026
160	44.1	78.5	123	177	246	314	403	491	599	707	834	962
170	41.5	73.9	115	166	231	296	379	462	564	665	785	905
180	39.2	69.8	109	157	218	279	358	436	532	628	742	955
190	37.2	66.1	103	149	207	265	339	413	504	505	703	810
200	35.3	62.8	98.2	141	196	251	322	393	479	565	668	770
220	32.1	57.1	89.3	129	179	229	293	357	435	514	607	700
240	29.4	52.4	81.9	118	164	210	268	327	399	471	556	641
250	28.3	50.2	78.5	113	157	201	258	314	383	451	534	616
260	27.2	48.3	75.5	109	151	193	248	302	369	435	513	592
280	25.2	44.9	70.1	101	140	180	230	280	342	404	477	555
300	23.6	41.9	65.5	94	131	168	215	262	319	377	445	513

21. 楼板宽 1m 最小受力钢筋表。

楼板宽 1m 最小受力钢筋表

h (mm) \ ρ_{min} \ C	C20 (1.10)	C25 (1.27)	C30 (1.43)
	Φ, 0.2357	Φ, 0.2721	Φ, 0.3064
	Φ, 0.20	Φ, 0.20	Φ, 0.2145
80	Φ6@150.1	Φ6@130.0	Φ6@115.5
	Φ8@266.8	Φ8@231.1	Φ8@205.2
90	Φ6@133.4	Φ6@115.6	Φ6@102.6
	Φ8@237.1	Φ8@205.4	Φ8@182.4
100	Φ6@120.1	Φ6@104.0	Φ6@92.4
	Φ8@213.4	Φ8@184.9	Φ8@164.2
110	Φ6@109.2	Φ6@94.6	Φ8@149.2
	Φ8@194.0	Φ8@168.1	Φ10@232.9
120	Φ8@177.8	Φ8@154.0	Φ8@136.8
	Φ10@200 (277.5)	Φ10@200 (240.4)	Φ10@213.5
130	Φ8@164.2	Φ8@142.2	Φ8@126.3
	Φ10@200 (256.2)	Φ10@221.9	Φ10@197.1
140	Φ8@152.4	Φ8@132.0	Φ8@117.3
	Φ10@200 (237.9)	Φ10@206.1	Φ10@183.0
150	Φ8@142.3	Φ8@123.2	Φ8@109.4
	Φ10@200 (222.0)	Φ10@192.3	Φ10@170.8
160	Φ10@208.2	Φ10@180.3	Φ10@160.1
	Φ12@250 (299.9)	Φ12@250 (259.8)	Φ12@230.7
180	Φ10@185.0	Φ10@160.3	Φ10@142.3
		Φ12@ (230.9)	Φ12@205.1
	Φ12@250 (314.2)	Φ12@250 (314.2)	Φ12@250 (292.9)
200	Φ10@166.5	Φ10@144.2	Φ10@128.1
	Φ12@239.9	Φ12@207.8	Φ12@184.6
	Φ12@250 (282.8)	Φ12@250 (282.8)	Φ12@250 (263.6)

最小配筋百分率：0.2%和$45f_t/f_y$中的较大值。构造要求：板中受力钢筋间距，板厚$h \leqslant 150$mm，@$\leqslant 200$mm，板厚$h > 150$mm，@$\leqslant 1.5h$，且@$\leqslant 250$mm。括号中的数值为计算的最小配筋率的间距

注：引自文献[48]。

4 房屋建筑施工

4.1 对施工的认识

以一种新的看法去认识建筑问题：建筑是艺术，结构是技术；设计是构思，施工是造物。

施工是实现设计的房屋实物建造的过程，是把千万吨、千万方建筑材料，通过人的劳动，通过施工技术，施工机具的运用，通过施工组织管理，所建立起来的宏大特殊的造价很高的产品，是科学的产物。施工就是把各种材料组合成结构，建成房屋。

勘察、设计、施工都是有形产品。勘察有勘察报告，设计有图纸文件，施工是耸立起一个具体形状物质的房屋产品。房屋的生产制造者，照图建造，把房屋建成设计确定的样子、形状、长宽高，墙地顶，实现设计的建筑造型，使用功能，装饰美观和质量安全的要求。

所以施工建造房屋要按照工程设计图纸、施工规范，施工质量验收规范和企业的施工工艺标准的要求进行。

搞好工程施工，主要通过施工组织管理来实现。即对材料选用、机械设备选择、施工技术方法、工序安排、现场布置等的组织和管理。施工是综合因素协调的体现，是项目班子综合管理能力的体现。施工要通过管理制度来实现，对材料、机具、用工、技术、质检、安全、财务等制定管理制度。遵守制度，职责明确，各负其责，密切配合，才能搞好施工。

施工是更为复杂的动态行为。它是对各种材料进行组合，并按一定结构顺序，技术方法，再对人进行组织管理，完成建筑实体的生产过程。施工的复杂性在于受到使用材料的广泛性，机具设备的先进性，气候条件的影响性，技术手段的局限性，工程造价的制约性，人的行为的复杂性等因素的影响，只有按照房屋建造的规律和科学的技术标准进行施工，才能奏效。

4.2　施工组织管理的几个主要方面

施工组织管理，在建筑生产活动中是难度较大的一种工作，受到现行制度，经济、技术的制约。一般指对施工的组织安排和调度，对施工现场各种资源的管理和调配。另一方面是对整个企业各项管理制度在现场管理中的落实，受到管理机制和个人组织、统筹管理能力的制约，甚至外界的干扰，只有形成统一有序，强有力的指挥系统，工作到位，才能实现各项施工任务指标。

4.2.1　施工现场平面布局

这是搞好施工管理，利于合理组织施工、文明施工的先决条件，要结合施工现场实际环境条件进行布置，材料、机具、生产加工场区，垂直运输设备位置，吊装构件、泵送混凝土设备、运输道路、施工用电线路、临建办公区、生活区，都应因地制宜，实地合理布置，要便于施工，减少二次搬运。一般施工现场平面布置有三次调整。①土方开挖基础施工阶段：场地紧张，不能一次布置到位，有些不变的要定位。②主体施工阶段：场地环境相对固定，可以按序施工，也是安全文明施工的主要阶段。③装修阶段：部分主体施工机械退出（塔吊、钢筋机具等），装饰机械入场，材料类别变化，重新调整堆放，所以要搞好三次调整。尤其主体施工阶段的平面布局是主要布置阶段。

4.2.2　施工机具和垂直运输设备的选择及就位

根据房屋结构实际特点，作业要求和现场实地条件，选择垂直运输设备塔吊或龙门架，关键满足高度、起重量、工作幅度和施工吊料的要求。设备就位应依据房屋形状，现场环境确定。并在不同施工阶段，配备不同施工机械，如主体完工，撤出塔吊。装修施工，使用施工电梯上料，以实现楼层水平运输的需要。高层建筑往往在主体快完时，塔吊和电梯同时使用。只要具备装修条件，施工电梯即时安装，上面干主体，下面搞装修。机具的使用数量，要考虑有效利用率和安全使用性。

同时考虑，混凝土泵车和混凝土罐车的停车和运输线路的位置。有吊装构件时，要考虑构件吊装运输线路和构件堆放场地。

4.2.3 施工工序组织

依据房屋的建筑、结构、安装的设计情况，按照房屋建造的规律和程序进行施工，通过放线，找平，进行砌体结构和混凝土结构的施工，或钢结构的施工，由基础—结构—初装修—安装—精装饰顺序进行。具体建造时，按照施工工艺流程和工作量大小，划分若干流水段，优化资源配备，合理安排技术工人和劳力人员，实现工、料、机的有效结合，完成不同结构，实现进度部位，达到质量要求。对工序、进度安排，除应用网络计划技术外，具有实际的施工组织经验是必需的，也是极为重要的，全面程序的组织施工流水作业。特别是结构施工程序受结构体系制约，建造顺序怎样保持结构稳定，顺序得当，施工方便，对避免发生质量事故，顺利施工具有明显作用。

4.2.4 施工图纸会审

这是保证工程质量，保证工期，使施工图的差错减少到最低程度，避免发生质量事故，利于施工顺利进行的重要程序和工作。当前由于某些设计严密细致不足，施工图纸中丢柱、丢梁，个别梁、板无配筋，建筑结构不吻合，构件无交代，做法无说明的情况时有发生，因此必须详细审图。通过建设各方对图纸的查阅和会审，达到了解设计意图，搞清房屋结构情况，搞清土建水暖电卫的关系，每层的要求，什么样子，构件轴线位置、截面尺寸形状，标高，厚度，构件强度，装修材料，做法要求，管线规格、走线布置等。把图纸"吃透"，这是搞好施工的重要前提。通过会审，解决设计差错、不合理、不吻合的问题，解决受施工条件限制，无法达到设计上特殊性要求的问题，以顺利完整实现设计要求和意图。

1. 图审重点

（1）工程结构的强度、刚度、稳定性

如构件强度、截面、配筋、梁高度、板厚度，抗倾覆构件安全性。

工程桩的选用与勘察报告和现场环境条件是否相应。

（2）工程结构尺度关系（结构搭接关系）是否吻合

主要查阅标高、轴线、长度、位置相互关系有无矛盾，特别是建筑施工图与结构施工图同层构件位置的吻合性。

（3）工程结构是否符合施工合理性

主要影响有施工顺序的可行性，材料选用的影响性，工艺条件的限制性等，具体审阅应注意：

设计说明、结构选型、材料选择、强度等级、结构位置、杆件组合、构件尺度、节点处理。

2. 阅图与施工的关系

通过阅图，施工人员要搞清工程的建筑、结构、安装的设计要求和相互关系。从地下到地上，从结构到装修，从土建到安装，从平立剖到节点大样，从平面布局到竖向布置，设计说明，逐一查阅。对整体和局部，看了图，要有清楚的了解。要有对结构的整体观念，什么结构体系，什么样的平面，多少条轴线，墙多厚，板多厚，柱多大，梁多大，多少根柱，几道梁，梁、柱断面差别，构件在哪个位置上，配筋情况，有无矛盾，怎样处理妥当。看了图就要从施工方面想一想，怎样放线，先做什么，后干什么，准备用哪种模板，用多少模板，先支哪段，先从哪个部位开始；钢筋进多少料，有哪些规格和级别，加工成什么形状，绑筋从哪儿开始，混凝土有几种强度，分布在哪些构件上，施工时先浇哪个位置，要不要留缝，柱梁节点混凝土强度不同如何处理等。通过看图"吃透"图纸，心有全貌，了解清楚，再与施工情况，施工方法结合，看图纸设计上还存在哪些不利于施工或尺寸不吻合的地方，能不能改，如何改，考虑清楚，在会审中提出来。只有把图纸看熟了，认识透了，结构彻底搞清楚了，并知道用怎样的施工程序来实现，才能通过施工实现设计意图。切不可不经会审，盲目施工，否则易出大事，这种例子和教训太多了，图纸不会审将给施工带来很多难度和影响，应该引起极大重视，不怕麻烦，养成详细审阅图纸的好习惯，这是极其重要的。

4.2.5 施工技术问题

1. 施工三大控制文件

组织工程施工指导性文件，一般主要有三大控制性文件：施工组织设计、施工方案、施工工艺标准。

（1）施工组织设计：是工程施工的总体指导性文件，可称为全局的、战略性的，是工程施工的总计划、总纲领。指导全面施工的组织计划，是在工期、质量、进度、成本、人力、物力、设备、施工总体顺序等方面的总规划、总构思，是综合性文件，是从总体上把握施工组织进行的原则。

（2）施工方案：是针对具体工程而言的，可称为专项的、战役的，是专门的施工方案和措施。应根据具体工程的结构情况，所用材料、设备，确定施工程序，模板制作安装，钢筋加工绑扎，混凝土浇筑养护，外观质量处理等，都应在方案中明确。

（3）施工工艺标准：是工法和操作规程，可称为工艺或战术的。施工工艺标准是由企业自己编制的工艺规程。国家确定质量验收标准和施工规范，不定工艺标准，工艺标准由企业根据自己的实力，技术水平，管理水平，编制出适合自己发展的技术规程，达到国家质量标准。工艺标准很多，科学技术的发展首先在基层，在生产力中，只有生产，只有从事实际工程施工，才能出技术，出真知，推动技术发展，推动质量的提高。同时规范和质量标准的严格程度，也促进和推动施工技术水平的提高。施工执行标准，主要是说施工规范和工艺标准，你按什么工艺标准施工。所以企业必须编制自己的施工技术标准。并应具有先进性和可操作性。

2. 施工技术主要类别

（1）测量、抄平、放线的施工技术；

124

（2）基坑支护、降水施工技术；

（3）复合地基、桩基施工技术；

（4）砌筑工程施工技术；

（5）模板工程施工技术；

（6）钢筋工程施工技术；

（7）混凝土工程施工技术；

（8）地下防水工程施工技术；

（9）装饰、地面施工技术；

（10）屋面工程施工技术；

（11）水暖电卫安装施工技术；

（12）吊装施工技术；

（13）电梯安装施工技术；

（14）商品混凝土制配施工技术；

（15）外墙外保温施工技术

（16）钢结构施工技术。

3. 施工技术和人员的重要性

工程质量是靠施工技术实现的，技术是手段，质量是结果，施工的质量结果，必须通过也只能通过具体的施工技术（方法）实现。施工技术水平的高低，决定施工的质量水平，决定施工质量。而施工技术水平又主要由两个方面决定。

① 设备、机具（工具）、新技术。古语称："工欲善其事，必先利其器。"民语讲："巧手不如家具妙"，"三分手艺，七分家具。"强调的都是工具的重要性。现代施工的新技术、新机具对工程施工起到了明显的推进作用。可以提高效率，加快进度，改善质量。

② 施工技术人员和施工操作人员的技术能力。

施工技术人员是从总体上研究和掌握施工技术方案的实现，控制总程序，编制方案，出具数据，发出作业指导书和进行技术质量交底，汇总技术资料，检查工序质量和解决施工中出现的技术问题。施工生产技术管理要有预见性，要具备必要的力学概念、结构常识和工程施工经验，才能更好地处理工程技术中出现的矛盾，才能正确地建造工程，才能避免出现结构安全性的质量事故和问题。施工操作人员要解决实际操作问题。懂图纸，会估工算料，能下料安装，懂得本工种的知识，能按规程操作，并具有一定熟练的劳动技能。会砌砖，会支模，会焊接，会绑筋，会打混凝土，一步一步知道怎样干，怎样能干好，达到质量要求，特别是能做出精品活。一个施工生产的队伍中，没有几个挑大梁的技术能人，管理人员再多，事情也难办好。要重视高技能工人的作用。搞施工，没有一个基本素质，作风和技术过硬，团结性、纪律性、战斗性强的工人队伍，就不会有好质量。一个队伍缺乏责任心，搞不好管理，看不懂图，下不了料，管不了人，谁说也不听，这样的队伍不能用，用了要出事，是搞不好工程的。

4.3 工程施工质量要求和质量控制

4.3.1 工程施工质量要求

1. 实现工程质量结构安全，功能适用，装饰美观的总效果要求。

2. 实现结构的安全，保证工程地基、基础和主体结构的质量，结构和构件的强度应符合设计要求。主要有砌体结构的砖、砌筑砂浆的强度，混凝土结构的柱、墙、梁、板构件的强度，工程地基的强度。钢结构焊缝、螺栓连接的质量和强度。

3. 实现结构的空间尺度，工程施工应符合建筑和结构形式的设计要求。主要有平面位置（轴线、开间、进深），竖向布置（标高、楼层层次），截面尺寸（构件几何尺寸），形状（方、圆、曲形）的实现。

4. 实现房屋的建筑饰面、防水、设备等的使用功能。

5. 原材料的质量符合设计要求，主要承重构件的砖、水泥、钢筋、钢筋连接件的质量。

6. 控制地基基础沉降变形在允许变形值以内。

7. 装饰、安装功能和外观观感质量符合标准要求。

装饰怎样做得更规矩、美观。设备、器具安装怎样更得体，好用。

4.3.2 施工质量控制总原则

1. 控制原材料质量，主要是对用于承重结构的材料进行进场试验，有砖、水泥、钢筋和钢筋连接件，组成混凝土的砂、石、外加剂、掺合料，地下、地上、屋顶的防水材料。承重结构材料质量决定结构的安全，必须见证取样复试。对混凝土结构而言，原材料中起决定性作用的是钢材、水泥和外加剂，更必须严格控制和试验。对用于装饰面层的材料，面砖、地砖、水泥，亦应试验。原材料不合格，达不到材质标准和设计要求，不能使用。体现事前控制的原则。

2. 控制工序质量，是按施工技术标准，工艺操作规程进行施工，是对施工过程的检查，是对施工中间环节的检查。体现事中控制的原则。

3. 控制工序成品质量，是对工序已完的成品，半成品，进行检查验收，是最后一道把关，施工结果是否符合质量规定的要求。体现事后控制的原则。

4.3.3 施工质量重点控制部位

1. 砌体结构

(1) 砌体砌筑质量，砂浆强度，饱满度，砌体垂直度，平整度，水平灰缝厚度，平直度。

(2) 砌体纵横交接节点，构造柱，圈梁节点的质量。

(3) 楼梯、阳台、雨篷、挑檐、柱、梁、板的质量。

(4) 基础施工的质量。

2. 混凝土结构

(1) 框架柱、梁、板、墙的强度，几何尺寸，结构位置。

(2) 框架结构钢筋的"强屈比"、"超强比"的要求。

(3) 框架节点核心区箍筋的安装、节点混凝土的密实度。柱、梁、墙、板钢筋锚固。

(4) 钢筋代换的设计意见。

（5）混凝土剪力墙的位置、厚度、强度。

（6）剪力墙连梁截面尺寸控制。

（7）剪力墙网片筋位置控制。

（8）剪力墙暗柱、暗梁的钢筋位置。

（9）剪力墙洞口处加强筋。

（10）后浇带处梁、板钢筋预留及搭接。

（11）电梯井筒体混凝土墙垂直度。

4.4　混凝土结构施工三大分项工程控制

混凝土结构施工主要应搞好模板、钢筋、混凝土三大分项工程。这是混凝土结构工程由图纸变成实物的重要途径和施工方法。并应遵循"混凝土结构工程施工规范"GB 50666 的要求进行。

4.4.1　模板工程

模板工程是工程结构施工的主要设施和结构尺度成型的关键。模板工程主要应实现工程结构构件设计的各部分形状尺寸及相互联系。砌体结构、混凝土结构中的各种混凝土构件的截面尺寸及形式，全靠模板来实现和成型，并保证模板本身及其支架的可靠性和稳定性。安装坚固、不变形，支撑得当，构造合理。

进行模板工程应编制专项施工技术方案，必要时应进行模板设计计算。编制专项的模板施工方案应根据具体结构工程的特点，有针对性地进行，一般编制方案可按下列内容考虑：

1. 模板工程施工方案的编制内容

（1）编制依据

主要有施工图纸、施工组织设计、模板规范、施工质量验收规范、施工技术标准、厂家模板参数。

（2）分项工程概况

结构设计情况，总面积、各层高、各部位结构形式、各部位构件结构尺寸。

（3）施工安排

1）施工部位及工期要求：结构部位（地下、地上、裙楼、主楼），模板种类，施工起止时间。

2）劳动组织及职责分工：①管理人员职责分工（职务、姓名、负责内容）。②施工队伍（劳务队）管理人员职责分工（职务、负责内容）。③模板分项施工人员数量及分工。

（4）施工准备

1）技术准备：配模选型表。

2）机具准备：塔吊、木工机械、电焊机等。

3）材料准备：模板材料、板面材料、龙骨材料、支撑材料。

4）现场堆放：堆放位置、码放要求、堆放布置图。

（5）主要施工方法及措施

1）流水段划分：与检验批划分结合，绘制分区图。

2）模板及支撑设置：龙骨、支撑材料使用规格。

3）脱模剂：成分、比例、涂刷要求。所用涂剂不能污染钢筋。

4）模板设计：模板构造说明，模板设计详图，加固图。

5）模板的制作与加工：模板组成、质量标准、管理要求。

6）模板安装：一般要求，平板、梁、柱（墙）模板安装、安装程序、注意事项。

7）模板拆除：拆除模板混凝土强度条件，拆除顺序、拆除安全事项。规范规定常温施工，柱拆模强度不低于1.5MPa，墙体拆模强度不低于1.2MPa。梁、板底模拆模≤8m跨度，应达到设计强度的75%，>8m跨度，及悬挑构件，后浇带拆模强度为设计强度的100%。

8）模板的维护及保管。

（6）模板工程质量验收标准

1）现浇结构模板安装允许偏差。

2）预埋件与预留洞口允许偏差。

3）模板安装观感质量。

（7）安全文明施工

施工用电、临边防护。

（8）环保要求

噪声控制、施工废弃物处理。

2. 模板力学（设计）计算

模板及支架系统计算参数

（1）计算简图：实际模板及支撑系统工艺图：

一般根据模板构造，对面板、龙骨、卡箍进行受力计算，其计算跨度按实际受力情况简化，有两跨、三跨连续梁、两端固定梁、外伸梁的计算简图的分析。

（2）荷载设计值：

1）模板自重 G_{1K}　　无梁楼板模板（木）　　　0.3kN/m²

　　　　　　　　　梁、楼板模板（木）　　　0.5kN/m²

　　楼板模板及支架（木）楼层高度 4m 以下　0.75kN/m²

2）新浇混凝土自重 G_{2K}　　　　　　　　　24kN/m³

3）钢筋自重 G_{3K}　　楼板 1.1kN/m³　梁 1.5kN/m³

4）混凝土对模板侧压力 G_{4K}　$F = 0.28 r_c t_0 B V^{\frac{1}{2}}$

　　　　　　　　　　　$t_0 = 200 (T + 15)$

　　　　　　　　　　　$F = r_c H$　两个结果取小值

5）施工荷载 Q_{1K}　　　　　　　　　　　2.5kN/m²

6）振捣混凝土时的荷载 Q_{2K} 平模 2.0kN/m²　立模 4.0kN/m²

7）倾倒混凝土产生的荷载 Q_{3K}　　　泵送压力 4.0kN/m²

8）风荷载 w_k　（风速大、离地高时组合）　按荷载规范取值

9）荷载组合计算承载力和刚度：承载力　　　　刚度

混凝土平板底模及支架 $G_{1K}+G_{2K}+G_{3K}+Q_{1K}$　$G_{1K}+G_{2K}+G_{3K}$

支架水平杆及节点承载力 $G_{1K}+G_{2K}+G_{3K}+Q_{1K}$　$G_{1K}+G_{2K}+G_{3K}$

立杆承载力　　　　$G_{1K}+G_{2K}+G_{3K}+Q_{2K}$

混凝土竖向构件或水平　　$G_{4K}+Q_{3K}$　　　　G_{4K}

构件的侧面模板及支架

模板工程属临时性工程，荷载应予以折减。

（3）计算分析：对柱模、墙、楼板平模、龙骨、梁底模、龙骨、柱箍、楼板、梁模支柱支撑进行强度、刚度验算，对立柱进

行稳定性验算。

3. 模板工程质量要求

按图纸要求结构，制配模板，支好柱、墙、梁、板模型。支撑牢固，无跑模、胀模、歪斜、漏浆现象，尺寸规矩、表面平整，保证强度、刚度、稳定性，模板制配偏差在规范允许误差以内。模板系统选择，既影响工程质量，也影响施工效率，应经对比合理选用。目前模板体系应满足清水混凝土质量的要求。更加严密、平整、光洁、形状规矩、角线顺直清晰，拼缝处不显接槎。模板工程的质量决定混凝土结构尺度和外观观感质量。"精品从模具做起"。模板工程质量控制主要在制配和安装的过程中，由模板工程的施工技术水平来决定。

4. 模板工程施工要点

(1) 选择模板系统：针对不同结构形式，质量要求，施工部位，选择组合钢模，钢板大模，竹胶板大模等。

(2) 模板制配翻样：根据图纸制作柱、梁、板、墙模板、长度、宽度、厚度尺寸，龙骨、顶柱、卡具，依图翻样，形体复杂时放大样。

(3) 模板安装：支模放线，确定位置，起竖模板。

平面位置就位：放出轴线，柱、墙截面尺寸线。柱底找平，依线立模。竖向位置就位：由＋50cm线控制楼层柱、梁底、板底模板标高挂底板。

(4) 支撑加固：校正固定，保证结构尺度、尺寸偏差要求，实现设计结构体系和受力工作性能。用卡具、柱箍、钢管、对拉螺栓等拉、顶、撑的加固方法进行固定。现场施工发生的混凝土板墙、柱梁胀模，多因模板组合支撑间距过大，加固方法不当造成。所以应支撑得当，固定牢固。

(5) 质量检查：在放线、立模、加固校正过程中控制，检查垂直度，轴线，截面尺寸，标高、位置，模板完成后，抽查复核。

(6) 模板拆除：按拆除方案，达到相应混凝土强度后进行。

拆模安全问题，要对工人进行安全技术交底，也与操作者拆模生产经验和安全意识有关。

4.4.2 钢筋工程

钢筋是钢筋混凝土结构和钢筋混凝土构件的主要受力材料，钢筋在结构中主要承受弯矩和剪力，一般布置在结构构件的受拉区和抗剪部位，所以钢筋工程的施工非常重要。

钢筋的材质、钢筋的制配安装必须符合设计要求。钢筋的牌号、品种、规格、级别、数量、间距、位置、必须照图施工，不能出错，尤其错径、错位、受力筋漏放，更不能发生，否则，轻者结构裂缝，重者结构垮塌。施工重点是保证结构设计钢筋的受力位置。同时控制连接方式，接头位置、接头数量，接头面积百分率，特别是对伸入支座的钢筋锚固长度必须保证。锚固长度应由设计确定，搭接部位与施工有关。关键在于钢筋骨架尺寸不能削弱，不能减小构件断面尺寸 h_0 的有效高度。对钢筋工程质量通病，则应从工艺上细致考虑，找出具体的解决办法。

1. 钢筋工程施工方案的编制内容

（1）编制依据：主要有施工图纸、施工组织设计、设计规范、施工质量验收规范、钢筋连接规程、标准图集。

（2）分项工程概况：结构设计情况、设防烈度、抗震等级、结构形式、钢筋总用量（t）。

（3）施工安排：①人员安排；②机械安排（机械用表）。

（4）钢筋进场：①检验：外观检查，力学性能检验；②进场堆放、核对货单、挂牌标识，进场应严格控制混料问题。

（5）钢筋下料：①钢筋放样；②料单复核；③制作、除锈、调直、切断、弯曲；④质量标准。

（6）施工安装准备：①材料：钢筋、钢丝、保护垫块、支撑马凳；②技术准备：核对材料、钢筋放线、工种配合、技术交底。

（7）钢筋连接：①机械或焊接连接接头工艺；②质量标准。

（8）钢筋绑扎安装：按构件类别、基础主体、柱、墙、梁、板进行。①作业条件；②施工工艺流程；③检查和隐蔽验收；

④质量标准。

（9）质量记录：原材合格证、复试报告、接头试验报告、隐蔽验收记录。

（10）成品保护：对防止踩踏、移动、看护钢筋的要求。

（11）安全措施：高空作业、吊装安全、机械使用、安全用电、临边封闭、大风停工。

（12）环保措施：碎头清理、噪声隔离、废料回收。

2. 钢筋工程施工要点

（1）原材料进场力学性能和重量偏差复试检验，接头连接试验。

（2）钢筋翻样、提取下料单：详细审图、按图列出各种构件中的钢筋形状、尺寸、规格、数量的加工图表。下料加工钢筋的确定，应考虑构件长度、钢筋长度，钢筋受力位置，搭接方式，搭接部位，接头面积百分率，决定下料长度。钢筋加工下料大样单，经工长、放样员核对无误，规格尺寸、形状准确，下料加工。

（3）钢筋加工断料：钢筋断料形式应按下料单进行，其弯钩角度，平直长度应符合规范和质量标准规定。

（4）钢筋绑扎安装：按结构钢筋设计和实际结构体系，绑扎柱、墙、梁、板钢筋，关键是钢筋设计位置、柱、主、次梁、板的受力程序和钢筋叠层关系、锚固长度、钢筋固定方法。钢筋绑扎通病较多，是质量难点，也是施工重点。应结合工程结构钢筋具体设计情况，制定绑扎顺序和预控方法，达到保证质量，方便施工的目的。

（5）质量检查：施工自检和监理复检必须逐个构件、逐根钢筋核对核验符合设计要求，才能隐蔽验收。这是钢筋工程质量最后一道把关，必须严格认真进行。

（6）钢筋工程工序质量的重要性：钢筋工程的质量决定于对原材料选购和钢筋下料制作、绑扎安装的全过程控制，三个环节中每个环节都是重要的，一个环节出错，钢筋工程就会发生质量问题。所以施工全过程中的每个工序都应按技术方法严格进行，并认真管理，认真操作，要求确保无误。

3. 钢筋原材料及连接件试验取样数量

（1）同一牌号、同一炉罐号、同一规格、同一交货状态的热轧光圆钢筋，热轧带肋钢筋（HPB235、HRB335、HRB400、RRB400）以重量不大于 60t 为一批。

每批直条筋取 2 个做拉伸试验，2 个做弯曲试验。应从 2 根钢筋上截取。

每批盘条筋取 1 个做拉伸试验，2 个做弯曲试验。应从 2 根钢筋上截取。

（2）钢筋连接焊接件

按《钢筋焊接及验收规程》（JGJ 18—2003）有关规定。

钢筋连接焊接常用闪光对焊、电弧焊、电渣压力焊。

1）闪光对焊：在同一台班内，由同一焊工完成的 300 个同级别、同直径钢筋焊接接头应作为一批；接头少时，可一周内累计；累计不足 300 个接头，应按一批计算。力学性能试验，从每批接头中随机切取 6 个接头，其中 3 个做拉伸试验，3 个做弯曲试验。

2）电弧焊：在现浇混凝土结构中，应以 300 个同牌号钢筋、同形式接头作为一批；在房屋结构中，应在不超过二楼层中 300 个同牌号钢筋，同形式接头作为一批。每批随机切取 3 个接头，做拉伸试验（直径不同时，应切取最大直径接头）。

3）电渣压力焊：宜用于竖向构件和斜向（4∶1）范围的钢筋连接。在现浇钢筋混凝土结构中，应以 300 个同牌号钢筋接头作为一批；在房屋结构中，应以不超过二楼层中 300 个同牌号钢筋接头作为一批；不足 300 个接头，仍应为一批。每批随机切取 3 个接头做拉伸试验。

4）质量标准：拉伸强度：钢筋闪光对焊接头、电弧焊接头、电渣压力焊接头拉伸试验结果应符合相应牌号钢筋规定的抗拉强度，并呈延性断裂，断于焊缝之外。符合国家现行标准《钢筋焊接及验收规程》（JGJ 18—2003）有关接头试验合格的规定。

外观质量：闪光对焊，接头处不得有横向裂纹；与电极接触处的钢筋表面不得有明显烧伤；接头处的弯折角不得大于2°；接头处的轴线偏移不得大于钢筋直径的0.1倍，且不得大于1mm。

电弧焊，焊缝表面应平整，不得有凹陷或焊瘤；焊接接头区域不得有肉眼可见的裂纹；咬边深度、气孔，夹渣等缺陷允许值及接头尺寸的允许偏差，应符合标准规定。电弧焊焊缝宽度$\geqslant 0.8d$，焊缝厚度$\geqslant 0.3d$

电弧焊搭接长度：HPB235　单面焊$\geqslant 8d$，双面焊$\geqslant 4d$，
HRB335
HRB400$\left.\right\}$单面焊$\geqslant 10d$，双面焊$\geqslant 5d$。
RRB400

电渣压力焊，四周焊包凸出钢筋表面的高度不得小于4mm，钢筋与电极接触处，应无烧伤缺陷；接头处的弯折角不得大于2°；接头处的轴线偏移不得大于钢筋直径的0.1倍，且不得大于1mm。

（3）钢筋机械连接

按《钢筋机械连接通用技术规程》（JGJ 107）有关规定。

1）同一施工条件下采用同一批材料的同等级、同形式、同规格接头，以500个为一个验收批进行检验与验收，不足500个也作为一个验收批。每一个验收批，必须在工程结构中随机截取3个接头试件做抗拉强度试验，按设计要求的接头等级进行评定，见表4-1。

Ⅰ级、Ⅱ级、Ⅲ级接头的抗拉强度　　　　　表4-1

接头等级	Ⅰ级	Ⅱ级	Ⅲ级
抗拉强度	$f_{mst}^0 \geqslant f_{st}^0$ 或$\geqslant 1.10 f_{uk}$	$f_{mst}^0 \geqslant f_{uk}$	$f_{mst}^0 \geqslant 1.35 f_{yk}$

注：f_{mst}^0——接头试件实际抗拉强度；
　　f_{st}^0——接头试件中钢筋抗拉强度实测值；
　　f_{uk}——钢筋抗拉强度标准值；
　　f_{yk}——钢筋屈服强度标准值。

2）外观质量：应符合各类型接头技术规程的规定。

4. 钢筋绑扎安装质量要求

（1）纵向受力钢筋的连接应符合设计要求。设计未规定时，一般柱、梁钢筋可采用机械连接、焊接，电渣压力焊只用于竖向钢筋，对墙、楼板钢筋采用绑扎搭接。对钢筋连接方式应写入施工组织设计和施工技术方案中，并征得建设单位、监理单位的同意，尤其机械连接和闪光对焊连接。提倡设计，施工优先采用机械连接，并首选墩粗直螺纹连接，其比锥螺纹连接和套筒挤压连接操作又较简便，接头质量更易保证，且节钢率提高 35% 与 70%。机械连接技术已较成熟，质量和性能比较稳定。当前施工条件焊接质量较难保证，某些焊接质量缺陷难以检查，造成隐患，当受到偶然作用（地震）时才暴露出来，尤其对高层混凝土结构柱、梁钢筋连接应予重视。

（2）钢筋接头宜设置在受力较小处。同一根纵向受力钢筋在同一受力区段内（一根柱、一根梁长度内）宜少设接头，不宜多于 2 个。少设接头的目的可避免接头过多削弱钢筋传力性能。同一构件内机械和焊接连接的接头应相互错开长度为 $35d$，且 $\geqslant 500mm$，同一接头位置接头面积百分率机械和焊接接头，受拉区 $\leqslant 50\%$，对有抗震设防要求的框架梁端、柱端应躲开箍筋加密区。绑扎接头宜相互错开，错开长度为 1.3 倍搭接长度，同一接头位置接头百分率，板、墙类构件，梁类构件 $\leqslant 25\%$，柱类 $\leqslant 50\%$，基础筏板 $\leqslant 50\%$。接头位置相互错开和限制接头百分率，目的避免变形、裂缝集中在接头区域，影响钢筋传力。与整筋直接传力相比总是有所削弱，所以应控制接头质量符合要求。

5. 钢筋工程常见质量通病

（1）柱主筋位移（用卡套处理）；

（2）核心区箍筋漏放（工艺程序上解决）；

（3）梁上部二排筋靠下（箍筋弯钩一端可改为水平钩）；

（4）剪力墙横、竖向筋位移（横、竖向梯子筋固定）；

（5）楼板负筋踩踏（通长马凳支撑固定）；

（6）拉结筋预埋困难（植筋）；

（7）箍筋内径尺寸不足（注意保护层要求）。

4.4.3 混凝土工程

混凝土结构性能是房屋结构实体的关键。混凝土的承载受力性能事关结构安全。混凝土能够正常硬化成型，达到强度后，结构才真正形成并开始承载工作。混凝土工程的质量能否达到设计要求，主要与混凝土的原材料质量和施工工艺工序有关，向来是质量控制的重点。这是对混凝土预控性质的检验，而不是对结构实体质量的直接检查。正常情况下混凝土的施工，原材料质量符合要求，再经精心配比，并按施工工艺程序正确进行，混凝土结构的质量就有保证，就不会发生强度质量问题。反之，就容易出问题。混凝土施工工艺主要有：配合比设计，原材料计量，拌制工艺，搅拌稠度、运输方式、泵送浇筑顺序，振捣方法，表面抹压处理，施工缝，后浇带的留置，养护、拆模要求，试块（标养、同条件、拆模试件）留置，冬期施工等。混凝土的质量最主要是强度达到设计要求及减少混凝土裂缝的质量通病，并为解决混凝土耐久性而努力。

1. 混凝土工程施工方案的编制内容

（1）编制依据：施工图纸、施工组织设计、规范、标准图集。

（2）工程概况：结构形式、强度等级、结构尺寸、跨度。

（3）工程特点难点：设计特点、施工及管理难度、场地条件。

（4）施工部署：管理机构、劳动力安排、流水段划分（附图）机械配置、试验部门、施工协调、审图及交底例会制度。

（5）混凝土拌制及运输：①混凝土供应商选择；②原材料控制要求；③外加剂试验要求；④配合比控制；⑤计量；⑥运输；⑦进场检验。

（6）混凝土泵布置及维护：①地泵、泵管布置及运输路线；②布料杆布置；③泵送；④堵管预防及处理；⑤浇筑补救措施。

（7）混凝土浇筑程序：①施工准备：材料、机械、技术、劳动力准备、文明施工准备、环保准备、交通准备；②模板验收，钢筋隐蔽；③浇灌令的签发。

（8）混凝土浇筑：基础主体浇筑顺序、方法、注意事项、标高控制、抹压、养护。

柱浇筑：顺序、方法、施工缝留置、侧模拆除；

墙体浇筑：顺序、方法、施工缝留置、振捣、上口找平、养护；

梁板浇筑：顺序、方法、施工缝留置、抹压、养护；

楼梯浇筑：顺序、方法、施工缝留置、抹压、养护。

（9）编制混凝土试块留置计划：总方量、强度等级、试块类别、留样数量、留样位置。

（10）混凝土养护要求及安排、养护材料、养护方法、养护时间。

（11）混凝土缺陷修补：表面缺陷、孔洞缺陷修补方法。

（12）质量标准：一般项目允许偏差的规定。

（13）成品保护：控制上人、楞角包裹、区段封闭。

（14）质量控制措施：技术交底、一票否决、三检制度、质量负责制、岗前培训。

（15）安全文明施工：安全帽、吊装、上下通道、临边防护等。

（16）环保环卫措施：噪声、污水、明火、遗洒混凝土的处理。

2. 混凝土工程施工要点

（1）商品混凝土进场检验、坍落度测试。

（2）浇筑和振捣，应在初凝前完成。

（3）振捣是保证混凝土工程质量，避免混凝土常见的质量事故和质量通病（蜂窝，孔洞，露筋）的关键工序环节。应达到密实性和均匀性。重点控制振捣振动间距，振捣分层，浇筑厚度，浇筑点、浇筑量与振捣的同步，避免漏振、过振。漏振是造成混凝土内孔洞和严重不均匀的主要原因。所以振动间距应按规定前进。混凝土的振捣应在初凝前完成，需延时的应加缓凝剂，或增加振捣器，必须将已浇灌的混凝土振捣完毕。振捣振动间距应为振捣棒作用半径的 1.5 倍，一般为 450～600mm，振捣时不应触及模板，离开70～150mm。插入式振捣分层厚度不超过振捣棒实际有效长度的1.25倍。振捣方法应快插慢拔，至表面泛浆不冒气泡时为准，振动点振动时间20s为宜。振捣的质量控制根本在于选定有振捣知识，振捣经验和责任心的振捣手来完成。

（4）混凝土表面处理，对混凝土表面用木抹子搓毛，搓平，达到不裸露石子，无疏松，均匀细密平整的表面效果。

（5）混凝土养护，塑料薄膜覆盖，二次抹压，养护浇水一般7d，抗渗混凝土14d。混凝土强度未达到1.2MPa，不得上人作业施工。应注意观察混凝土硬化和强度增长情况，符合混凝土强度温度增长曲线的规律时，混凝土的强度质量一般无问题。养护一般从混凝土浇筑12h开始。混凝土浇水养护一般常温养护的温度范围是5～35℃的环境温度和水化热的温度。如气温15℃时，头3d，白天每隔2h浇水一次，夜间至少2次。以后每昼夜4次。平均气温低于5℃，不需浇水，应保温养护。施工现场当日气温低于0℃，应采取防冻害措施。

3. 自然养护条件下混凝土质量的观察及判定

混凝土浇筑后，经养护应注意观察现场混凝土结构实体硬化增长情况，初凝1～3h（加缓凝剂时，按缓凝时间确定），终凝5～8h，硬化15h～28d。掺早强剂或采用普通水泥、水泥强度等级高、环境气温高时，一般3d混凝土强度可达30%，7d约50%～70%，以后正常硬化14d约80%以上，28d达到或接近100%。现场混凝土结构具体强度依其组成材料，配合比，养护和环境温度条件确定。

观察每天浇水次数，混凝土表面颜色，养护不好的混凝土表面颜色出现灰白色和浅白色（表面被水化热烧坏了），在其表面摩擦会起粉末灰尘，系混凝土脱水造成。养护好的混凝土会呈青色和深青色。表面硬度，用铁钉划痕，低于C15时，印痕深，砂粒掉。C30时划痕很细，C35及其以上时无划痕，钉头在其上打滑，C30以下随强度高低不同，有深浅不同的划痕（白色印迹）。同时观察混凝土表面有干缩细小裂纹时，说明混凝土养护不足。

并检查混凝土同条件和拆模试块强度情况。

4. 混凝土楼、屋盖浇筑后施工间歇时间要求：

混凝土强度未达到 $1.2N/mm^2$ 时，不得上人和在其上作业，施工间歇时间的确定：①由试验确定；②一般常规控制最少时间：外界温度 $1\sim5°C$ 时，50h；$5\sim10°C$，36h；$10\sim15°C$，24h；$15°C$ 以上 20h。未达此时间时，不得在混凝土楼、屋盖上进行测量、放线、砌砖、支模、绑筋、堆载等施工作业，以免造成混凝土的裂缝。

5. 混凝土质量缺陷的危害

依其缺陷的部位范围、轻重程度不同，危害性不同。混凝土强度低，振捣不密实，蜂窝、孔洞、露筋严重，保护层厚度不足，养护不良等均影响结构的承载力、整体性、耐久性。特别是柱梁构件及节点设计钢筋过于密集时，有似"过滤网"，阻碍混凝土粗粒骨料向下流动分布，使细粒骨料、水泥浆流至构件下部或外侧，形成粒料分离，降低混凝土握裹力，遭遇地震作用，钢筋被拔出或滑移。所以下料、振捣很关键。对蜂窝孔洞不应草率处理。并有解决密集钢筋条件下浇筑混凝土的具体办法（设计配筋亦应考虑施工合理性），以保证混凝土成品质量。

4.4.4 混凝土施工缝的留置

一般混凝土施工受结构体系平面和竖向布置的分段，分层的限制及施工建造技术条件的制约，需要设置混凝土结构施工缝。施工缝应设置在混凝土受剪力较小部位，且不宜位于整个结构的同一垂直面上或水平面上，还应便于施工，并应处理好施工缝处接槎表面的粘结吻合质量。

一般施工缝的位置宜为：

（1）柱梁交接，梁下 $20\sim30mm$ 处。

（2）与板连成整体的大截面梁，$\geq1m$，留在板下 $20\sim30mm$ 处。

（3）有主次梁的楼板宜顺着次梁方向浇筑，留在次梁跨中的 1/3 范围内。

（4）单向板，留置在平行于板的短边的任何位置。

（5）墙，留置在门洞口过梁跨中 1/3 范围内，也可留在纵横墙的交接处。

（6）柱与基础交接处，留置于基础顶面处。

（7）地下室墙的水平施工缝，留置在地下室地面的"止水"处，或基础梁的上皮。地下墙的垂直施工缝可留在两个横梁之间。

（8）楼梯板施工缝因上折楼梯难以支模，所以留置在楼板 1/3 跨间无法实现，留在梯梁口处不符合受力原理，可留置在休息平台板距梯梁 300mm 处。

（9）梁板施工缝应采用垂直立缝的做法，不宜留坡槎。这对传递压力是有利的。

混凝土施工缝的处理；

施工缝处混凝土的抗拉强度与施工缝的处理有密切关系。施工缝对于结构而言是一薄弱部位，使混凝土失去连续整体性。所以必须处理好施工缝处混凝土的粘结，不使旧混凝土吸收新混凝土的水分，以利于混凝土的硬化。

一般处理，将已硬化的混凝土表面清除水泥薄膜、松动石子、浮渣、软弱混凝土层，充分湿润不少于 24h，冲洗干净，不得积水，再浇上一层与混凝土内成分相同的水泥砂浆，然后浇筑混凝土，下料应躲开缝边，并距施工缝 500mm 左右处停振，但应使施工缝处混凝土结合紧密，加强捣实。靠接触面粗糙和重力作用产生摩擦力提高其抗剪能力。

对垂直施工缝，可增加插筋，插筋面积可为 0.2% 施工缝面积，以避免收缩，加强结合能力。

4.4.5 混凝土后浇带的设置

混凝土结构中后浇带的设置由设计确定。

后浇带的作用：

——为解决高层建筑塔楼与裙房的沉降差，而设计为沉降后浇带（后浇沉降缝）。

——为防止混凝土收缩开裂，而设计为收缩后浇带（后浇收缩缝）。

——为防止混凝土温度应力拉裂混凝土，而设计为温度后浇带（后浇温度缝）。

实际上后浇带可同时起到以上两种或三种作用。

后浇带留置位置应选择在结构内力较小的部位，间距宜为30～60m，一般应从梁板的1/3跨部位通过，可以转折。

后浇带处的钢筋可以连续，后浇缝宜做成企口缝。

后浇缝宽度由设计确定，一般为800～1000mm，以满足沉降差的作用和为适应混凝土补浇后产生的第二部分温差及收缩作用下的约束变形。

混凝土后浇带的处理：

后浇带混凝土的浇筑时间由设计确定。对于收缩、温度、沉降后浇带从理论上讲保留时间越长，收缩、温差、沉降变形就越充分，但因工期原因保留时间不可能太长，应在主体施工期内完成，以免影响结构封顶，地面施工和设备安装。对于后浇收缩温度缝，由于混凝土收缩一般2个月可达到总收缩量的70%以上，所以可在混凝土施工后60d进行浇筑。后浇沉降缝应待主体结构封顶后不少于1个月浇筑，以减少沉降差的内力。后浇沉降缝除按设计要求时间浇筑外，还应当注意主体结构沉降观测反映的稳定情况及沉降均匀情况，如有异常应及时向设计单位反馈。

后浇带未封闭期间，应严格支顶后浇带两侧结构，不能使其发生竖向位移，造成结构的损坏。后浇带混凝土浇筑前，应检查模板支顶情况，清理后浇带中的杂物，整理钢筋，并浇水湿润。后浇带混凝土可采用普通水泥，加高效减水剂，水灰比0.5以下，坍落度30mm，提高一级混凝土强度等级，或掺微膨胀剂采用补偿收缩混凝土浇筑，并加强养护。

4.4.6 商品混凝土

商品混凝土是指经由预拌混凝土厂集中搅拌并按商品向施工现场供应，同时满足泵送施工要求的混凝土。

商品混凝土必须满足泵送的可泵性。可泵性良好的混凝土拌合物应具有：较高的流动性，足够运输时间内坍落度损失最小，混凝土的黏聚性好，在泵压力作用下，不离析不泌水，较高的水泥砂浆含量，降低输送过程中产生的摩擦力。所有这些要求，决定了泵送商品混凝土的不同性能和相应的施工措施。

1. 原材料选择

泵送商品混凝土原材料，主要有水泥、粗骨料、细骨料，外掺混合料（粉煤灰、沸石粉）、外加剂。

（1）水泥选择：水泥品种，一般为普通水泥；

施工现场温度高和大体积混凝土，宜用水化热低的水泥，如矿渣水泥。

水泥强度等级：C30 以下宜用 32.5MPa 水泥，C30～C45 宜为 42.5MPa 水泥，>C45 宜用 52.5MPa 水泥。

（2）粗骨料：最大粒径，碎石最大粒径与输送管内径之比，泵送高度<50m，不宜大于 1：3，50～100m 高度≤1：4，>100m 高度≤1：5。

（3）细骨料：中砂为宜，Ⅱ区砂中，通过 0.315mm 孔径筛的颗粒含量为 20%～30%，其中通过 0.160mm 孔径筛的细粉料含量约为 8%～20%。

（4）外掺混合料：当混凝土中粒径在 0.160mm 以下的细粉料含量不足，可掺混合料予以补充。以满足每立方米混凝土中砂浆体积不小于 0.6m³ 的混凝土的良好泵送性能。使用粉煤灰可以补充细粉料的不足。使用粉煤灰可改善混凝土的"和易性"提高可泵性，产生减水作用，减少率可达 5%，激发水泥二次水化反应，降低水泥用量，提高混凝土强度、力学性能和耐久性，有缓凝作用，降低水化热，适于高温季节和大体积混凝土施工，粉煤灰对水泥的取代量一般以控制在 10%～20% 为宜。使用沸石粉也可作为泵送混凝土的掺合料。使混凝土易于泵送，对混凝土力学性能、耐久性优于粉煤灰。黏聚性和保水性好，不宜分层离析，避免堵管。按等量替换原则，可替换 10%～20% 的水泥。（引自文献 [42]）

（5）外加剂：泵送混凝土需要混凝土的高流动性。当混凝土拌合物坍落度为 100～150mm 时为流动性混凝土，等于或大于 160mm 时为大流动性混凝土。而使混凝土能够泵送，主要是使用了混凝土的外加剂。而外加剂主要是混凝土泵送剂，同时复合使用缓凝剂、减水剂、早强剂、防冻剂、防水剂、膨胀剂。泵送剂应满足混凝土在泵压下不离析不泌水；对水泥有较好的分散作用，微减水条件下使混凝土坍落度有较大提高；有较好的缓凝效果；混凝土坍落度经时损失小，不降低混凝土各龄期强度。常用的木钙减水剂是一种多功能混凝土外加剂，可作早强剂、缓凝剂和泵送剂使用，但应注意合理掺量。过量使用将导致混凝土硬化缓慢，迟迟不凝结，28d 强度不足。

（6）材料性能指标：见表 4-2。

材料性能指标 表 4-2

项 目		指 标
高效减水剂	含气量（%）	≤4.0
	泌水率比（%）	≤95
	减水率（%）	≥18
	28d 的收缩率（%）	≤135
	抗冻性能	≥60
粉煤灰	细度（45μm 方孔筛筛余）（%）	Ⅰ级≤12，Ⅱ级≤25，Ⅲ级≤45
	烧失量（%）（L_0SS）	Ⅰ≤5 Ⅱ≤8 Ⅲ≤15
	需水量比（%）	Ⅰ≤95 Ⅱ≤105 Ⅲ≤115
	三氧化硫含量（%）（SO_3）	Ⅰ≤3 Ⅱ≤3 Ⅲ≤3
水泥	细度（80μm 方孔筛筛余）	＜12%
	初凝	＞45min
	终凝	＜12h
	安定性	沸煮法
	3d 抗折、抗压强度	
	品质指标（%）	MgO≤5.0 SO_3≤3.55 L_0SS≤5.0

2. 配合比设计

（1）水胶比、胶结材料总量的控制。过小或过多，混凝土稠度太大，增大与管道的摩擦力；水胶比在 0.45～0.6，或胶结材料总量在 400～450kg/m³，泵送性能较好。

（2）泵送混凝土砂率一般比普通混凝土高 5% 左右。为 38%～45%，混凝土设计强度高或水泥含量较大时取较小值，反之取大值。细骨料粒径通过 0.315mm 筛的颗粒总量控制在 450kg/m³ 左右。

（3）合理选择外加剂，以使泵送混凝土保持所需的流动度、含气量，减小混凝土经时坍落度损失。

（4）混凝土运输过程的搅拌时间，受路线、交通障碍影响不宜超过 120min，长时间搅拌虽然不影响混凝土强度，但降低混凝土的和易性。商品混凝土坍落度不能低于使其顺利泵送的最小坍落度 120mm。坍落度为 100mm 时大多数情况混凝土很难泵送。混凝土在施工现场的坍落度只要达到 120～160mm，即可进行泵送作业。对坍落度损失较严重的混凝土，宜采用掺入适量相同配合比成分的减水剂或水泥浆的方法来恢复混凝土的坍落度，而绝不能搞"二次加水"，对用于补充蒸发到空气中的水与被骨料吸收的水的"二次加水"，由于难以测试每车混凝土损失的水量，往往是过量加水，改变了水灰比，造成混凝土强度降低。所以不能随意在现场向商品混凝土中加水。（引自文献 [42]）

3. 泵送混凝土施工

主要施工工序为：泵送前的准备──→泵管铺设──→水泥砂浆搅拌──→泵送──→混凝土搅拌──→泵送──→结束、清洗管道。

商品混凝土进场，应检查混凝土的坍落度，每一工作班或每一楼层至少 2 次，如加大检测频率，可按每 50m³ 检测一次。

4. 普通混凝土配合比设计公式

根据《普通混凝土配合比设计规程》（JGJ 55—2011）规定：

（1）混凝土配制强度计算（适用于小于 C60 时。）

$$f_{cu,o} \geqslant f_{cu,k} + 1.645\sigma$$

式中　$f_{cu,o}$——混凝土配制强度（MPa）；

　　　$f_{cu,k}$——混凝土立方体抗压强度标准值（MPa）；

　　　σ——混凝土强度标准差（MPa）。

（2）混凝土强度等级小于 C60 级时，水胶比的计算

$$W/B = \frac{a_a \cdot f_b}{f_{cu,o} + a_a \cdot a_b \cdot f_b}$$

式中　a_a，a_b——回归系数，碎石 $a_a = 0.53$，$a_b = 0.20$；

　　　f_b——胶凝材料 28d 胶砂抗压强度（MPa），可实测。

4.5　房建结构工程施工程序及方法

依据房屋设计的结构形式（平面形状及尺寸），结构构件组合层次，结构材料组成顺序，确定施工程序。

4.5.1　土方工程施工

1. 放线定位，测定标高控制点。

以城市坐标网进行引测，工业厂区以引测点确定。

2. 保证放线的房屋基本外轮廓，不能错位和尺寸不足。

3. 挖方要考虑放坡和施工操作工作面，能否作业。

4. 严格控制基底标高，不得超挖，基槽尺寸满足设计要求。

5. 对深基坑支护和人工降水土方工程应按设计和施工质量验收规范要求进行基坑水平位移、邻近建筑物及地面沉陷的观测，并严格控制土方开挖顺序。

6. 填写挖土检验批验收表。

4.5.2　地基处理（换土垫层）施工

1. 进行地基验槽和施工钎探。验槽和钎探是为补充勘测的不足，更直接的验证基底持力层的情况。验槽内容：基坑尺寸、坑底土质、地下水位、有无空穴、古墓、古井、防空掩体、地下障碍物埋设位置、深度、形状。钢钎探底深 2.5～3.0m，梅花点布置，间距 1.5m。采用轻便触探 N_{10}，有效探深可达 4m，效果更好。

2. 根据设计的材料换土回填基坑。

3. 根据回填基土确定压实机械，回填分层厚度，压实遍数（一般设计上已确定）。施工要保证分层压实和回填厚度，上表面平整，并做分层质量检验，达到设计要求的压实系数。

4. 办理地基验槽手续。填写回填换土垫层检验批质量验收表和垫层地基处理记录。

4.5.3　基础工程施工

1. 混凝土垫层施工

（1）支边模、定标高，拉线找平控制上表面。确定混凝土浇筑顺序及方向。

（2）注意垫层平面尺寸，保证厚度和垫层在基坑中的准确位置。

（3）垫层放线，最为重要，这是房屋定位的关键环节。是把图上的房子放到大地上的更精确的一步。放线，先放建筑外框（外轮廓）主轴线（必须闭合）。后放内轴线，再放结构线（梁、柱、墙截面尺寸线），钢筋铺放线。有柱处用红漆涂饰柱四角框线。垫层放线，注意拉通线，线要绷紧，排通尺，减少尺寸累计误差。

垫层放线是房屋底座定位线，要加强复核，确保无误再照线的位置进行施工。照线走，就是照图走。线是图纸设计平面位置和形状的实际再现形式，是把图纸上的布置转化为现实的实体形式。所以放线不能错误，开间、进深轴线尺寸，结构截面尺寸不能错误，并控制在允许误差之内。经检查无误后，填写测量放线成果图。

2. 基础结构施工

（1）砖基础

按照垫层放线，摆放砖基础大放脚，排砖摆底，控制平整度和灰缝厚度，特别是竖缝宽度。注意控制基础高度的上表面标高尽量为负偏差。

砖基础施工确定砌筑流水顺序，大放脚退皮层数，基础墙身洞口位置留置，立皮数杆，挂线操作，砌砖留槎做法，构造柱，拉结筋放置。制配砂浆配合比，保证砂浆强度 28d 后达到设计要求。填写检验批表，进行质量检查。对原材料砖、水泥、钢筋进行现场复试检验，提供复试报告。先试验合格再用。

（2）混凝土基础（条基、筏基、箱基）

1）先进行钢筋绑扎，后支模板，再浇筑混凝土。

2）钢筋绑扎，要考虑绑扎顺序，先放墙下筋（短筋）再绑基础梁（横梁、纵梁的层叠上下关系），下网片，上网片。依结构设计钢筋受力关系和施工合理顺序而定。

注意绑筋骨架、主筋位置、搭接点位置、搭接长度、锚固长度、钢筋固定措施，保护层厚度控制（垫块设置、垫块厚度）。

3）支设模板，保证设计的梁、柱尺寸、底板厚度、模板支撑不变形。根据混凝土的浇筑顺序，决定支模方法。如整体吊模或分层浇筑后支模的流水顺序。

4）确定混凝土浇筑方向、顺序，是否分层。有梁时，还要考虑是整体浇筑还是分水平层（有水平施工缝）浇筑。机械配合，振捣点与浇筑点同步，混凝土振捣移动距离，保证密实度。

5）钢筋、模板正确与否全在钢筋配料制作，模板配料制作上。其制作方法要符合工艺，质量标准和图纸设计要求。然后是安装，应符合设计要求，误差控制要符合质量验收规范。要保证混凝土质量，首先配合比要满足强度、经济性、工作度要求。浇筑时留置试块，提供试块报告，加强养护。

6）施工前做材质试验，水泥、钢材、砂石检验合格再用。填写分项质量检验批表，钢筋隐蔽验收单。

±0.00处楼板上表面和圈梁上表面标高尽量为负误差，并保证上表面的平整度。

7）基础底板完成后，以上各基础构件层次按上述方法，依次做至±0.00处。

4.5.4 主体工程施工

1. 砌体结构工程

（1）先在±0.00处基础或地下室楼盖结构上表面进行主体楼层的首层放线，确定房屋出地面以上的位置。再次确定房屋准确位置和对标高的准确控制。

先放主轴线，再放墙身线，门窗口线和构造柱位置断面线。

特别是外门窗洞口线，决定建筑立面造型，不能出错。"三七墙"三条线，"二四墙"两条线。检查无误，进行砌筑。

（2）砌筑墙体

墙体放线，排砖摆底，控制竖缝，摆放砖块，尺寸符合模数。高度控制立皮数杆，确定好灰缝厚度和1m高度的砖皮数。砌筑顺序，先外墙、后内墙。内墙砌筑一般由两头向中间进行，最后退至龙门架上料处，完成砌筑作业。

（3）砌体工程，上部主体结构工程砌砖除保证砌体强度外，一般施工中应根据设计图纸的砖墙位置、高度、厚度、砂浆强度要求进行砌筑，砌砖要注意砌墙带垛、留槎、留洞、留梁窝、圈梁位置、构造柱位置、加拉筋，同楼层各道墙体应砌高度。解决砌砖层灰缝饱满度、墙面平整，轴线、标高，外窗洞口顺直度问题。

（4）砂浆强度控制

质量问题最主要出在砂浆强度上。主要原因：无正式配合比、水泥少、含泥量大、砂粒径太细、砖不浇水、施工拌制配比不准。砂浆出问题，一般要对砌体结构进行加固，损失很大。

控制办法：

1）出具正式配合比，选用中砂、水泥用量＞200kg/m³。

2）施工应严格制配砂浆，用重量比，水泥量不能少，砂含泥量不能大。

3）浇水洇砖，砖表面渗水深度10～15mm，含水率10%～15%。

4）严格管理砂浆拌制的计量。

2. 混凝土结构工程（框架、框剪、剪力墙、筒体结构）

（1）±0.00处楼盖放线，决定结构构件位置、首层定位，必须准确：

结构平面位置：先放内外主轴线，后放各轴框架柱、剪力墙截面尺寸线（剪力墙放线为以后复核，应向外平移30cm弹控制线）。竖向标高控制：以红漆标注在柱钢筋上，一般为"＋50cm"线。竖向结构楼层高度控制以模板梁底，板底高度支模实现。

（2）楼层竖向高度和楼层平面位置逐层引线。以各层楼盖留置的"天顶口"引测，距外框主轴线1m处外翻，或按实际情况定。洞口宜为$\phi200$的圆形。太大的正方形混凝土洞宜产生角裂。

（3）确定支模，绑筋顺序：

根据检验批划分，实际工作量，人员、工具、材料搭配，进度要求，结构形式特点，确定结构施工顺序，完成几轴至几轴的工作面，并形成流水作业。对柱、墙竖向构件，先绑筋，再支模；对梁、板水平构件，先支模，再绑筋。这样才能进行结构模板、钢筋施工。高层建筑往往形成每天支模、绑筋、浇混凝土，一环扣一环，流水交圈，逐段攀升。具体做法根据实际工程定，长期施工经验感觉的现场实际安排，可达到最佳流水作业状态。

（4）模板制配和安装：

模板制作应根据工程结构设计的柱、墙、梁、板构件形状、尺寸进行。制配模板尺寸应符合模板之间的搭接安装关系，要分类编号（与图纸结构编号相同，如XL-1底模，侧模）标记。制配模板时应考虑不同模板材料搭接构造的不同。如柱模一侧板压另一侧板的构造，梁侧模包梁底模的构造作法，梁侧模高度应减去混凝土楼板厚度和平板模板厚度，并加上包底模厚度尺寸的构造做法。还应考虑所有模板的龙骨加强肋的拼钉做法。模板支撑体系有顶柱、卡具、对拉螺栓、对拉片等，均应制配。

模板安装，应依结构放线的柱、墙截面尺寸线进行。先在柱底根部支撑模板不变位，并将模板坐在柱底找平的统一标高上（以柱根部设钢筋撑棍和柱边抹砂浆、混凝土或木框带找平）然后起竖柱墙模板，安装合模。再上梁底，在柱的上口，量出梁底宽度及轴线位置，拉结锁牢，校正固定，四柱四梁，四框成方，依此连接，最后梁上铺平板模板，全部完成。

（5）钢筋制配和安装：

钢筋制配也应根据结构设计的柱、墙、梁板构件中的钢筋设置情况进行。按每种构件的具体要求，结合进场钢筋材料尺寸、受力搭接位置、接头形式、搭接长度、搭接百分率、弯钩长度、弯钩角度、保护层厚度、弯曲调整值（30°0.35d，45°0.5d，60°0.85d，90°2d，135°2.5d），绘制下料单，确定纵向受力钢筋，箍筋的下料长度及形状、数量。核对无误，进行下料制作。制作成型的钢筋应分别堆放，予以标记。钢筋安装绑扎应按结构受力顺序和施工流水作业顺序进行。确保钢筋品种、级别、规格、数量、间距、位置符合设计要求。锚固是钢筋传力的基础，必须保证其位置和长度。接头位置应在受力较小处，对梁板受弯构件，下部钢筋应避开跨中处。上部钢筋避开支座处，宜在支座外跨度1/4附近处（反弯点）搭接。

（6）混凝土施工：

实行商品混凝土后，混凝土施工质量主要应控制：①施工浇筑顺序和方向；②振捣；③表面处理；④施工缝位置；⑤养护；⑥上人作业时间；⑦拆模强度；⑧标养试块及同条件试块留置。对现场配制混凝土关键是配合比，保证强度、和易性、经济性。六个变量：水泥、水、砂、石子、掺合料、外加剂。四个参数：水胶比、水灰比、用水量、砂率。对强度起决定性作用的是水胶（灰）比。现场搅拌施工时必须保证混凝土配合比的计量。浇筑顺序依检验批划分和便于流水的顺序而定。

混凝土施工应安排好浇筑顺序，振捣与表面处理，薄膜覆盖，三者应一环紧扣一环，连续跟进作业，振捣和浇筑同步，表面抹压与薄膜覆盖同步，并按施工方案留置好施工缝（后浇带），做好试块（标养，实体同条件，拆模同条件）留置，加强混凝土结构的养护。

（7）每层结构模板、钢筋、混凝土施工检验批完成后，应填写验收表，钢筋隐蔽验收记录。并在施工前进行钢筋、水泥、砂、石子、外加剂、掺合料原材料试验，合格后使用，商品混凝土提供合格证。

（8）对混凝土的质量，模板决定尺度、形状、成型状况；配合比、养护决定强度情况；振捣，表面处理决定混凝土外观质量缺陷程度，三个方面质量均应予以保证。

4.5.5　混凝土强度评定

现场混凝土结构强度验收，核验标养试块（28d），实体同条件养护试块（600℃·d）。有怀疑时，依结构实体检测结果（回弹、钻芯），综合确定。混凝土强度汇总评定应按现行《混凝土强度检验评定标准》GB/T 50107 方法的标准差未知方案评定。评定公式。（见规范原文）

5.1.3　当样本容量不少于 10 组时，其强度应同时满足下列要求：

$$m_{f_{cu}} \geqslant f_{cu,k} + \lambda_1 \cdot S_{f_{cu}} \qquad (5.1.3-1)$$

$$f_{cu,min} \geqslant \lambda_2 \cdot f_{cu,k} \qquad (5.1.3-2)$$

同一检验批混凝土立方体抗压强度的标准差应按下式计算：

$$S_{f_{cu}} = \sqrt{\frac{\sum_{i=1}^{n} f_{cu,i}^2 - nm_{f_{cu}}^2}{n-1}} \qquad (5.1.3-3)$$

式中：$S_{f_{cu}}$——同一检验批混凝土立方体抗压强度的标准差（N/mm²），精确到 0.01（N/mm²）；当检验批混凝土强度标准差 $S_{f_{cu}}$ 计算值小于 2.5N/mm² 时，应取 2.5N/mm²；

λ_1，λ_2——合格评定系数，按表 5.1.3 取用；

n——本检验期内的样本容量。

表 5.1.3　　　　　混凝土强度的合格评定系数

试件组数	10～14	15～19	≥20
λ_1	1.15	1.05	0.95
λ_2	0.90	0.85	

当前较普遍存在的质量通病问题是预拌商品混凝土楼板和梁因混凝土收缩、温度应力作用产生裂缝，应加以防治和解决，把裂缝减少、减小到最低程度，只要措施得当，认真处理，是可以得到解决的。

4.6 高层建筑结构施工

4.6.1 施工测量（以下1~7均引自文献[12]，表序号为原号）

1. 高层建筑施工采用的测量器具，应按国家计量部门的有关规定进行检定、校准，合格后方可使用。测量仪器的精度应满足下列规定：

1）在场地平面控制测量中，宜使用测距精度不低于 $\pm(3mm+2\times10^{-6}\times D)$、测角精度不低于 $\pm5''$ 级的全站仪或测距仪（D 为测距，以毫米为单位）。

2）在场地标高测量中，宜使用精度不低于 DSZ3 的自动安平水准仪。

3）在轴线竖向投测中，宜使用 $\pm2''$ 级激光经纬仪或激光自动铅直仪。

2. 大中型高层建筑施工项目，应先建立场区平面控制网，再分别建立建筑物平面控制网；小规模或精度高的独立施工项目，可直接布设建筑物平面控制网。控制网应根据复核后的建筑红线桩或城市测量控制点准确定位测量，并应做好桩位保护。

1）场区平面控制网，可根据场区的地形条件和建筑物的布置情况，布设成建筑方格网、导线网、三角网、边角网或 GPS 网。建筑方格网的主要技术要求应符合表 13.2.3-1 的规定。

表 13.2.3-1　建筑方格网的主要技术要求

等 级	边长（m）	测角中误差（″）	边长相对中误差
一级	100~300	5	1/30000
二级	100~300	8	1/20000

2）建筑物平面控制网宜布设成矩形，特殊时也可布设成十字形主轴线或平行于建筑外廓的多边形。其主要技术要求应符合表 13.2.3-2 的规定。

表 13.2.3-2　建筑物平面控制网的主要技术要求

等 级	测角中误差（″）	边长相对中误差
一级	$7''/\sqrt{n}$	1/30000
二级	$15''/\sqrt{n}$	1/20000

注：n 为建筑物结构的跨数。

3. 应根据建筑平面控制网向混凝土底板垫层上投测建筑物外廓轴线，经闭合校测合格后，再放出细部轴线及有关边界线。基础外廓轴线允许偏差应符合表 13.2.4 的规定。

表 13.2.4　基础外廓轴线尺寸允许偏差

长度 L、宽度 B（m）	允许偏差（mm）
$L（B）\leqslant 30$	±5
$30 < L（B）\leqslant 60$	±10
$60 < L（B）\leqslant 90$	±15
$90 < L（B）\leqslant 120$	±20
$120 < L（B）\leqslant 150$	±25
$L（B）> 150$	±30

4. 高层建筑结构施工可采用内控法或外控法进行轴线竖向投测。首层放线验收后，应根据测量方案设置内控点或将控制轴线引测至结构外立面上，并作为各施工层主轴线竖向投测的基准。轴线的竖向投测，应以建筑物轴线控制桩为测站。竖向投测的允许偏差应符合表 13.2.5 的规定。

表 13.2.5　轴线竖向投测允许偏差

项 目		允许偏差（mm）
每层		3
总高 H（m）	$H \leqslant 30$	5
	$30 < H \leqslant 60$	10
	$60 < H \leqslant 90$	15
	$90 < H \leqslant 120$	20
	$120 < H \leqslant 150$	25
	$H > 150$	30

5. 控制轴线投测至施工层后，应进行闭合校验。控制轴线应包括：

（1）建筑物外轮廓轴线；

（2）伸缩缝、沉降缝两侧轴线；

（3）电梯间、楼梯间两侧轴线；

（4）单元、施工流水段分界轴线。

施工层放线时，应先在结构平面上校核投测轴线，再测设细部轴线和墙、柱、梁、门窗洞口等边线，放线的允许偏差应符合表 13.2.6 的规定。

表 13.2.6　　　　　　施工层放线允许偏差

项　　目		允许偏差（mm）
外廓主轴线长度 L（m）	$L \leqslant 30$	±5
	$30 < L \leqslant 60$	±10
	$60 < L \leqslant 90$	±15
	$L > 90$	±20
细部轴线		±2
承重墙、梁、柱边线		±3
非承重墙边线		±3
门窗洞口线		±3

6. 场地标高控制网应根据复核后的水准点或已知标高点引测，引测标高宜采用附合测法，其闭合差不应超过 $\pm 6\sqrt{n}$ mm（n 为测站数）或 $\pm 20\sqrt{L}$ mm（L 为测线长度，以千米为单位）。

7. 标高的竖向传递，应从首层起始标高线竖直量取，且每栋建筑应由三处分别向上传递。当三个点的标高差值小于 3mm 时，应取其平均值；否则应重新引测。标高的允许偏差应符合表 13.2.8 的规定。

8. 建筑物围护结构封闭前，应将外控轴线引测至结构内部，作为室内装饰与设备安装放线的依据。

表 13.2.8 标高竖向传递允许偏差

项　目		允许偏差（mm）
每层		±3
总高 H（m）	H≤30	±5
	30＜H≤60	±10
	60＜H≤90	±15
	90＜H≤120	±20
	120＜H≤150	±25
	H＞150	±30

4.6.2　基础基坑施工

地基或桩基施工完成后，进行基础、基坑施工。

1. 基坑支护、降水及监测

基础、基坑施工应注意和需解决的问题：高层建筑的建造（现行"高规"JGJ3规定：高层建筑指混凝土结构10层及10层以上；高度＞28m的住宅建筑；高度＞24m的其他高层民用建筑混凝土结构），深基础越来越多，有的很深（3～4层地下室15～20m深度），设计多为筏板、箱基、桩基或复合地基，形成深基坑。有的地下水位高，基坑深，土质差，周围环境复杂，应视具体基坑各边情况（坑深、水位、土质、相邻环境），对基坑侧壁进行相应支护、止水和基坑降水。基坑支护工程应经设计、计算，确定支护和降水设计方案，绘制基坑支护施工图。做到安全、经济、可行，缩短工期。设计（施工）应保证周围环境（房屋、管线、道路、设施）和坑壁安全，满足基础施工作业条件，疏水干净，坑壁稳固，进行基坑挖土、基础施工。当为规定的超过规模的危险性较大的深度5m及以上的基坑工程，应编制专项施工方案（单独编制的施工安全技术措施文件），并经专家论证。基坑工程支护方法有复合土钉墙，水泥土墙，混凝土排桩、水泥土帷幕桩加土钉、锚杆（索）等。降水采用水泥土搅拌桩止水帷幕，设置降水井（视具体情况配置观察井、回灌井），抽取坑内水（杯中水），一般浅井多布，降水井底多布置在基坑底6～7m，井位间距与基坑涌水量有关，太原地区多选12～16m，帷幕桩底深于降水井底，宜插入不透水土层或弱透水层，水位降至基础板底下 0.5～1.0m。基坑施工应按照设计方案进行，土方开挖的顺序、方法应与设计工况相一致，严格按照"开槽支撑，先撑后挖，分层开挖，严禁超挖"的要求进行基坑施工。基坑支护结构使用期间还应按照现行《建筑基坑工程监测技术规范》GB 50497 规定，实施基坑工程观测。观测支护结构、锚杆体系是否侧移变形；坑壁周边地面、道路是否开裂、沉降；管线是否破裂；防渗措施是否失效，水土流失等，以便在基坑侧壁发生异常情况时及时处理，避免坑壁坍塌或损害相邻环境。基坑监测应编制监测方案，对监测点位、次数、时间、周期、方法、报警值、绝对值等提出具体做法方案，监测结束应提交完整的监测报告。

基坑开挖过程中和开挖后，要保证井点连续降水和不扰动基底土（预留 200～300mm 厚度，人工清底修理整平；留置过厚清底费劲，留置太薄易扰动基土，降低土强度，增大沉降）；要尽快浇筑垫层和底板，加快施工进度，保证地基基础质量。对地下水位高的（超出基础板底标高），应待基础和上部结构重力大于地下水浮力（达到抗浮要求），基础肥槽回填和地下防水工程做完之后才能停止降水；对于建筑基础外周设置裙房地库的（其间设沉降后浇带连系），还需等到裙房地库结构及其地下防水，基坑周边回填土完成，才可停止降水（由设计确定），以免因停止降水后水位过早上升，地下水浮力过大引起筏板、箱形基础、建筑物的上浮问题或事故。因此有裙房地库的基坑降水周期是很长的。对单体地下建构筑物应设计抗拔抗浮桩。

2. 基础肥槽回填

高层建筑逐步增高的建造过程和主体结构建成的施工阶段，其基础周边往往尚未完成回填土，从而不能满足设计埋深的要求。（现行《高层建筑混凝土结构技术规程》JGJ3 规定：基础埋深从室外地坪算至基础底面，天然地基或复合地基，取房屋高度的 1/15，桩基础不计桩长，取房屋高度的 1/18，以抵抗地震烈度高、场地差的倾覆和滑移，确保建筑物的安全）。造成施工阶段基础埋深不足的原因，有因受房屋建造顺序制约，先施工高、重的结构主体，后施工低、轻的裙房、地库（主体与裙房地库之间设沉降后浇带），低层未完（裙房、地库结构与地下防水）不能回填；或现场施工场地狭窄，需分段施工，最后一段地下结构工程未完也不能回填。一句话，当地下结构、地下防水、（施工降水）全部完成后，才能回填肥槽，或回填设计建筑±0.000m标高与室外自然地坪标高相差一定厚度的填土。未能回填土时，形成已建成（或建成一定高度）的高层建筑结构主体的基础四周或基础某侧无填土的约束或约束不足，当遭遇高烈度地震作用时有引起房屋位移倾覆的可能。而此"基础肥槽的施工阶段"又是必然要发生，难以避开的，所以应加快基础阶段的施工和及时插入低层房屋施工。当有条件时或基础某侧有条件时，或建筑无裙房，基础外周围无地库的建筑，可及早回填基槽。高层建筑地下室外周围肥槽回填土应采用级配砂石、砂土或灰土回填，并分层夯实。施工中还应注意不能在基础一侧堆土过高，另一侧挖土过深，以免发生对基础产生侧移的工程质量事故。

3. 基础变形与施工加荷的影响

筏板、箱基的强度、刚度，一般在 28d 左右形成。未形成之前，结构强度远未达到设计要求，如上部加荷过快，会导致基础底板产生弯曲变形超过规定值，引起开裂。基础完工且上部加荷后，纵向弯曲值可达到 0.1‰～0.33‰，直到竣工变化不是很大，因为结构逐层增加，刚度也逐渐增大。但对上部结构荷载集度集中的结构，如荷载分布最为不均的框架-核心筒，筒中筒结构体系（电梯井、核心筒荷载集度内大外小，相差 3～4 倍），有出现显著碟形差异沉降和基础开裂的现象。有资料表明，长期荷载效应下，框筒桩筏底板的差异沉降达 0.0045L 时，易开裂，应引起施工中的注意和观察。GB 50007—2011 提出："带裙房的高层建筑下的整体筏形基础，其主楼下筏板的整体挠度值不宜大于 0.05‰，主楼与相邻的裙房柱的差异沉降不应大于其跨度的 0.1‰。"以控制基础刚度，保证上部结构安全。竖向线形荷载分布较均匀的是剪力墙结构体系。其电梯、楼梯间荷载集度约大 1 倍，框剪小，框支剪力墙约大 2 倍。荷载分布相差不大，结构整体刚度大，对基础贡献大。

理论上严格地讲，应按照基础混凝土结构强度不断增长所达到的相应强度，确定上部结构应建造的层数。当混凝土掺加早强剂，气温较高时，7d 可达 50%～70% 的强度，C30 混凝土一周可达到 C10～C20，C40 一周可达 C20～C30，视达此强度时上部可建几层。实际工程并未发生此类问题，因一个月内能完成基础（1～2 层地下室）或再上一、二层结构是很难的。此时（28d）基础强度、刚度已经形成，不致引起基础挠曲变形。基础施工按照钢筋混凝土工程和地下防水工程施工技术方法、措施和图纸设计要求进行。主要应注意解决基础大体积混凝土（一般指混凝土结构实体最小尺寸不小于 1m）和地下室剪力墙混凝土因收缩、温度应力作用产生裂缝。

4.6.3 混凝土结构施工

1. 模板工程：

决定结构构件，空间尺度和形状。

支撑牢固，位置准确，形状规矩。

平面位置由楼层放线决定。

竖向标高由梁底、板底标高操平测量。

以模板支撑高度控制。

模板起拱不宜超过构件设计计算挠度值（《混凝土结构设计规范》GB 50010 规定），目的防止起拱、反拱过大引起不良影响。常规做法为 3‰起拱偏大，造成构件上部不平，混凝土保护层厚度不一，下部抹灰找平厚薄不一。以 1.5‰起拱和梁、板底面抹灰找平厚度不超过 10mm 为宜。

支撑系统由模板设计计算确定，支柱间距、柱箍间距、梁支撑间距、墙拉杆支撑间距，构造连接设置得当，加固牢固，不变形不垮塌。用实现清水混凝土的要求解决模板工程质量的形状不规矩，棱角不顺直，表面不平整，跑模胀模的通病问题。当为规定的超过规模的危险性较大的高大模板工程，支架高（8m），荷载重（面载 15kN/m² 、线载 20kN/m），跨度长（18m），应编制专项施工方案，并经专家论证。模板工程的施工安全与材料、计算、构造、管理四个方面直接相关（计算中最关键的是模板支架立柱的稳定性计算，立柱的计算长度 L_0 的取值和模板搭设的构造要求）应切实重视，搞好模板工程。不能发生模板垮塌事故。

2. 钢筋工程：决定结构和构件受力的承载能力。

控制要点：级别、规格、数量、位置。

方法环节：进料、下料、绑扎、检查。

① 核对料表（懂设计图，钢筋构造，规范要求）。

② 钢筋机械连接：直螺纹套筒、套筒挤压连接。

③ 检查工序质量：隐蔽验收检查。

光圆盘条钢筋（HPB235 级）调直冷拉伸长率规范要求，按 4% 控制。以单位长度钢筋体积相等的原则作为钢筋冷拉缩径变形计算的公式：$0.785D^2 \cdot L = 0.785d^2 \cdot 1.04L$（mm），$d = 0.98D$（$D$—钢筋原材直径；$d$—冷拉调直后钢筋直径；$L$—单位长度 1000mm）。冷拉调直后钢筋直径不得小于此值。应严格检查冷拉后的钢筋伸长率情况，不得使用超冷拉缩径的钢筋。新版混凝土设计规范规定用 300MPa 级光圆钢筋取代 235MPa 级钢筋，混凝土施工质量验收规范（2011 年版）提出采用"无延伸功能的机械设备进行调直"。所有这些要求表明，对光圆钢筋不应再冷拉调直，应按施工的质量验收规范实施无拉伸功能的机械调直。

3. 混凝土工程：决定结构实体质量最重要，施工难度最大的环节。保证混凝土强度符合设计要求是第一位的。

混凝土最重要的是强度，再则是抗渗、抗裂等耐久性的要求（耐久性与环境类别、房屋使用年限、混凝土强度等级，保护层厚度、最大水胶比、施工养护期限，化学成分影响限量有关）。

预拌混凝土厂的管理，合格的材料和合理可靠的配合比是保证混凝土质量的第一因素。现场混凝土浇筑成型的施工组织管理，是保证混凝土质量的又一重要因素。

混凝土进场：查强度、坍落度、W/B、送货地点、送货车号、出厂时间、入场时间、进场数量，核查送料单。

现场混凝土工程主要是对混凝土浇筑成型的施工组织管理：泵送、浇筑顺序、振捣、表面处理、养护等的施工组织安排。

浇筑点与振捣点同步，不要漏振、欠振、过振。

表面抹压与薄膜覆盖同步，解决混凝土裂缝问题。

养护方法：板是水平构件，比较薄，失水快，影响强度及抗裂性，板能存水，具有养护条件，应该养护好。柱、墙竖向构件不能存水，浇水养护困难，有包塑料布、刷养护剂方法，但楼层高时也较难办。梁在顶空很难养护。目前浇水养护时间达不到规定周期（一般普通硅酸盐水泥、矿渣硅酸盐水泥混凝土 7d，抗渗、缓凝混凝土 14d）。较大体积构件混凝土强度的获得关键在于原材料和配合比、水泥水化热生成的凝结硬化和强度增长的作用。同时，对柱模、梁侧模应延长拆模时间（5d 左右为宜）。以利保水，增长强度，防止混凝土收缩裂缝。

继续作业时的混凝土强度：对混凝土浇筑后进行下层结构施工，所需最低强度（达到 1.2MPa）的控制和控制上一层结构施工荷载（集中堆料、吊装冲击、过早拆模、上人作业等），对混凝土的抗裂性至关重要。而当前有的工程工期过紧，施工进度过快，（4～5）d 起一层，严重影响了混凝土的质量，造成了裂缝的增多，对此应引起足够重视，采取强有力措施加以管理和限制。一般高层住宅较大体量结构标准层施工不宜少于"6d"工期。施工材料应放置于剪力墙上，不得堆在楼板上。

4. 框架、剪力墙结构地震作用分析及施工混凝土强度的影响

（1）框架结构，现行设计规范（混凝土、抗震、高规），希望地震作用对框架呈现梁铰型延性机构。对框架柱设计增大柱端弯矩设计值，体现"强柱弱梁"；对框架梁端斜截面剪力设计增大梁剪力设计值，体现"强剪弱弯"；核心区"节点"加强验算的设计概念，实现抗震设防的目标要求。即使如此，强烈地震下框架结构仍然是最脆弱的，框架柱易形成塑性铰，造成倒塌。所

以框架结构建造层数不宜太多，太高。

（2）剪力墙结构是结构设计采用最多的一种结构体系。非抗震设计筒体高度 300m、8 度抗震设计筒体高度 150m，一般 100m 及以下高度的钢筋混凝土结构都可采用这种结构体系。这种结构是由剪力墙和在墙上开洞形成的连梁组成的结构（墙肢和连梁两种构件组成）。剪力墙结构具有很好的抗侧力，承受弯剪共同作用，变形特点为弯曲型变形。剪力墙在水平荷载和竖向荷载共同作用下的破坏形态类同钢筋混凝土受弯构件，会出现剪拉破坏、斜压破坏及剪压破坏。

① 剪拉破坏为脆性破坏，当水平钢筋不足，剪跨比较大时，是造成这类破坏的主要原因。

② 斜压破坏，当剪力墙截面过小，或水平含钢率过大时，是造成这类破坏的主要原因。

③ 剪压破坏，是延性破坏形式，也是剪力墙常见的破坏形式。当剪力增加到某一值时，墙体先出现弯曲、斜向细裂缝，剪力继续增加，墙体出现一条主要斜裂缝，使水平钢筋拉应力突然增加、斜裂缝延伸，当斜裂缝的尽端剪压区混凝土在剪力、压应力共同作用下达到极限强度时破坏，同时水平钢筋也达到屈服强度，整个墙即被剪压破坏。

所以，规范规定进行剪力墙截面设计时，是通过构造措施（最小配筋率和分布钢筋最大间距等）防止发生剪拉破坏和斜压破坏。通过计算确定墙中需要配置的水平钢筋数量，防止发生剪压破坏。

④ 地震作用，对于开洞的剪力墙，即联肢墙，强震作用下合理的破坏过程应当是连梁首先屈服，然后墙肢的底部钢筋屈服、形成塑性铰（设计剪力墙应遵循强墙弱梁、强剪弱弯的原则，连梁屈服先于墙肢屈服，均为弯曲屈服）。对出现塑性铰的剪力墙底部应加强其抗震措施，使其出现塑性铰后仍具有足够的延性，称为剪力墙"底部加强部位"，是保证剪力墙安全的重要部位。"高规"（JGJ3）规定：从地下室顶板算起，底部加强部位

高度可取"底部两层和墙体总高度的 1/10 二者的较大值",带转换层的高层建筑结构,"从地下室顶板算起,宜取至转换层以上两层且不宜小于房屋高度的 1/10"。通过加强措施从而使剪力墙有较好的延性,即塑性变形的能力。而轴压比是影响剪力墙在地震作用下塑性变形能力的重要因素。相同条件的剪力墙,轴压比低的,其延性大,轴压比高的,其延性小。当在剪力墙端设置约束边缘构件(暗柱、端柱、翼墙与转角墙),可以提高轴压比高的剪力墙的塑性变形能力。轴压比低的剪力墙,不设约束边缘构件,水平力作用下也能有较大的塑性变形能力。当轴压比更大时,即使设置约束边缘构件,在强震作用下,剪力墙仍可能因混凝土压溃而丧失承受重力荷载的能力。

⑤ 墙肢轴压比为 N/f_cA 是指重力荷载代表值作用下墙肢承受的轴压力设计值与墙肢的全截面面积和混凝土轴心抗压强度设计值乘积之比值。取一个单片墙体连梁包括暗柱或翼墙计算。统计资料表明,很多剪力墙的轴压比超过 0.6。规范对剪力墙轴压比限值为:一级(7、8 度)为 0.5,二、三级为 0.6,设置构造边缘构件时,一级为 0.2,二、三级为 0.3(约束与构造边缘构件区别:前者对混凝土约束强,对墙体变形能力增加大,后者约束差,对墙体变形能力增加小。由墙肢轴压比和配箍特征值确定。配箍特征值表示体积配箍率、箍筋强度及混凝土强度三者的关系)。由此看出,N、A 值为定值时,如施工的混凝土 f_c 比设计低很多时(二个级别及以上)将造成实际剪力墙轴压比过高(超过轴压比限值),塑性变形能力降低。强震作用下,混凝土会被压溃,使剪力墙丧失竖向承载能力而发生垮塌。而规范设定当发生比设防烈度高 1~1.5 度的地震作用时,房屋不应垮塌,为"大震不倒"。

⑥ 在强烈地震下(比规范设定的"大震"更大的地震),结构和构件并不存在最大承载力极限状态的可靠度(强度安全储备)。

对严重不规则的,不完全符合抗震概念设计的结构方案,应进行结构抗震性能设计。

4.6.4 混合结构施工

混合结构，系指由外围钢框架或型钢混凝土、钢管混凝土框架与钢筋混凝土核心筒所组成的框架-核心筒结构，以及由外围钢框筒或型钢混凝土、钢管混凝土框筒与钢筋混凝土核心筒所组成的筒中筒结构。(以下1~3均引自文献〔12〕)

1. 型钢混凝土柱设计应符合下列构造要求：

(1) 型钢混凝土柱的长细比不宜大于80。

(2) 房屋的底层、顶层以及型钢混凝土与钢筋混凝土交接层的型钢混凝土柱宜设置栓钉，型钢截面为箱形的柱子也宜设置栓钉，栓钉水平间距不宜大于250mm。

(3) 混凝土粗骨料的最大粒径不宜大于25mm。型钢柱中型钢的保护厚度不宜小于150mm；柱纵向钢筋净间距不宜小于50mm，且不应小于柱纵向钢筋直径的1.5倍；柱纵向钢筋与型钢的最小净距不应小于30mm，且不应小于粗骨料最大粒径的1.5倍。

(4) 型钢混凝土柱的纵向钢筋最小配筋率不宜小于0.8%，且在四角应各配置一根直径不小于16mm的纵向钢筋。

(5) 柱中纵向受力钢筋的间距不宜大于300mm；当间距大于300mm时，宜附加配置直径不小于14mm的纵向构造钢筋。

(6) 型钢混凝土柱的型钢含钢率不宜小于4%。

2. 型钢混凝土梁应满足下列构造要求：

(1) 混凝土粗骨料最大粒径不宜大于25mm，型钢采用Q235及Q345级钢材，也可采用Q390或其他符合结构性能要求的钢材。

(2) 型钢混凝土梁的最小配筋率不宜小于0.30%，梁的纵向钢筋宜避免穿过柱中型钢的翼缘。梁的纵向的受力钢筋不宜超过两排；配置两排钢筋时，第二排钢筋宜配置在型钢截面外侧。当梁的腹板高度大于450mm时，在梁的两侧面应沿梁高度配置纵向构造钢筋，纵向构造钢筋的间距不宜大于200mm。

(3) 型钢混凝土梁中型钢的混凝土保护层厚度不宜小于100mm，梁纵向钢筋净间距及梁纵向钢筋与型钢骨架的最小净距不应小于30mm，且不小于粗骨料最大粒径的1.5倍及梁纵向钢筋直径的 1.5 倍。

（4）型钢混凝土梁中的纵向受力钢筋宜采用机械连接。如纵向钢筋需贯穿型钢柱腹板并以 90°弯折固定在柱截面内时，抗震设计的弯折前直段长度不应小于钢筋抗震基本锚固长度 l_{abe} 的 40%，弯折直段长度不应小于 15 倍纵向钢筋直径；非抗震设计的弯折前直段长度不应小于钢筋基本锚固长度 l_{ab} 的 40%，弯折直段长度不应小于 12 倍纵向钢筋直径。

（5）梁上开洞不宜大于梁截面总高的 40%，且不宜大于内含型钢截面高度的 70%，并应位于梁高及型钢高度的中间区域。

（6）型钢混凝土悬臂梁自由端的纵向受力钢筋应设置专门的锚固件，型钢梁的上翼缘宜设置栓钉；型钢混凝土转换梁在型钢上翼缘宜设置栓钉。栓钉的最大间距不宜大于 200mm，栓钉的最小间距沿梁轴线方向不应小于 6 倍的栓钉杆直径，垂直梁方向的间距不应小于 4 倍的栓钉杆直径，且栓钉中心至型钢板件边缘的距离不应小于 50mm。栓钉顶面的混凝土保护层厚度不应小于 15mm。

3. 混合结构施工有关要求

（1）混合结构施工应满足现行国家标准《混凝土结构工程施工质量验收规范》GB 50204、《钢结构工程施工质量验收规范》GB 50205、《型钢混凝土组合结构技术规程》JGJ 138 等的有关要求。

（2）施工中应加强钢筋混凝土结构与钢结构施工的协调与配合，根据结构特点编制施工组织设计，确定施工顺序、流水段划分、工艺流程及资源配置。

（3）钢结构制作前应进行深化设计。

（4）混合结构应遵照先钢结构安装，后钢筋混凝土施工的原则组织施工。

（5）核心筒应先于钢框架或型钢混凝土框架施工，高差宜控制在 4~8 层，并应满足施工工序的穿插要求。

（6）型钢混凝土竖向构件应按照钢结构、钢筋、模板、混凝土的顺序组织施工，型钢安装应先于混凝土施工至少一个安装节。

（7）钢框架-钢筋混凝土筒体结构施工时，应考虑内外结构的竖向变形差异控制。

（8）钢管混凝土结构浇筑应符合下列规定：

1）宜采用自密实混凝土，管内混凝土浇筑可选用管顶向下普通浇筑法、泵送顶升浇筑法和高位抛落法等。

2）采用从管顶向下浇筑时，应加强底部管壁排气孔观察，确认浆体流出和浇筑密实后封堵排气孔。

3）采用泵送顶升浇筑法时，应合理选择顶升浇筑设备，控制混凝土顶升速度，钢管直径宜不小于泵管直径的两倍。

4）采用高位抛落免振法浇筑混凝土时，混凝土技术参数宜通过试验确定；对于抛落高度不足 4m 的区段，应配合人工振捣；混凝土一次抛落量应控制在 $0.7m^3$ 左右。

5）混凝土浇筑面与尚待焊接部位焊缝的距离不应小于 600mm。

6）钢管内混凝土浇灌接近顶面时，应测定混凝土浮浆厚度，计算与原混凝土相同级配的石子量并投入和振捣密实。

7）管内混凝土的浇灌质量，可采用管外敲击法、超声波检测法或钻芯取样法检测；对不密实的部位，应采用钻孔压浆法进行补强。

8）型钢混凝土柱的箍筋宜采用封闭箍，不宜将箍筋直接焊在钢柱上。梁柱节点部位柱的箍筋可分段焊接。

9）当利用型钢梁钢骨架吊挂梁模板时，应对其承载力和变形进行核算。

10）压型钢板楼面混凝土施工时，应根据压型钢板的刚度适当设置支撑系统。

11）型钢剪力墙、钢板剪力墙、暗支撑剪力墙混凝土施工时，应在型钢翼缘处留置排气孔，必要时可在墙体模板侧面留设浇筑孔。

12）型钢混凝土梁柱接头处和型钢翼缘下部，宜预留排气孔和混凝土浇筑孔。钢筋密集时，可采用自密实混凝土浇筑。

13）型钢周边混凝土浇筑宜同步上升，混凝土浇筑面高差不应大于 500mm。

14）混凝土浇筑应有充分的下料位置，且能使其充盈整个型钢结构各部位。

4.7 基础主体结构工程质量验收

基础主体结构验收，应由施工单位对基础、主体结构作出书面的施工质量自检评价报告。报告中应对所施工房屋结构情况，工程设计变更、工程定位测量、放线、隐蔽工程验收、原材料进场见证试验、钢筋连接试验、混凝土标养和同条件试块强度检验报告汇总评定、钢筋保护层实体检验、沉降观测、工程质量事故处理情况提出质量自检评定结果，验收时应提供具体基础、主体结构施工质量资料。基础、主体结构施工质量自检评价报告、监理评估报告，可参照文献 49 进行编写。包括以下内容：

1. 模板、钢筋、混凝土分项工程施工技术方案（包括模板设计计算书）。

2. 钢材试验报告。

3. 商品混凝土质量证明。

4. 标养和同条件混凝土试块报告及评定结果；钢筋隐蔽验收记录，钢筋保护层检验记录。

5. 混凝土施工记录（浇筑范围，振捣作业人员，施工缝、后浇带处理，养护时间，上人作业时间控制，试块留置部位及组数）。

6. 基础和楼层结构放线记录、沉降观测记录。

7. 设计变更文件，图纸会审记录。

8. 基础和主体结构施工质量检验批、分项工程、子分部工程验收记录。

9. 监理单位对上述要求认可意见，写出书面的施工质量评估报告，对工程质量的验收、签字和确认基础、主体结构质量等级的结论意见。

10. 建设单位、勘察单位、设计单位、检测单位、监理单位、施工单位对基础主体结构验收的结论性意见和验收记录上的签名、盖章、签字时间的一致性。

4.8 填充墙施工

承重主体结构检验批验收合格后，应及时穿插填充墙的施工。对填充墙的砌块砌筑进行排列组合，砌块底部应设置黏土砖、混凝土坎台等硬底，高度≥200mm。砌体中应按设计要求设置拉结筋，混凝土水平系梁和构造柱。砌块墙体封顶时，应与梁板结构顶部留有空隙，14d后补砌封顶砖，斜砌60°挤紧。砌块和砂浆强度符合要求。

4.9 装 饰 施 工

根据设计图纸对外墙、屋面、室内墙面、顶棚、地面、厨卫间的建筑饰面设计要求，选择饰面材料，组织装饰施工，合理安排装饰工序，控制工艺流程，实现设计饰面的装饰功能和美观要求。

4.10 混凝土结构分项工程允许偏差
（摘自 GB 50204—2002）

表 4.2.7 现浇结构模板安装的允许偏差及检验方法

项 目		允许偏差（mm）	检验方法
轴线位置		5	钢尺检查
底模上表面标高		±5	水准仪或拉线、钢尺检查
截面内部尺寸	基础	±10	钢尺检查
	柱、墙、梁	+4，-5	钢尺检查
层高垂直度	不大于5m	6	经纬仪或吊线、钢尺检查
	大于5m	8	经纬仪或吊线、钢尺检查
相邻两板表面高低差		2	钢尺检查
表面平整度		5	2m靠尺和塞尺检查

注：检查轴线位置时，应沿纵、横两个方向量测，并取其中的较大值。

表 5.5.2　钢筋安装位置的允许偏差和检验方法

项　目			允许偏差（mm）	检验方法
绑扎钢筋网	长、宽		±10	钢尺检查
	网眼尺寸		±20	钢尺连续三档，取最大值
绑扎钢筋骨架	长		±10	钢尺检查
	宽、高		±5	钢尺检查
受力钢筋	间距		±10	钢尺量两端、中间各一点，取最大值
	排距		±5	
	保护层厚度	基础	±10	钢尺检查
		柱、梁	±5	钢尺检查
		板、墙、壳	±3	钢尺检查
绑扎箍筋、横向钢筋间距			±20	钢尺量连续三档，取最大值
钢筋弯起点位置			20	钢尺检查
预埋件	中心线位置		5	钢尺检查
	水平高差		+3，0	钢尺和塞尺检查

注：1. 检查预埋件中心线位置时，应沿纵、横两个方向量测，并取其中的较大值；
　　2. 表中梁类、板类构件上部纵向受力钢筋保护层厚度的合格点率应达到90%及以上，且不得有超过表中数值1.5倍的尺寸偏差。

表 8.3.2　现浇结构尺寸允许偏差和检验方法

项　目			允许偏差（mm）	检验方法
轴线位置	基础		15	钢尺检查
	独立基础		10	
	墙、柱、梁		8	
	剪力墙		5	
垂直度	层高	≤5m	8	经纬仪或吊线、钢尺检查
		>5m	10	经纬仪或吊线、钢尺检查
	全高（H）		$H/1000$ 且≤30	经纬仪、钢尺检查
标高	层高		±10	水准仪或拉线、钢尺检查
	全高		+30	
截面尺寸			+8，−5	钢尺检查
电梯井	井筒长、宽对定位中心线		+25，0	钢尺检查
	井筒全高（H）垂直度		$H/1000$ 且≤30	经纬仪、钢尺检查
表面平整度			8	2m靠尺和塞尺检查
预理设施中心线位置	预埋件		10	钢尺检查
	预埋螺栓		5	
	预埋管		5	
预留洞中心线位置			15	钢尺检查

注：检查轴线、中心线位置时，应沿纵、横两个方向量测，并取其中的较大值。

表 8.1.1 现浇结构外观质量缺陷

名 称	现 象	严重缺陷	一般缺陷
露筋	构件内钢筋未被混凝土包裹而外露	纵向受力钢筋有露筋	其他钢筋有少量露筋
蜂窝	混凝土表面缺少水泥砂浆而形成石子外露	构件主要受力部位有蜂窝	其他部位有少量蜂窝
孔洞	混凝土中孔穴深度和长度均超过保护层厚度	构件主要受力部位有孔洞	其他部位有少量孔洞
夹渣	混凝土中夹有杂物且深度超过保护层厚度	构件主要受力部位有夹渣	其他部位有少量夹渣
疏松	混凝土中局部不密实	构件主要受力部位有疏松	其他部位有少量疏松
裂缝	缝隙从混凝土表面延伸至混凝土内部	构件主要受力部位有影响结构性能或使用功能的裂缝	其他部位有少量不影响结构性能或使用功能的裂缝
连接部位缺陷	构件连接处混凝土缺陷及连接钢筋、连接件松动	连接部位有影响结构传力性能的缺陷	连接部位有基本不影响结构传力性能的缺陷
外形缺陷	缺棱掉角、棱角不直、翘曲不平、飞边凸肋等	清水混凝土构件有影响使用功能或装饰效果的外形缺陷	其他混凝土构件有不影响使用功能的外形缺陷
外表缺陷	构件表面麻面、掉皮、起砂、沾污等	具有重要装饰效果清水混凝土构件有外表缺陷	其他混凝土构件有不影响使用功能的外表缺陷

4.11 砌体工程允许偏差

摘自现行国家标准《砌体结构工程施工质量验收规范》(GB 50203—2011),《多孔砖砌体结构技术规范》(JGJ 137—2001),《混凝土小型空心砌块建筑技术规程》(JGJ/T 14—2004)。见表 5.3.3。

表 5.3.3　　　砖砌体尺寸、位置的允许偏差及检验

项次	项　目			允许偏差（mm）	检验方法	抽检数量
1	轴线位移			10	用经纬仪和尺或用其他测量仪器检查	承重墙、柱全数检查
2	基础、墙、柱顶面标高			±15	用水准仪和尺检查	不应少于 5 处
3	墙面垂直度	每层		5	用2m托线板检查	不应少于 5 处
		全高	≤10m	10	用经纬仪、吊线和尺或用其他测量仪器检查	外墙全部阳角
			>10m	20		
4	表面平整度	清水墙、柱		5	用 2m 靠尺和楔形塞尺检查	不应少于 5 处
		混水墙、柱		8		
5	水平灰缝平直度	清水墙		7	拉 5m 线和尺检查	不应少于 5 处
		混水墙		10		
6	门窗洞口高、宽（后塞口）			±10	用尺检查	不应少于 5 处
7	外墙上下窗口偏移			20	以底层窗口为准，用经纬仪或吊线检查	不应少于 5 处
8	清水墙游丁走缝			20	以每层第一皮砖为准，用吊线和尺检查	不应少于 5 处

5 装饰工程施工及质量控制

5.1 装 饰 作 用

保护墙体，满足使用功能，并起装饰美观作用。

从设计角度，设计手法讲，一个建筑物的外观效果主要取决于建筑总的体形、比例、尺度、虚实对比，大的线条的处理，也取决于对饰面处理的装饰效果。而饰面的装饰效果又主要体现在质感、线型和色彩三个方面。施工要体现出设计的装饰效果来。

质感——材料的装饰质地的感觉。由所用材料、所用做法决定，做法不同，效果不同。同一材料，不同做法，质感不同。

线型——横竖、凹凸、宽窄尺度、平直度。

色彩——本色、涂色、环境的协调。

5.2 一般建筑装饰设计的几项原则

1. 饰面做法的选择

（1）确定饰面功能。

（2）确定饰面质量等级——普通、中级、高级，制约因素，材料与施工，施工好、料差，料好、施工差。

2. 耐久性原则

阶段性耐久，定期更新，大修周期 8～10 年。不能要求与主体结构一样长，也不可能每一装饰具有相同耐久性，一不必要，二不恰当，经济上不合理，而某些材料，做法也无法达到。

3. 可行性原则

材料、工期、造价，施工队伍技术水平、机具设备、环境气候条件都是制约装饰工程的影响因素。

5.3　施工质量验收规范确定的装饰内容

《建筑装饰装修工程质量验收规范》（GB 50210—2001）中装饰内容包括：

一般抹灰、装饰抹灰、清水砌体勾缝、木门窗、金属门窗、塑料门窗、特种门、门窗玻璃、明暗龙骨吊顶、轻质隔墙、饰面板安装（石材）、饰面砖粘贴、玻璃、金属、石材幕墙、水性涂料、溶剂型涂料、美术涂料、裱糊、软包、细部工程。

《建筑地面工程施工质量验收规范》（GB 50209—2010）中装饰内容包括：

基层（基土、灰土、砂和砂石、碎石、碎砖、三（四）合土、炉渣、水泥混凝土、陶粒混凝土垫层、找平层、隔离层、填充层、绝热层）。

整体面层（水泥混凝土、水泥砂浆、水磨石、硬化耐磨面层、防油渗、不发火面层、自流平、涂料、塑胶、地面辐射供暖）。

板块面层（砖面层、大理石、花岗石、预制板块、料石、塑料板、金属板、活动地板、地毯面层、地面辐射供暖）。

木、竹面层（实木地板、实木集成地板、竹地板、实木复合地板面层、浸渍纸层压木质地板、软木类地板、地面辐射供暖）。

《屋面工程质量验收规范》（GB 50207—2002）中装饰内容包括：

卷材防水、涂膜防水、刚性防水、瓦屋面、隔热屋面，细部构造。

5.4　质量发展特点

1. 时代的发展及人们对生活、工作、居住、环境舒适的条件要求。

2. 国家对工程质量的标准要求——施工质量验收规范及标准。

3. 产品质量不断发展的阶段性要求：

建筑产品也有一个由低到高，由一般到精品的不断发展，质量档次不断提高的过程和阶段，新材料、新工艺、新需要推动质量的发展和变化。

产品——一般的具有某种功能的商品。

样品——企业生产的具有代表性的产品。

精品——样品基础上，更高档次、更高标准的产品。

建筑优质精品工程的特点：

——无影响结构安全的质量隐患；

——无影响使用功能的质量通病；

——装饰细腻，无任何粗糙现象；

——无成品破损及污染现象；

——质量有明显特色，装饰如工艺品一样，给人以美的享受；

——经得起使用和时间的考验，经得起专家的检查。

精品工程应以高于国家标准的企业标准而创立。

创建优质精品工程是企业走质量效益型道路，占领市场份额的重要手段。"市场是海，质量是船，名牌是帆"，以质量取胜，企业才有发展前景。才能走向现代企业管理水平的道路。

5.5　实现优质工程的主客观条件

1. 主观条件

（1）企业高度的创优质量意识，占领市场的迫切感。

（2）高水平的质量目标，企业标准高于国家标准。

（3）严格的质量管理内控制度，责任到岗、到人。

（4）有效的施工方案，先进的施工技术，科学的组织管理。严格按合理的装饰顺序和工艺流程施工。

（5）操作层的教育培训，提高对质量标准的认识，了解实物工程优质标准。

（6）操作工人熟练的技能程度。施工作业一次成型，一次成优。

2. 客观条件

（1）甲方对优质产品的需求及重视。

（2）优质优价。

（3）合理工期。

（4）工程款到位。

（5）甲方的支持及配合。

（6）建筑饰面材料、造型设计对施工的适应因素。

（7）质监评定部门、专业评标部门对创优的影响，做法、标准的认可。

5.6 结构施工偏差对优质工程的影响

易产生结构偏差的部位：

影响外墙面线角顺直的部位：窗口侧边、阳台栏板、扶手、窗台、框架外柱、外排剪力墙垂直度、顺直度偏差，接槎平整度。

内墙面：楼梯间墙上下错位、楼板高低差、梁、板、柱、跑模、内墙上下层轴线偏差，内墙垂直度偏差。

偏差过大增加装饰施工难度，费工费料且不利于耐久性。

5.7 装饰的属性及特点

1. 实现建筑设计的造型、格调、色彩的要求，满足建筑功能需求，为人们的工作、生产、生活的生理和心理环境提供活动的场所。

2. 装饰受到建筑材料自身的自然属性的制约，必须从材料特点出发，研究工艺和标准。

3. 施工工艺和质量标准的确定，是完成和实现企业管理，经营合同的技术条件，是技术基础工作，是为管理和经营服务的。

4. 装饰工程的质量等级由装饰材料质量等级和装饰工艺质

量等级所确定。

5. 装饰装修的发展是无止境的，是随着建筑装饰材料的变化和人们不断提高的物质需求而变化的，所以应不断研究和适应变化的要求。

5.8 装饰装修功能及定义

装饰是房屋的一个重要组成部分，是人们直接感受的生理和心理环境的需求，有功能和美观作用。装饰的发展越来越现代，越来越讲究，舒适、美观、造化意境、丰富人们的生活，装饰与人们的生活关系最贴切、最贴近，受到人们的重视，得到人们审美观、功能性、经济性的应用评价，直接影响人们生活水平、工作环境、文明素质的提高。

装修定义：是对建筑物内外表面简单的处理，达到基本使用条件，使用材料档次较低，工艺较简单，质量标准要求一般。如对主体结构的基层处理，毛墙毛地，饰面层用水泥砂浆、白灰砂浆，普通水磨石地面，普通地面砖；普通木门窗，简单、普通的水电安装，普通铝合金窗等的处理，即平常所讲的初装饰，普通装饰。

装饰定义：是对建筑物内外表面较复杂的处理，美化建筑物，美化室内环境空间。具有完善的舒适度和感观享受的使用功能效果。使用材料档次高，工艺较复杂，质量标准要求高，更加细致甚至达到精品效果。如石材、玻璃、金属幕墙；高档材质吊顶；高级石材地板、地面砖、地毯、壁纸、软包、高级石材墙面，高级涂料饰面；精装木门、高级铝合金、塑料窗。内外建筑效果标准档次高级，富丽典雅。高级装饰具有艺术性，是技术与艺术的结合。

房屋结构完成，只是搭建起一个结实的房屋骨架，虽然这是非常重要的，但只有装饰、安装完成，才能实现房屋的使用功能，使用价值。装饰除与设计方案有关外，重点是装饰施工和装饰质量问题。

5.9 装饰质量的相关因素

搞好装饰施工质量与下列因素有关：

（1）与装饰设计有关。饰面层不同，效果不同。建筑效果取决于设计的体形、平面布局，格调、色彩、材料的应用（不同的质感）、灯饰选择（光的运用），室内陈设、空间艺术效果。设计效果差，质量效果受影响，格调、色彩搭配很重要。有高级的装饰和普通的装饰，形成高级与普通的建筑环境。如纪念性建筑，大型车站、航站楼，高级酒店、写字楼、会议厅、商场、营业厅；普通住宅、民居、公寓等；高级的装饰设计，对墙面、地面、顶棚饰面的处理（使用材料高档的外墙幕墙，石材地面，高级地板砖，吊顶，细木装饰，高级塑钢窗，不锈钢栏杆，地毯等），对家具、洁具、灯具、餐具等的配置，达到各种不同的华贵富丽，典雅气派的装饰效果。而普通建筑装修的抹灰涂料，一般装修地面，质量效果不同，创造的环境意境也不相同，舒适感不同。外墙贴面砖、做幕墙，地面贴高级地砖、花岗石地板，就比外墙抹灰、水泥地面感观效果好。装饰就是美化，装修一般不强调艺术性效果，装饰大多有艺术性效果的要求。装饰就是技术和艺术的综合，但不是简单的技术加艺术。现代装饰设计多种多样，使用的材料，创设的意境丰富多彩，既突出功能作用，又有美观作用，"以不同的装饰手法对不同用途的建筑创设出不同的室内环境气氛"，通过对功能、形式、技术三个方面的处理，达到"以装饰材料设备为用，以创造环境意境为本"的目的。所以装饰设计很重要，往往考验的是装饰设计师的设计素养和实践经验的丰富性，设计考虑不周，先天不足，则造成遗憾，而设计效果又与工程造价直接相关，受到经济条件的制约。装饰体现工程的艺术性，社会性，文化性、经济性等诸多因素。

（2）与材质有关。精品、特级、一级品材质和外观就好，经久耐用，人们追求更精致、规矩、美观产品的出现和使用。尺寸规矩、颜色一致是关键。

（3）与造价有关。质量好的一般价格就高些，便宜的一般而言质量就差些。尺寸偏差大，颜色不均，影响装饰施工和质量效果。

（4）与施工有关。关键是装饰工序的安排和工人操作的技能水平。

主要解决合理工序和标准的工艺流程问题。装饰工人操作技术的熟练程度和经验都很重要，一个是管理者安排生产工序问题，一个是操作者作业程序问题。

①工序安排问题。装饰工序和结构工序不同，结构工序受建筑平面、立面布置的限制，受构件组合层次，构件组成材料顺序的限制，只能按照设计结构的构造程序来进行。基础不完不能建主体，一层不完不能建二层。装饰不同，一到装饰施工阶段，就全面开始，上面、下面、里面、外面、全面开花，称作"平行流水、立体交叉"，怎样流水，怎样交叉，往往会打乱仗。

装饰的工序到底怎样考虑，怎样是合理的？一个总的原则，就是以符合装饰设计的装饰面层，其质量效果不被后续施工（下道工序）损坏的客观规律为准则。一句话：已完工程不被下道工序损害、损坏的工序为原则，该在前的在前，该在后的在后。这一点的责任在管理者。工序对工程质量、成品保护具有决定因素。工序合理，可以大大减少对工程质量的影响，有利于成品保护，从而保证各项施工质量。装饰工序的合理性与施工组织者有关，是生产管理者安排的问题（工长管工序）。

②工艺程序问题。这与工人的施工技术方法，工艺流程的熟练程度有关。工艺水平决定装饰质量，工艺流程的正确性与施工操作者有关，是生产操作者作业的问题（工人管工艺）。要观察很多队伍，选择好的。临时凑起来的，没有几个懂行的，就干不好。要选择成建制的，有组织的队伍，有一套程序和方法的，一干一看就不一样。比如，当前施工经验看，忻州、武乡、榆林的会打桩、定州的会抹灰、曲阳的贴石板，五台、林县的会砌砖、河南的搞防水、南通的会支模、连云港会做水磨石、济南会做水

刷石。要了解队伍情况，匠人有地区手艺传统性。像手工艺品，有的搞草编，有的搞石雕、木雕，陕西户县农民会画画，这是一个道理。

5.10 装 饰 施 工

（1）装饰施工方法总则，三个层次的处理包括：

1）基层处理：不同基层条件，处理方法不同。

2）找平层处理：材料性能、配比、稠度、厚度、平整度。

3）饰面层处理：①粉刷类，材料性能（强度、粘结力）配合比，稠度、厚度，平整度，涂饰遍数。

②面砖类，材质、粘结材料、排板、缝路宽度、平整度、粘结材料性能、稠度、配合比、厚度、平整度。

装饰工程施工主要是搞好材料制配（制品选择），施工顺序（生产工序）、工艺流程（操作工艺）三者的有机结合。施工中对质量标准、实体部位的质量要求应更明确、更具体。这些都与施工组织管理和施工操作有关。

（2）查阅装饰设计：首先了解设计要求，饰面材料类别，使用部位。

（3）选材：地面、墙面、顶棚的石材、面砖、吊顶、细木，规格、形状、色彩，根据甲方意见、设计意图（图纸）要求选择，有价格、欣赏性不同等问题。

（4）装饰质量控制：实施"三控制"原则：控制工序、控制上线、控制细部的施工方法。

1）工序问题：工序不当影响装饰质量。

2）上线问题：线角不直影响建筑美观效果。

3）细部问题：所有室内、室外的收边处、边缘处、交接处、口、角线、缝、槎均为装饰细部。细部反映工程质量的精致水平。

①室内：抹灰的门窗洞口，孔洞槽盒，阴阳角。

②室外：大角，横竖线条，洞口周围，分格缝、滴水槽、散

水缝、水落管，面砖勾缝，面砖压向。

③地面：墙根、管根、门框根、地面板缝、接槎位置。

④屋面：出屋面的管道、抽气孔、排气孔、檐口、屋顶泛水根部，压油毡节点处理。

⑤吊顶：周边及中间压条、板缝宽窄、顺直度。设备终端交接处的严密性。

5.11 装饰施工方法及质量控制

5.11.1 清水外墙装饰

优点：耐污染、不变色、能保持施工原作质量效果，勾缝深时，可获得很好的立面阴影效果（1/6 砖面积）。

（1）装饰效果：砖面平整，横平竖直、无游丁走缝、缝路光滑、深浅一致。

（2）常见质量缺陷：缝浅、不光滑、不交圈、漏勾缝。

（3）缺陷原因分析：无规格砖材，排砖不当，缝路不直，勾缝毛糙。窗台窗套、雨篷、阳台根易漏勾缝。

（4）装饰方法及预控措施：

1）必须选砖——看面光洁、完整、尺寸规矩，色泽一致。

2）控制砌墙——摞底排砖，控制竖缝；设立层杆，控制水平缝。大角砌砖不宜超过五层。

3）深划毛缝——毛缝 10～12mm，加浆勾完 8mm，突出质感。

4）细致勾缝——1：1.5 水泥细砂浆，专用工具，细致出活。

5.11.2 墙面抹灰

1. 抹灰的作用及意义

抹灰是装饰工程最重要的组成部分，是建筑装饰的基础，是建筑物室内外装饰质量效果和建筑物内外观表面成型的基础和关键，抹灰质量如何，决定一个工程或一个小区群体工程优质的成败。无论什么建筑都由抹灰覆盖，面层也好，底灰也罢，抹灰的质量水平上去了，整个建筑的装饰质量水平就会有明显变化。所以抓好抹灰是整个装饰施工中最重要的环节，是创优质工程的第一步，关键的一步。

2. 外墙抹水泥砂浆

（1）装饰效果

粘结牢固，无空裂，表面平整，无接槎痕迹，线角顺直清晰，分格缝光滑、通顺，抹灰颜色基本均匀。

（2）基本要求

1）外墙饰面厚度≤20mm。

2）饰面表面平整度误差≤4mm，无明显接槎痕迹。

3）横竖线角上线：竖向顺直误差≤5mm，横向水平误差≤3mm。

4）分格缝设置：是建筑物立面处理，防止开裂和施工接槎的需要。一般缝宽16～25mm，深5～8mm。要求缝直，楞齐，缝内平整光滑，分格缝端头位置一致，或沿整个建筑物外墙面及阴阳角处交圈转通。

5）滴水处理：设置滴水线（槽）、流水坡，以防止墙面污染。特别是窗台存土多，随雨水滞流，形成窗下"胡子"，窗下墙是最容易出现影响观感的污染部位。

立面滴水部位细部处理：窗台上做流水坡度高低差30mm，阳台扶手上做流水坡度外高里低高差5～8mm，窗台、腰线下做滴水线（大鹰嘴）内外差15～20mm，窗楣、雨篷、檐口板、阳台底边做滴水槽，深、宽度各≥10mm，槽端距墙根截水距离为30mm。

（3）常见质量缺陷

外墙水泥砂浆饰面层粘结不牢固，空鼓、裂纹；②外墙饰面横线条不水平，竖线条不顺直，横竖线角不上线；③分格缝和滴水槽边缘不整齐、不顺直，缝槽内不光滑。

（4）缺陷原因分析

1）砂浆自身特性：

水泥、石灰砂浆饰面做法优点：材料来源广泛，操作要求技术较低，施工方便，造价低。缺点：手工操作，工效低；湿作业，劳动强度大，作业环境条件差；砂浆年久易龟裂脱落；表面较粗糙，吸水率高，易粘挂尘垢，析出氢氧化钙，面层颜色深浅不匀。

2）抹灰不分层，每遍涂抹过厚：

抹灰一般分三层，底层粘结（约 2mm），中层找平，面层装饰，厚度 20mm 以内，太薄，不能保证平整，影响饰面效果。太厚，自重下坠，影响粘结，内外干缩速度快慢不同，产生裂纹。

3）配比不当及其他原因：

外墙抹灰空裂与基层湿度，操作技术，养护条件，环境温湿度等情况有关。从配比上讲，胶结材料与骨料之比不宜过大，不然收缩性大，不应大于 1：3，骨料粒径 0.35～0.5mm 为宜，不小于 0.25mm；空鼓则与墙面清理不干净；淋水不足，湿度不够；各层抹灰间隔时间不当，含水率相差大；或上层砂浆强度高于底层砂浆强度等原因有关。

4）表面罩素浆，形成纯水泥硬壳，宜收缩干裂，形成裂纹。

5）竖向线角控制不严，上下错位，缝格施工不细致。

6）不同墙体基层抹灰，基层处理不当，产生空裂。

外墙水泥砂浆空鼓、开裂在工程上反映很多，特别是北方地区，有的很严重，很多房屋竣工 1～2 年后，砂浆墙面开裂、空鼓，甚至脱落非常明显。主要反映在外墙的砖墙面、阳台混凝土栏板、楼梯间水泥墙面（地面），比较严重。尤其当前高层建筑外墙保温板上抹灰开裂，更是一大难题。

到底能否解决，如果处理得好，各种因素控制得好，工程实践证明空裂现象就能少很多，小得多，砂浆墙面耐用时间长得多。这是多种因素造成的，应从多方面采取综合措施治理。

（5）装饰施工方法及控制措施

主要解决外墙饰面层粘结不牢固、空鼓、裂缝、横竖线角不上线，分格缝、滴水槽抹灰不细致的质量缺陷。

1）墙体基层处理：

① 混凝土基层墙面：凿毛法：凿麻坑，70％以上凿毛面积，每平方米 200 个凿点。甩浆法：甩水泥丁，1∶1 水泥细砂浆，养护 3d。划纹法：拆模后划沟，斜向交叉纹路，深 5mm。界面处理剂：强化粘结。

② 加气混凝土、炉渣砖墙面基层：针对不同基层配置不同砂浆。底灰粘结，等同强度砂浆，薄层施工。两种材料交接处，铺钉钢丝网，再抹底灰。

2）控制工艺流程：外墙抹灰应按以下工艺流程严格进行：浇水湿润基层→找规矩、贴灰饼，冲筋→抹底灰找平→24h 后弹分格线、嵌分格条→抹面层灰→起分格条，修分格缝→24h 后开始养护。

3）深划砖缝：砌筑外墙表面深划砖缝 5～7mm，使纵横砌缝形成键榫，增强抹灰粘结力。

4）浇水润墙：外墙抹灰前对墙面浇水 2 遍以上，渗水深度 8～10mm，减少墙面吸收砂浆中的水分，增加粘结强度。

5）配合比适当：配合比应准确，1∶3 水泥砂浆打底，中砂（底灰可掺 1/3 粗砂），1∶2.5 水泥砂浆抹面，稠度适当。

6）分层涂抹：分遍完成，分层抹灰，厚 5～8mm，采取大工序抹灰做法，湿润墙体，刷素浆，随刷随抹灰，即从建筑物檐口至勒脚先抹底灰和中层砂浆，隔日再从上至下罩面灰，这期间应加强底灰浇水养护，保持湿润状态，对防止空裂效果很好。

7）原浆压面：实践证明，表面加素浆或原浆抹压太光，会使砂浆表面形成约 1mm 厚致密的纯水泥浆硬壳，干湿、温度反复作用，砂浆表面会逐步出现珠网状裂纹而影响耐久性和美观。抹压以表面达到微露砂粒充满细小砂眼、手感粗糙而平整的效果为最佳。用钢板抹子抹成有粗糙感的原浆压面，砂浆表面层水泥浆极薄，砂子与水泥几乎揉为一体，砂粒微露，水分自由进出，可减少砂浆体积变化，适应和消除胀缩应力，减少表面龟裂，改善抹灰面的耐久性，并有利于提高与涂料的粘附性能。

8）加强养护：抹完面灰 24h 后，养护不少于 3d。

9）严格上线：控制外墙面线角上线平展顺直，以突出建筑立面线型整齐、挺拔的装饰效果，主体施工时对窗口砌筑、大角砌筑、附墙壁柱、支设阳台底模、侧模、阳台预制栏板安装，必须挂吊钢丝垂线定位，竖向顺直偏差不大于 10mm，抹灰时再次吊线控制，竖向线角顺直偏差不大于 5mm，对窗楣、阳台板上口、底边、腰线等横向线角，抹灰时拉水平通线控制，水平线条平直偏差不大于 3mm。许多新建房屋横竖线角上线极大地改善了建筑物外观观感效果，成为其明显特点。

10）细作缝槽：细致处理分格缝、滴水槽边缘棱角，将铝合金直尺靠在缝、槽角口处，用 1：1 水泥细砂浆勾嵌修补至槽内平整光滑、口角顺直、边缘整齐无毛刺为止，最后用外墙涂料腻子补平，打磨光滑，使分格缝、滴水槽达到精致整齐的效果。分格缝、滴水槽目前采用塑料条镶贴，较方便易控制。不足之处，用于滴水，宽度不够 10mm。

3. 内墙抹灰（石灰砂浆、水泥混合砂浆）

（1）常见质量缺陷

1）内墙抹灰大面不平整、线角不顺直、口角不方正。

2）室内细部抹灰毛糙，不严密、不光滑、平整性差。

（2）缺陷原因分析

1）室内抹灰未严格按工艺规程进行。

2）底灰偷减工序、人员安排不当，忽视成品保护，造成内墙抹灰粗放、顶棚操作马虎，工序交接和成品质量不检查、水电设备安装二次修补影响。

3）忽视细部质量标准，对工种交叉、工序搭接和隐蔽部位未能精心施工。

4. 室内顶棚抹灰（水泥混合砂浆）

（1）常见质量缺陷

1）顶棚抹灰空鼓、脱落。

2）顶棚抹灰顺板缝通长裂纹。

3）棚面抹灰不平顺。

（2）缺陷原因分析

1）板底清理不净，未刷胶粘剂，抹灰过厚，不分层。

2）楼板安装不平，相邻板面高差过大，灌板缝不密实，屋面板的板缝开裂；现浇楼板底部不平，模板缝处错台，高低差异大。

3）楼板抹灰未找平，平整偏差大。

5. 室内石灰砂浆、水泥石灰砂浆抹灰施工

（1）基本要求

1）饰面做法：内墙面（砖基层）为 9mm 厚 1∶3 石灰砂浆打底，7mm 厚 1∶3 石灰砂浆找平，2mm 厚白灰膏罩面，顶棚（现浇板、预制板基层）为 2mm 厚 1∶0.5∶1 水泥石灰砂浆打底，8mm 厚 1∶3∶9 水泥石灰砂浆找平，2mm 厚白灰膏罩面。

2）抹灰平均总厚度：内墙面≤20mm，满足找平要求，一般以 12～15mm 厚为宜。

顶棚板≤18mm，满足找平要求，宜为 8～12mm 厚。

3）每遍涂抹厚度 7～9mm。

4）护角做法：阳角护角水泥砂浆打底，角侧宽度抹灰≥50mm，高度≥2m，白灰膏罩面包角，墙角两侧水泥砂浆底灰先抹好一侧，随即抹另一侧，做到一次抹压成型。两侧抹灰如不同时施工，墙角底灰包角接缝处易开裂。

（2）装饰施工方法及控制措施

主要解决室内抹灰大面不平整，线角不顺直，口角不方正，细部抹灰毛糙的质量缺陷。

1）室内抹灰必须严格按照工艺流程进行，禁止偷工减序，墙面不冲筋、不找平、直接抹灰完成的施工方法，一般内墙面，顶棚抹灰工艺流程如下：

内墙抹灰：墙面浇水→找规矩、贴灰饼、冲筋→抹底灰→埋设电气开关、插座暗敷线盒、配电箱盘→罩面层灰。

顶棚抹灰：弹顶棚抹灰水平控制线→清洗板底→刷素水泥浆

结合剂→抹底灰→抹中层灰找平→罩面层灰。

2) 顶棚抹灰时应按室内房间＋50cm 线上翻，离板底 100～200mm 处弹线，控制顶棚抹灰厚度和找平度，大面积板面应冲筋，分层找平。具体操作时，先用 10% 火碱水溶液清洗板底，再涂刷 0.37～0.4 素水泥浆一道，随即抹 1：0.5：1 水泥石灰砂浆底灰，厚度≤2mm，涂抹方向与板缝垂直，再抹 5～8mm 的 1：3：9（1：3：6）水泥石灰砂浆找平，然后白灰膏罩面，两遍完成，头遍抹完后紧跟第二遍，两遍抹压方向互相垂直，总厚度宜在 15mm 左右，目测无明显接槎和高低不平为止。清水混凝土楼板底面（顶棚），因其板底光滑、平整，线角顺直，只需打磨板缝接槎，直接刮涂腻子即可。

3) 为消除预制板顶棚产生抹灰顺板缝裂纹现象，应选择预应力起拱高度一致、规格符合要求的楼板。吊装前应用水平仪和拉线方法对预制楼板支承的墙体顶面、圈梁顶面、梁顶面用高强度水泥砂浆找平，安装楼板时，板缝间上口预留空隙宽度应不小于 40mm，然后用细石混凝土严格灌缝。安装后相邻板底高差应控制在 5mm 以内。

4) 严格控制底灰质量，以保证面层成型效果。底灰不平，面灰难平，底灰成型差、大面接槎不平、线角不直不能罩面灰。室内墙面抹底灰应冲筋（横筋、竖筋、软筋、硬筋问题，宜采用横筋、软筋操作）。底灰抹完后，从观感和偏差两个方面检测，并以面层允许偏差为标准。底灰成型，才能罩面。按此要求施工，可达到质量预控效果。

5) 控制室内线角上线顺直，以体现房间整洁、规矩、棱角分明的装饰效果。要求室内线角两侧 50mm 宽度范围的墙面、顶棚面平整度允许偏差≤1mm，如施工控制偏差≤0.5mm 效果最佳，操作时用 2m 刮尺和 300mm 以上长度的阴角器反复搓抹阴角部位，阳角用抹灰贴杆方法，一次抹压成型。

6) 控制室内抹灰细部质量，没有细部就没有质量水平，室内抹灰更应突出细部质量，应包括的细部部位有：小面积墙面、吊壁柜内侧、木框周围、门侧护角接槎、电气插座、开关盖板、拉线盒及吊链木台、管道孔洞边缘、散热器及管道背后、施工洞接槎、散热器洞口尺寸、门窗上口至顶板尺寸、楼梯梯板至梁底尺寸，房间、楼梯间线角、门窗四角等。所有细部必须平整密实、线角顺直、口角方正、尺寸规矩，力求抹灰一次完成，减少二次修补。在一些部位实行工序控制，如底灰上未安装好暗敷电气线盒，不得罩面。

7）选择符合装饰施工规律的合理工序组织施工，以解决和减少装饰施工阶段工种多、人员多、材料多、机具多的施工交叉作业对抹灰质量的影响，使之有节奏地平行流水、立体交叉作业，以利于成品保护。控制施工顺序的原则是：单位工程先外后内，先上后下；层间是先做顶棚和墙面，再做地面和踢脚。按此顺序施工，可保证和有利于创优质工程。

5.11.3 抹灰工程几个问题的认识与处理

1. 高级抹灰与中级抹灰（装饰新规范称普通抹灰）的区别

观感上的差异：抹灰表面在光滑、洁净、颜色均匀，线角顺直、方正、清晰、美观方面，高级抹灰比中级抹灰要求更严格一些，强调颜色一致，中级抹灰无此要求。即抹灰要平、光、净、色匀、线直、角方、清晰。实物质量线角水平提高了，当前实物质量线角有的已达到笔直状态的要求和效果。

2. 允许偏差数值的差异（mm）

	中级	高级
表面平整	4	3
阴阳角顺直	4	3
立面垂直	4	3
阴阳角方正（阳）	4	3

高级抹灰严格要求控制阴阳角方正，施工时应弹放十字中心线。以中心线确定房间抹灰厚度，控制房间宽窄尺寸，使房间成为矩形。铺地砖具有检验意义，是否规方。

事实上，当前抹灰在平整度、垂直度、线角顺直度表面观感上要求"0"误差,是超标准的、严格的要求,可使操作者的技术水平有极大的提高。再则,考虑砂灰强度低,砖内墙、楼梯间墙面抹灰用混合砂浆（1：1：6）效果较好。对框架、框剪结构填充墙、混凝土基体及其交接处的抹灰如何防止开裂和空鼓也是施工难点及质量通病之一,造成用户质量纠纷投诉。应针对基体具体情况经试验选择抹灰材料、配合比及施工工艺方法加以解决。目前有用粉刷石膏和1：3：9水泥混合砂浆做处理效果较好。

3. 顶棚、墙面抹灰,管道孔堵洞问题

要堵平,分层抹平,抹的天衣无缝,像无孔洞一样,看不出抹纹和接槎。堵洞端平,不能把房间顶棚一角的补灰抹下来,产生下坠感,影响顶棚平整和线角顺直效果。不能有接槎和高低不平的感觉,要把管道堵孔当成一项攻关项目来抓。

4. 初装修表面处理的方法

（1）底灰罩白灰,修补接槎表面明显,影响观感。

（2）光面底灰,木抹子搓平,铁抹子加压一遍,压倒砂粒,形成平整、光滑、粗糙、发涩的表面效果,直接刮白涂料,宜避免施工缺陷。

（3）底灰上罩一遍白灰,黑白混合,压光,刮涂料。

5. 外墙线角上线

外墙线角要根根上线,吊线不等于上线,吊线是方法,上线是抹灰线角成型。一线否决制,线线"0"误差。

6. 样板间的概念

样板应是该项工程交工的最低起点,大面积的工程应高于样板。样板是实的标准,应由承担工程的一般技术水平的工人做出,这是培训过程,把书本标准变为看得见摸得着的实物。现在的样板,成为优质精品的代表,成为代表队伍技术水平高低和产品质量好差的标志,高水准的样板,才是标准,以此要求,大面积的工程要达到这个水准。先做一个,检查改正,再做一个确定。

做样板要选择施工楼层和单元,不应做在同一单元的上下房间内和顶层、底层及可上人屋面的楼梯间单元。这些单元和层次是质量检查的必检部位。楼梯间质量成为代表作，是质量的重点部位。

5.11.4 外墙贴面砖

具有材质、造型、装饰工艺的特色，坚固耐用，色泽稳定，易清洁，耐腐，防雨水，内外装饰广泛应用。

1. 装饰效果

大面平整，缝路顺直，勾缝光滑，压向正确，排砖合理。

2. 常见质量缺陷

（1）粘结不牢，空鼓、裂纹；

（2）面不平、缝不直、缝宽不匀；

（3）勾缝粗糙、露砂粒、有孔眼。

3. 缺陷原因分析

（1）粘结不牢，空鼓问题：

1）面砖自身脱落空鼓，砂浆粘结力不够，厚薄不匀，收缩不一，有盐、碱析出墙面（多数建材都含有游离盐分），结晶作用使砂浆粘结性能变差，加上裂缝、空鼓，从灰缝中进水，体积膨胀，空鼓扩大，成片脱落。

2）施工中对面砖敲击、移动过多，改变局部水灰比，降低粘结力，也是原因之一。

3）饰面砖吸水率过大，温差作用，冻融作用，面砖裂纹。

4）底灰太干，面砖浸泡时间短，不阴干，粘结用素浆，均宜空鼓。

5）面砖和砂浆一块脱落，基层清理不干净，影响粘结，基层湿度不当造成。

（2）排砖不当，贴砖不控制，操作马虎。

（3）勾缝不细致，抹缝不光。

4. 装饰施工方法及控制措施

（1）选砖：外墙饰面砖品种、规格、颜色、图案和主要技术性能，应符合设计要求和有关材质标准规定。尤其厚度、硬度、吸水率要求。外墙陶瓷饰面砖不同气候区（Ⅰ～Ⅶ区）吸水率要求为 3%～6%。太原地区属Ⅱ区，为 6%。外墙面砖表面爆皮、开裂、变色、脱落与材质吸水率有关。

施工前，选择高质量的面砖对外墙装饰效果具有重要作用。砖型确定之后，材料进入现场，要按大、中、小尺寸误差归类，按颜色深浅不同归类，考虑建筑物正、侧、背立面重要性不同，将已归类的面砖用于不同部位的墙面，这是质量预控关键环节。

（2）浸泡：不少于 2h，有的隔夜浸泡，然后晾干，表面无水膜，阴干 4～6h。不浸泡，砖吸收砂浆水分，影响粘结。不阴干，表面水膜，粘贴易滑，影响操作，水分散发，也易空鼓。

（3）打底找平：对基体墙面先行打底，用 1:3 水泥砂浆薄抹一层 2mm 粘结层，再做找平层，分层涂抹≤7mm，总厚度＜15mm，平整度合格（≤4mm）、优质（≤2mm），并加强养护，保持湿润，增长强度，粘结硬化，待其充分收缩，不再变化，粘结牢固后，再做面层效果较好。

（4）排砖（版）设计：

这是表现建筑饰面设计装饰效果的最重要的控制方法，也是体现粘贴面砖的施工技术水平的高低，质量预控的重要环节。排砖不当，就使装饰效果从整体上处于一种先天不足，造成缺陷和遗憾的状况。所以必须细致排砖（排版）。排砖设计主要是确定面砖镶贴形式（排列方法）和接缝宽度（砖缝大小）。镶贴形式对矩形面砖有长边水平排列（横贴）和长边垂直排列（竖贴）两种。接缝宽度，密缝 5mm，离缝 6～20mm，常用水平缝 6～8mm，竖缝 8～12mm，缝深≤3mm。

排砖原则：阳角处要整砖排列。窗间墙、窗台墙均如此。面砖横缝宜与窗楣、窗台相平。阳角处正面砖与侧面砖，可对角粘贴。窗台、腰线等水平台面应做流水坡度 3%，台面砖盖立面砖，立面砖做滴水下伸 3mm。

具体设计排砖，应根据建筑美观和造型要求及所用砖块形状尺寸，结合墙面底灰实际尺寸和建筑物表面设计的窗口、门洞、装饰线条、窗间墙、窗台墙、阳台等的尺寸情况，排列砖块。主要控制砖缝宽度和整块砖的排列，一般通过调整砖缝宽度来解决。经计算后，在找平层上弹线、分格，标出水平和竖向控制线，对窄条砖和曲面部位要逐块弹线。窗间墙、窗台墙排砖块数不同时，砖缝宽度误差不宜≥2mm，不许有破活。

排砖整体形式有一砖一缝，或多行多列砖块设一缝，缝宽20～30mm。整体形式根据设计确定。

（5）贴砖施工：

1）做标志块，从上至下，分层分段进行。如有壁柱，先贴壁柱，再贴大墙面。

2）标志块挂线，跟线贴砖（平上不平下）上口跟线排列控制水平，自左向右，照准底灰控制线贴砖，控制竖缝顺直，直度误差2mm。贴完几行后，约500mm高度，检查修整，贴完一步架进行一次外观检查。竖缝几十米高度直直的，不能弯，难度较大，但必须控制。

3）粘贴砂浆用1∶2水泥砂浆，厚度宜为5～6mm，可掺通用瓷砖胶粘剂或耐水胶粘剂，增强粘结力。砖背面打满刀灰，四边用刀刮成八字，然后贴砖上墙，照线摆砖，附线敲实，尽量一次按压就位、成型，如此逐块逐排逐列逐步架退完成活。粘结层初凝前或允许时间内，可调面砖位置，接缝宽度，初凝后或超过允许时间，不得振动、移动面砖。注意，砖块挤出的砂浆，不宜超出板厚度，应随手刮平，以免结硬，影响勾缝。

4）面砖勾缝用1∶1水泥细砂浆，用钢筋工具勾缝，光滑，不露砂粒，无孔眼，面灰五面贴灰密实，横竖缝交接处通顺，勾出45°角线（八字角），并擦拭干净。

5. 偏差要求

表面平整4mm，立面垂直3mm，接缝平直3mm（2mm）接缝高低1mm（0.5mm）。（括号数值为实用中的严格要求）

5.11.5　内墙贴面砖

材质：200mm×300mm、300mm×450mm等各种大块规格、

图案、颜色丰富的面砖，市场均有供应。

（1）选砖：颜色与尺寸规格差异大者，另归类。价格因素影响选择的产品质量，吸水率≤10%。

（2）浸泡：注意不能将包装盒纸与砖同泡，易使面砖染色。

（3）预排：有直缝和错缝排列，宜采用直缝排列，缝宽1.5mm以内。排砖原则：只允许出现一行，或一列非整砖（破活），非整砖排在阴角处或次要部位。开关盒、管线、器具，应套割吻合，凸出抹灰面5mm。

具体部位：

1）厕浴间从地面以上至门口上平排整砖，注意看面压缝关系。

2）阳台贴砖，保持阳台墙内侧水平缝与大墙交圈，阳台顶棚斜缝补砖，交圈转通。或从顶棚向下，破活在底面。

3）门框边贴砖与门框接缝要小，1mm以内，缝宽一致。墙面阴角砖缝的压向，应以直视不见为准。

（4）贴砖施工：

1）贴标志块、挂线，最下一层钉托板，相当于直尺，要水平。

2）用1∶2水泥砂浆，厚5～6mm（不应用素浆），打满刀灰；用力按压，紧贴墙面，跟线摆齐，靠尺检验。

3）白水泥勾缝，棉纱擦净，板面缝隙中不应有余灰。

4）开关盒放置于板块一角，管孔套割。阳角磨砖对缝，机械成型，<45°角。

（5）允许偏差：表面平整3mm；表面垂直2mm；接缝平直2mm；接缝高低0.5mm。

5.11.6　饰面板（石材）安装

花岗石、大理石材板块材料属高档建筑装饰材料。华丽堂皇，适用于公共性建筑，做墙做地。

花岗石属火成岩（玄武岩、安山岩等），砾石、砂等属水成岩，大理石属变质岩，是上述两种岩石变化的结果。

1. 材质

（1）花岗石：密度 2700～2800kg/m³；

抗压强度 120～300MPa；

抗折强度 8.5～15MPa；

抗剪强度 13～19MPa；

吸水率＜1％。

（2）大理石：密度 2500～2600kg/m³；

抗压强度 70～150MPa；

抗折强度 6～16MPa；

抗剪强度 7～12MPa；

吸水率＜1％。

花岗石，不易风化变质，色彩多样，保持百年以上，多用于外墙装饰。

大理石，硬度小易加工磨光，不适于室外使用，特别不能做室外地面材料，因其主要成分为碳酸钙，室外环境中水气作用宜腐蚀，失去光泽，颜色稳定性差，白色还可，绿色差之。

2. 安装方法及控制措施

（1）设计大样：绘制每块板形状尺寸大样图，提供加工详图，应考虑看面宽度和压向关系，如柱子包边尺寸问题。多用于墙面、柱、梁构件的表面装饰处理。

（2）选板、预排：从规格、图案、色彩方面，严格挑选。要考虑自然花纹，有艺术性的组合。

（3）基体处理：面板与基体应用金属件连接，板边长边大于400mm，粘贴高度大于 1m 的柱，墙面必须采用安装方法，不得采用水泥砂浆粘贴法。

传统方法：根据板块大小，在基体上弹线，焊接钢筋骨架，形成挂板钢筋网格，小型构件上打入水泥钢钉方法，挂铜丝固定。

现代高层建筑外墙装饰石材，施工采用干挂法工艺。一是解决耐久性、牢固性问题，以往水泥砂浆灌浆，灌不实，易空鼓，钢丝绑不牢，易松动。二是解决板材色差问题。砂浆粘贴，表面渗出湿色（水印）反碱，饰面颜色不均，影响装饰效果。干挂法应根据材料、安装构造和设计确定。用槽钢、角钢做骨架，金属螺栓化学锚固法固定，螺栓不小于 M12，入混凝土深度≥70mm。应对螺栓进行抗剪强度计算。

（4）板面安装：固定与灌浆。

板边上下开孔，不少于 2 个，镀锌钢丝、铜丝绑扎。

安装顺序，由下而上。常做柱、墙安装，板块就位，连接绑丝。

灌浆：1:2.5（1:3）水泥砂浆，稠度 8～12cm，分层灌入。干硬性砂浆，每层≤150～200mm，先灌 1/3 板高，1～2h 沉实后，检查无误，进行第二层，至接口 5～10cm 空开上口，上层板安装后，一次浇浆，以保证接口密实，不空鼓，表面无高低差。最上面一块板，如有吊顶，进入吊顶灌实绑牢。无吊顶贴到顶棚顶面，可用胶粘剂处理，以不使其脱落。

（5）允许偏差：表面平整 2mm；阴阳角方正 2mm；接缝高低差 0.5mm；立面垂直，外 3mm 内 2mm；接缝平直 2mm；缝宽偏差 1mm。

5.12　地面工程

现在的地面，已经淘汰了水泥砂浆地面，因其材料选择难度大，适应温差能力差，收缩性强，空鼓、开裂、起砂现象较严重，已被细石混凝土地面、水磨石地面，特别是瓷质板块地面所代替，高级建筑装饰工程花岗石、大理石地面的采用也越来越多，但在质量方面仍然出现很多问题，新材料产生新工艺，也带来新问题、新矛盾。任何事物都是有利有弊，都需要采取具体方法、措施加以解决，否则消除质量通病就是一句空话。所以要探讨、研究解决实际问题的实际方法。

5.12.1　细石混凝土地面

1. 基本要求

（1）住宅工程房间地面可采用 40～60mm 厚细石混凝土随打

随抹一次完成的整体楼面层或做毛地面，为精装修的基层、垫层。

（2）细石混凝土表面严禁裂纹、空鼓、麻面，应密实、光洁、平整，无明显抹纹、无污染，施工期间不得磕碰、损坏。验收时应保持原作地面效果。

（3）表面平整度偏差不大于 5mm。

2. 装饰施工方法及控制措施

（1）严格控制工序，地面工程必须在该楼该层内外墙面、顶棚做完抹灰装饰后，自上而下进行。层间内外墙顶装修未完，该层地面不得施工。

（2）清理预制板面、现浇楼面基层浮土，砂浆残灰，并检查灌板缝质量，如不密实，须凿掉重灌。

（3）按照室内＋50cm 线检查基层平整度及标高，确定面层厚度，并满足设计要求。大房间地面应冲软筋控制标高及平整度。

（4）以 1∶2∶3 的水泥、砂子、石子的细石混凝土配合比拌料，坍落度≤30mm。混凝土料铺设后，用 2m 刮杠刮平，并用重 30～60kg 滚筒滚压出浆，修补不平处后用木抹子搓平。

（5）在细石混凝土表面均匀干撒 1∶1 干砂灰面厚 5～7mm，灰料吸水后，用刮杠找平、木抹子搓平，紧接钢板抹子压平。细石混凝土表面质量效果关键在于拌灰撒面和抹压处理。

（6）细石混凝土压面应视气温高低、地面干湿程度进行，一般抹压 3 次，摊铺完时和初凝前抹平，终凝前压光，终凝后不得抹压。当做基层时，初凝前用木抹子搓毛即可。

（7）地面做完 24h，用锯末覆盖，浇水养护不少于 14d。

（8）地面施工时应将接槎位置设置在分户门裁口处。并应特别处理好管根、墙根、门框根"三根"细部部位，抹压到位。

这里提出"管根、墙根、门框根"地面三根细部部位的概念，也适用于其他地面细部处理的要求，主要应做到三根清爽，利利索索，干干净净。

5.12.2 水磨石地面

1. 装饰效果

严禁裂纹、空鼓、掉粒和有粗磨纹等缺陷，应表面石粒紧密，级配均匀，显露清晰，颜色一致，光滑平整，分格条牢固、顺直、清晰。

2. 常见质量缺陷

空鼓，石子级配不匀，有黑斑，表面不光滑、不平整，有凹坑，分格条不显露，条不顺、翘起，粗磨纹，墙根不平、不光滑。

3. 缺陷原因分析

装石子时，基底不刮素浆；级配不当；分格条错动；分格条太低或装灰太厚；研磨遍数不够等。

4. 装饰施工方法及控制措施

（1）面层厚度：12～18mm，石粒粒径 4～14mm，体积配合比 1∶1.5～1∶2.5，也可用特大八厘。铺撒时预留 20% 补撒均匀。粒径大小对装饰效果的影响：粒径不同，装饰效果不同，粒径大的石渣比粒径小的石渣装饰效果好些，所以常采用特大八厘做法，效果像花布一样，但要搞好级配，填充均匀密实，不露水泥黑斑。

面层厚度（mm）：10、15、20、25、30。

石子粒径（mm）：9、14、18、23、28。

（2）弹线、分格、中框、镶边及艺术图案。

（3）卧条：水泥浆固定分格条〔玻璃条，铜条（打眼穿钉）〕，水泥浆低于条顶 4～6mm，45°粘条。

（4）装档：按顺序和色彩，由内向外，退至门口。装石子前，在基层上刷水灰比 0.4～0.5 素浆，随刷随铺，装铺的拌合料面宜高出分格条 2mm，拍平，滚压密实。

（5）磨光：以不掉石子开始起磨，三遍研磨，补浆二遍，二浆三磨。油石应选用不同粗细，头遍 60 号，二遍 120 号，三遍 240 号。注意：季节不同，气温不同，开磨时间不同。夏季 1.5d，秋季 3d，冬季 5～7d（保温）。

（6）清洗：涂草酸、上蜡，严禁污染。

（7）水磨石基层：细石混凝土，厚度≥30mm，强度≥C15。

5.允许偏差

	普通水磨石（mm）	高级水磨石（mm）
表面平整度	3	2
缝格平直	3	2

高级与否，除图案、色彩、分格条材料外，重要一点是磨光遍数，有的5遍，甚至9遍，光滑如镜。

5.12.3 瓷质板块地砖

1.装饰效果

大面平整，色泽一致（图案吻合），缝路顺直，勾缝光滑，套割严密，粘结牢固，无空鼓。

2.选材及施工质量缺陷

材质不规格、不平整，铺贴不平，缝隙不匀，勾缝毛糙，缝格不直，空鼓，甚至松动、起翘。

铺贴不挂线，排砖不当。使用稀砂浆，勾缝不压光。

3.基本要求

（1）面层所用地砖品种，质量（吸水率，几何尺寸偏差，平整度偏差）应符合相关材质标准规定。并注意对地砖的防滑性要求。

（2）不得使用表面损坏，缺棱掉角，掉皮和有暗裂纹的地砖。

（3）地砖与基层粘结必须牢固、坚实，无空鼓、松动、污染等缺陷。

（4）地砖铺贴成型后，应达到大面平整，缝隙均匀，缝格顺直，色泽一致（图案吻合），勾缝光滑，切割严密的装饰效果。

4.装饰施工方法及控制措施

（1）板块地砖基层一般应为混凝土垫层，垫层强度、密实度应符合规范和设计要求。楼面做C15级细石混凝土垫层，厚30～40mm。地面做C15级普通混凝土垫层，厚60～80mm。垫层表面成活时应用木抹子搓平，形成易于粘结的毛面效果，表面平整度偏差≤5mm。

（2）地砖使用时应加以选择，按规格尺寸、色泽差异分类，并应将色泽、规格一致的板块地砖用于同一部位或同一房间。

（3）地砖铺贴前应预先浸泡，时间不少于2h，晾干后使用。浸泡时不得将包装纸盒同时泡入水中，以免地砖受到染色影响。

5. 板块地砖铺贴排砖设计

板块地砖施工前应进行铺贴排砖设计。排砖设计包括：板块地砖缝路排列、地砖布置方向、地砖规格与房间面积的关系、地砖色彩选择。

（1）板块地砖缝路排列设计常用两种形式，一种是户内各房间的排砖各自布置，然后在房间门口处另排地砖交接过渡。这种布置的优点是切整砖少，节省砖材，非整砖行列发生的可能性减小，有的正与房间模数相吻合；缺点是房间门口处地砖变缝，从一房间向另一房间看，地砖缝变位不能通视顺直，影响美观。另一种是各房间地砖排列在房间门口处交接的方法。这种布置的优点是增强了装饰美观效果，从一房间向另一房间看缝路通直；缺点是非整砖排列的可能性增大，但因各房间的地砖缝路相互通直，装饰美观而被广泛采用。

（2）地砖布置一般有正向（地砖正摆）和斜向（地砖斜摆45°）布置两种方案，用户多选择正向布置，因其具有施工方便、切割少、节省砖材、质量易控制等特点。

（3）排砖设计要考虑地砖规格大小与房间面积大小的关系，大房间宜用大尺寸块材，小房间宜用小尺寸块材。色彩（图案）的选择则是板块地砖设计更为重要的内容，地面色彩应与室内墙面、顶棚、门窗、家具等色彩选择相协调。一般二次装饰可由用户自选，一次施工到位的工程则由装饰设计确定。

6. 板块地砖铺贴施工

（1）工艺流程

细石混凝土找平垫层→弹线、分格→设标志块、挂线→刷素水泥浆→摊铺干硬性水泥砂浆→试铺→正式铺贴→勾缝、养护。

（2）铺贴地砖

按地砖的铺贴排砖设计，先在找平层上弹控制线、分格线，并按控制线摆放控制板块，然后在控制板块上挂线，铺贴标志砖带。一般以房间地砖在户室门口处排列的缝路通直的条带为标志砖带，向房间延伸排列。标志砖带应起控制板块地砖面层平整度、两板块相邻高低差、粘结砂浆厚度和控制地面标高的作用。然后以引向各房间的标志砖带为准，由房间尽端向门口处顺序铺贴，直至铺满整个房间。铺贴时，宜使用干硬性水泥砂浆。稠度以达到"手握成团，手捏即碎（或手颠即散）"的状态为最佳，不得使用稀水泥砂浆做结合层，以免造成地面空鼓，粘贴不牢的质量缺陷。干硬性水泥砂浆配合比为 1∶2（水泥∶砂子，体积比），厚度为 20mm 左右，水泥宜用 32.5 级以上的普通硅酸盐水泥或矿渣硅酸盐水泥，相应配合比的水泥砂浆强度等级≥M15。砂浆摊铺后，应用刮尺和木抹子搓平，随之摆砖试贴，平稳铺放，并用橡皮锤轻击至缝隙均匀及相邻板块高度齐平为准，然后揭开板块，对砂浆不平处补浆，表面上浇筑一层水灰比为 0.45 的水泥素浆，厚度小于 2mm，亦可把较稠的素浆刮涂于板块背面，然后跟线摆砖，压平敲实。每铺完一块地砖即用水平尺检测，直至满足板面平整、四角扣平、缝隙均匀、相邻坂块无明显高低差、纵横缝路对直的质量要求。依次如法铺贴，铺完一行后用 2m 长铝合金靠尺检测，以控制整个板面铺贴质量。

地砖面层施工完后，养护 1～2d，待可上人时即可勾缝。一般用 1∶1 水泥细砂浆直接勾缝，并用比板缝宽度稍大的勾缝工具，反复挤压缝内砂浆，形成凹缝，达到勾缝光滑洁净、不留余灰、深浅一致的装饰效果，最后将板面残留砂浆擦拭干净。铺设48h 内，禁止上人。

7. 地砖铺贴细部处理

（1）板缝宽度选择

铺贴板块地砖时，块材间的缝隙宽度是影响板块装饰效果的重要因素。由于板块本身几何尺寸的偏差，即使选砖严格，对缝隙宽度的调整和确定仍是质量控制的重要步骤。缝隙过大会影响美观，易粘尘垢；过小则对勾缝及板块适应温差应力不利。板缝宽度选择：边长 600mm 以上方形地面砖≤1mm，卫生间边长 300mm 方形地面砖 2～3mm。

（2）细部三根处理

地面"三根"细部主要指地面砖与采暖卫生管道结合处、地面砖与墙面交接处、地面砖与门框交接处，即"管根、墙根、门框根"部位。新的细部做法，卫生间墙面砖与地面砖尺寸规格一致，上下（墙面砖与地面砖）缝路对齐。

"三根"部位易产生铺贴不平、根部不齐、缝隙过大、勾缝粗糙、碎砖拼对、切割不吻合等质量缺陷，影响装饰效果，是地砖工程"细部不细"的突出表现。施工时可使墙根处的地板砖入墙（周边留孔隙 5～8mm，填砂，适应胀缩变形）。墙面抹灰压地砖，不露地砖缝。管根门框根处地砖套割拼贴。

5.12.4 花岗石、大理石地面

地面排砖设计及铺贴施工基本与瓷质地砖相同。主要选择板块材料规范要求板材规格偏差（mm）：

长度、宽度　　　　　＋0，　　　　　　　　－1
厚度　花岗石　　　±2，　　　　　　　大理石＋1，－2
平整度偏差值　　　长度≥400，0.6
　　　　　　　　　　长度≥800，0.8

施工面层允许偏差（mm）：

表面平整度 1；缝格平直 2；接缝高低差 0.5。

5.12.5 楼梯

水泥砂浆面层、水磨石面层与基层结合牢固，宽度、高度应符合设计要求，楼层梯段相邻踏步高差≤10mm，每踏步两端宽度差≤10mm，旋转楼梯的每踏步两端宽度差≤5mm。踏步齿角应整齐，不得磕碰损坏，防滑条顺直。当前工程均采用齿角埋设圆钢筋的保护方法，效果很好。花岗石、大理石踏步、台阶板块

与基层结合牢固，相邻踏步高度差≤10mm，两端宽度差≤2mm。防滑条顺直、牢固。踏板侧面出沿3～5mm，板下口平直，根部清晰。

5.12.6 踢脚线

水泥砂浆、板块表面应洁净、高度一致，粘贴塑料条，上口平直、光滑，结合牢固，出墙厚度水泥砂浆宜为3～5mm。板块面层厚度出墙一致，宜为15mm。墙与踢脚线上口交接根部清晰、洁净。不出墙的踢脚线，应与墙面齐平，表面刷涂料均匀，上口平直，无交叉咬色。

5.12.7 厨卫间地面防水

卫生间渗漏影响建筑质量，洇湿顶棚、墙面，上面流水、滴水，下面用户着急、发愁，让人心烦，是用户反映最强烈的问题，渗漏问题，一不注意就会发生，所以要经常治理。

1. 质量标准要求：

地面的防水层必须符合设计要求，并与墙体管道、地漏、门口等处结合严密，无渗漏，地漏和供排除液体用的带有坡度的面层应满足排除液体要求，不倒泛水，无渗漏、无积水，与地漏管道处结合严密平顺。

2. 具体做法：

现行国家标准《建筑地面工程施工质量验收规范》（GB 50209）规定：厕浴间和有防水要求的建筑地面必须设置防水隔离层。铺设防水隔离层时，在穿过楼板面管道四周处防水材料应向上铺涂，并应超过套管的上口；在靠近柱、墙面处，应高出面层200～300mm，或按设计要求的高度铺涂。阴阳角和穿过楼板面管道的根部应增加铺涂防水材料。楼板四周除门洞外，应做混凝土翻边，其高度不应小于200mm，宽同墙厚，混凝土强度等级不应小于C20。施工时结构层标高和预留孔洞位置应准确，严禁乱凿洞。

防水材料铺设完毕后，必须做蓄水试验，蓄水的深度最浅处不得小于10mm，24h内无渗漏为合格，并做好记录。

3. 厕浴间和有防水要求的建筑地面的结构层标高，应结合房间内外标高差，坡度流向以及隔离层能裹住地漏等进行施工。一般情况下，厕浴间、厨房和有排水要求的建筑地面面层相连接各类面层的标高差应符合设计要求。设计未规定时，应为 15～20mm。面层铺设后不应出现倒泛水和地漏处渗漏。排水坡度 2%，地漏周边 500mm 范围坡度 5%，地漏盖低于地面≤10mm。

施工中用防水涂料——刮聚氨酯涂膜宜适应卫生间转折处、形状较复杂的基层，涂抹 3 次，约厚 1.5mm，涂抹位置按规范要求，有浴池时，浴池靠墙一侧，应高出池沿 50～100mm，避免对墙体渗水侵蚀。

4. 易出现的问题：管道周围堵孔不严密，机械成孔过小，无法堵填，套管结合不严密等，机械成孔应不小于管径 2cm，逐层分层堵孔。必须对立管、套管和地漏与楼板节点之间进行密封处理。安装在楼板内的管道套管口顶部应高出装饰地面 20mm。安装在卫生间、厨房内的套管口顶部应高出装饰地面 50mm。

5. 土建安装配合不当，违反程序，影响施工或互相损坏。

6. 用户改造，破坏管道，封堵不严，并且拒修。

总之，做地面，特别是水磨石地面，板块地面，要做好，关键要有熟练的技术工人，有高水平的施工队伍。地面是人行走的，天天使用的，直接接触的，天天被摩擦的部位，做不好，影响使用功能。造成生活居住的不方便，用户不满意。因此只能做好，不能做坏，但要做好，没有经验不行，没有绝招、绝活不行。

比如，水磨石地面，怎样级配是均匀的，比例多少合适，有无经验很重要，没有干过，就难做好、做合适。水磨石子浆装档后，黑色浆体，看不见石子色彩，密度情况，表面均不均匀，撒料匀不匀，不直观，看不清楚，表面磨光了，清扫干净了，显露出来了，没做好，也就晚了，不可能再重做。所以有经验，成熟的经验，知道怎样做，做出来肯定无问题，这就是绝招，这就是技术，就要找这样的人来干，来做。

板块地面也如此，表面直观的东西，缝大小，直不直，当时能看见，空不空鼓，难定，所以配料和操作方法很重要，方法正确，有操作经验，贴的砖空的就少，就能贴得不空，所以贴地砖的队伍水平很重要。总的讲，地面发生质量问题，就要从材料上、水泥、砂子粒径细度、含泥量，从做法上砂浆稠度，级配比例，砂浆粘结层厚度，铺贴方法，上人时间等方面综合分析，找出原因，对症下药，综合治理，才能奏效。

5.13 涂料装饰

5.13.1 涂饰效果

涂刷均匀、颜色一致，表面洁净、细腻，无腻纹，油漆光亮光滑，无起皮，无流坠，柔和舒适。

涂料是装饰建筑美化环境，满足人的心理、生理需要，使建筑物内外表面色彩多样、鲜艳、洁净的最为简便，最为经济的一种装饰方式，也是加快改变城市面貌和施工进度的主要措施之一。涂料不改变建筑的质感，只是改变立面颜色。用于室内有的起到装饰质感的作用。

5.13.2 涂料种类划分

建筑涂料的种类繁多，分类方法也多，常用的分类有：

（1）按涂料使用部位分类：内墙涂料、外墙涂料、地面涂料、顶棚涂料、屋面涂料。

（2）按涂层结构分类：薄涂料、厚涂料和复层涂料。

（3）按照主要成膜物质的性质分类：有机涂料，如丙烯酸酯外墙涂料；无机高分子涂料，如硅溶胶外墙涂料；有机无机复合涂料，如硅溶胶-苯丙外墙涂料。

（4）按照涂料所用稀释剂分类：有溶剂型涂料；水性涂料，又可按其水的分散性质分为三种类型：乳液涂料，水溶性涂料，水溶胶涂料。

市场上常见建筑涂料的几个类型：

（1）合成树脂乳液砂壁状建筑涂料。这种涂料是以合成树脂乳液为主要粘结料，以彩色砂粒和石粉为骨料，采用喷涂方法施涂于建筑物外墙，形成粗面涂层的厚质涂料。这种涂料质感丰富，色彩鲜艳，不易褪色、变色，且耐水性、耐气候性强，是一种性能优异的建筑外墙用中高档涂料。

（2）复层涂料。是以水泥系、硅酸盐系和合成树脂系等粘结料和骨料为主要原料，用刷涂、辊涂或喷涂等方法，在建筑物表面上涂布2～3层，厚度为1～5mm凹凸平面状复层建筑涂料。根据所用原料的不同，这种涂料可用于建筑的内外墙面和顶棚的装饰，属中高档建筑装饰材料。

复层涂料一般包括三层：封底涂料、主层涂料、罩面涂料。

（3）合成树脂乳液内墙涂料。是以合成树脂乳液为粘结料，加入颜料、填料及各种助剂，经研磨而成的薄型内墙涂料。这类涂料是目前主要的内墙涂料。常用的合成树脂乳液有：丙烯酸酯乳液、苯乙烯-丙烯酸酯共聚乳液、醋酸乙烯-丙乙烯酸酯乳液等。

（4）合成树脂乳液外墙涂料。以合成树脂乳液为粘结料，加入颜料、填料及各种助剂经研磨而成的水乳型外墙涂料。要求基层湿度，碱性要小，砖墙7d以上，混凝土墙1个月以上，才能涂刷。成膜温度8～15℃，否则不成膜。耐暴晒性、耐水性差。

（5）溶剂型外墙建筑涂料。是以合成树脂为基料，加入颜料、填料、有机溶剂等经研磨配制而成的外墙涂料。它的应用没有合成树脂乳液外墙涂料广泛，但这种涂料的涂层硬度、光泽、耐水性、耐沾污性都很好，使用年限多在10年以上，所以也是一种颇为实用的涂料，使用时注意，溶剂型外墙涂料不能在潮湿基层上施涂且有机溶剂易燃，有的有毒。可低温施工，零度成膜。有气味，潮湿易脱皮。

（6）无机建筑涂料。是以碱金属硅酸盐或硅溶胶为主要粘结料，加入颜料、填料及助剂配制而成的，在建筑物上形成薄质涂层的涂料。这种涂料性能优异，生产工艺简单，原料丰富，成本较低，主要用于外墙装饰，一般为喷涂施工，也可用刷涂或辊涂。这种涂料为中档及中低档类涂料。

（7）聚乙烯醇水玻璃内墙涂料。以聚乙烯醇树脂水溶液和水玻璃为粘结料，混合一定量的填料、颜料和助剂，经过混合研磨、分散而成的水溶性涂料。这种涂料属于较低档的内墙涂料，适用于民用建筑室内墙面装饰。

5.13.3 房屋和施工对涂料的要求

涂料使用时，一般分为三层构造：

底层——增加粘结力，中层——成型层，面层——体现涂层色彩和光感。

室内装饰要求涂料满足：颜色、平整度、硬度、耐擦性、耐久性。

室外装饰要求涂料满足：光泽、耐水性、耐老化性、硬度（机械稳定性）、耐久性。

5.13.4 质量要求

（1）粘结力强，不起皮，即决定于涂料本身质量，又取决于基层条件。一般应5～10年为一个周期。

（2）色泽、涂纹均匀，表面无明显流坠、透底、疙瘩、不匀、变色、污染。

（3）色彩相交线平直，分格缝涂刷整齐。

（4）常见涂刷不匀，不齐，交叉咬色缺陷部位：

1）外墙面：分格缝边缘，分色线相交处，外窗口周围，墙面阴角处。

2）内墙面：门、窗框口交接处，明踢脚、墙裙上口，插座、盖板周围，管道周围（立管、水平管、暖气片背后）。

5.13.5 施涂控制措施

（1）涂料产品合格，选择产品种类、适用范围，用于外墙还是内墙。

（2）按工艺程序精心施工，选择施涂时机，涂刷遍数，几遍成活。

（3）外墙必须满刮腻子，砂纸打磨平滑。用水泥加胶粘剂作为防水腻子，不能刮滑石粉。用什么涂料，拿什么涂料做底腻子。即解决涂料基层的处理，如何处理，才不出问题。

（4）内墙刮涂，关键做好阴阳角的顺直，不应影响原作抹灰线角顺直效果。刮完涂料，线角顺直误差 0.5mm。大墙面不能有明显腻子抹纹。解决涂料的装饰效果，涂成什么样，才是优质水平。

5.13.6　油漆问题

油漆属溶剂型涂料。木作少了，初装饰对油漆要求也低了，但楼梯扶手、栏杆还有油漆活的要求。高级装饰要求质量水平还是高的。现代装饰木作，避免高光，要柔和光线。有高光、亚光，装饰效果不同。漆膜厚，平整度高，漆的光泽度就高。减少漆膜厚度，就可形成亚光装饰。

（1）油漆分类：

熟油（清油）、清漆、调和漆、磁漆、厚漆（铅油）、硝化纤维素漆 6 大类。

（2）工艺程序要求：

油漆工艺标准规定：

木作调和漆：　　普通　　11 道，中级　　17 道

　　　　　　　　高级　　19 道

木作清漆：　　　中级　　14 道，高级　　24 道

油漆涂饰关键是选材，打磨，刷涂方法。优质工程的木门窗、细木制品的油漆效果，要光、要亮、要光滑、平展、流平性好，颜色一致，不能有流坠、相交混色、起皮、疙瘩等，不能漏刷。做好油漆，木制品表面必须用净面刨子做净面处理。油漆的光泽，关键看要涂刷的物体表面的光滑程度，表面越光、平，正反射光线越多，表面光泽越强。所以要根据遍数和层次选用不同细度的砂纸，越接近表面的漆层，质量要求愈高，砂纸应该越细。有 1 号，0 号，00 号，严格讲，要求质量更高时，不能用砂纸，而要用蜡打光，砂蜡、光蜡处理。油漆涂刷间隔时间 24h 以上，要真正干燥，漆膜有表干与内干（实干）。实干才能涂刷下

一道油漆。漆要涂好，还要注意涂漆环境，不能有尘土、灰尘。这是油工很讲究的事。

对油漆问题的控制质量主要讲标准，即提出要求刷成什么水平，如1m可见人影，说明要多亮。手感柔和舒适，感觉像摸三岁小孩脸蛋一样，很绵，很光，这是标准，只管效果。具体怎么做，操作流程做到什么程度，怎么刷漆，用什么办法打磨，工人最清楚，办法最多，向他们请教，通过他们去解决。一般来说，理想的装饰效果，高水平的质量标准，必然是正确的施工工艺的反映与结果，也就是说只有正确的施工工艺才能生产高水平的质量。两者是统一的因果关系。

5.13.7 木门窗油漆常见质量缺陷

（1）木制品表面不光、不净面，刨痕、锯口毛槎都有，油漆前不处理，甚至已无法处理；

（2）木门胶合板开裂，起鼓；

（3）打磨遍数少，腻子未补平，磨光差；

（4）油漆遍数不足，漏刷、稠度不当，特别是小面；

（5）作业场所灰尘大，不卫生，漆膜有尘粒；

（6）操作方法不当；

（7）油漆本身质量不合格，次品。

5.14 门 窗 工 程

当前门窗工程大多使用生产厂家定型产品，品种类型不断更新，性能不断改善，外观更加精致美观。主要有铝合金门窗、塑钢门窗、彩板门、高级贴面木门、自动玻璃门、防盗门、木制门窗等。

由于价格因素、产品质量存在差异。材料厚薄、规格大小、质量均不相同。对门窗制品的选择，主要由价格、性能、美观因素决定。工程中使用建筑门窗时，多由业主方订货，由售货方安装，或厂家产供销装一条龙服务。土建施工单位处于配合施工状况。因此门窗产品质量的现场验收管理应在合同中写明验收责任方。

5.14.1 门窗进场及安装验收

在保证门窗制品质量合格的前提下，现场质量管理主要应控制对门窗安装施工质量的验收，一般要求如下：

（1）提供门窗制品合格证书、性能检测报告和复验报告。

（2）外墙金属门窗、塑料窗应做抗风压性能、空气渗透性能和雨水渗漏性能检测。一般应达到下列标准：

空气渗透宜不低于Ⅱ级标准≤1.5m³/（m·h）；

抗风压多层不低于Ⅲ级标准≥2500Pa；

中层和高层不低于Ⅱ级标准≥3000Pa；

雨水渗透不低于Ⅲ级标准≥250Pa。

（3）铝合金门窗型材表面处理要求：

阳极氧化颜色：银白色、古铜色。

阳极氧化膜厚度：≥10μm，阳极氧化复合膜厚度≥7μm。

（4）提高门窗保温节能性能：外门窗传热系数应≤3.5W/（m²·K）。塑料门窗、木窗比金属窗保温性能大大增强，铝合金框导热系数为203W/（m·K），木材与PVC窗，导热系数仅为0.16W/（m·K）左右，相差1200多倍。如铝合金框采用填充硬质聚氨酯泡沫的断热措施，也可提高金属门窗的保温性能。

（5）门窗安装的品种、类型、规格、尺寸、开启方向、安装位置，连接方式及填嵌密封处理应符合设计要求。塑料窗内衬增强型钢的壁厚及设置应符合国家现行产品标准的质量要求。可用磁铁检查有无塑料窗框钢衬。

（6）门窗安装在外墙窗洞口的厚度位置上可居中或偏中设置，但尽可能条件下窗户靠外墙外侧安装，以减少外窗口外侧四周墙面的热桥影响。

（7）门窗框安装位置不能影响外墙窗洞口抹灰，贴面砖，干挂石材等窗洞口竖向上下顺直的质量要求，窗框在外墙洞口竖向上下位置控制误差应≤5mm。

（8）门窗框固定，建筑外门窗的安装必须牢固。砌体上严禁用射钉固定，应用塑料胀塞和钢片拉结，并不得固定在砖缝上。高层建筑外窗应固定在混凝土上（填充墙时应埋设混凝土预制块），采用金属膨胀螺栓固定，直径≥12mm，直接打在窗框凹槽上拧入混凝土内，入混凝土深度≥50mm。固定点距框角150～200mm，中间固定点间距500～600mm，间距均匀。

（9）门窗框与洞口间隙应采用闭孔弹性材料填嵌饱满，以挤填发泡剂最好。填塞饱满后，外框周围用玻璃胶封闭，宽度5mm，打胶平整光滑，宽窄一致，严密洁净。

（10）窗扇安装后应推拉灵活，封闭严密，锁具牢靠。

（11）窗框下档应设置排水孔，在小腔上打孔口5mm×15mm，不能与主腔连通，位置一般距框角100～150mm。

（12）门窗框扇、玻璃安装后表面应洁净，不得有腻子、密封胶、涂料等污渍。玻璃密封条不得断裂，长度不足。

（13）单块玻璃大于1.5m² 时，应使用安全玻璃（钢化玻璃、夹层钢化玻璃）。

5.14.2 阳台封闭金属窗、塑料窗上口的防水处理

为避免窗上口渗水，必须从阳台抹灰面退后安窗做滴水线，阳台栏板如设水平分格缝，缝的位置不宜太靠下，以免空裂渗水由此入窗。窗下阳台扶手做八字坡，以防倒灌水，如图 5-1 所示。

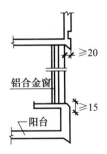

图 5-1　阳台下金属窗、塑料窗滴水处

5.15　屋面工程

屋面工程是房屋建筑的重要组成部分，施工的重要部位，主要质量分部工程。屋面工程主要作用应满足排水、防水、冬季保温、夏季隔热，适应主体结构受力、温差变形，承受风、雪荷载作用和阻止火势蔓延的功能，严禁渗漏和有积水现象。同时，屋面工程也具有增强房屋立面造型美观的作用，建筑学上称为"第5立面"，具有很强的可视性。

由于现代建筑结构复杂性，高层建筑位移量的影响，屋顶功能的变化，屋面形状的复杂，对屋面防水的要求提高了。现代建筑屋面新的材料和做法不断涌现和更新，高档的、力学性能好、防水性能强、耐老化的材料正成为防水材料发展和提高的方向。

解决屋面防水工程质量仍然应遵循"材料是基础，设计为前提，施工是关键，管理是保证，维护为保障；防排并举，刚柔结合，多道设防，综合治理"的原则。屋面工程发生渗漏水现象，主要原因是①排水坡度小，长期积水，形成渗漏水的条件；②防水卷材搭接顺序和搭接宽度不当，粘贴不牢；③细部节点封闭不严密；④防水层铺贴后，后续工序损坏防水层；⑤屋面保护层脱落，防水层耐老化性能降低。现根据屋面规范和工程实践提出屋面工程施工应主要控制的几个问题。

5.15.1　屋面防水等级和设防要求

屋面的构造层次应依据建筑物的性质、使用功能、气候条件等因素进行组合。根据现行国家标准，屋面防水等级应根据建筑物的类别，重要程度、使用功能要求确定，并按相应等级进行防水设施；特别重要或对防水有特殊要求的建筑屋面，应进行专项防水设计。一般屋面防水等级和设防要求见表5-1，复合防水层最小厚度见表5-2。

一般屋面防水等级和设防要求　　　　　　　表 5-1

防水等级	建筑类别	设防要求	防水做法	每道卷材防水层最小厚度（mm）			
				合成高分子防水卷材	高聚物改性沥青防水卷材	自粘聚合物改性沥青防水卷材	
						聚酯胎	无胎
Ⅰ级	重要建筑和高层建筑	两道防水设施	卷材防水层和卷材防水层，卷材防水层和涂膜防水层复合防水层	1.2	3.0	2.0	1.5
Ⅱ级	一般建筑	一道防水设施	卷材防水层涂膜防水层复合防水层	1.5	4.0	3.0	2.0

复合防水层最小厚度（mm）　　　　　　　表 5-2

防水等级	合成高分子防水卷材＋合成高分子防水卷材	自粘聚合物改性沥青防水卷材（无胎）＋合成高分子涂料	高聚物改性沥青防水卷材＋高聚物改性沥青防水涂料	聚乙烯丙纶卷材＋聚合物水泥防水胶结材料
Ⅰ级	1.2＋1.5	1.5＋1.5	3.0＋2.0	(0.7＋1.3)×2
Ⅱ级	1.0＋1.0	1.2＋1.0	3.0＋1.2	0.7＋1.3

5.15.2　施工方案的编制

根据屋面工程标准和规范的规定，屋面工程施工前，施工单位应进行图纸会审，并应编制屋面工程施工方案或技术措施。

通过图审，一方面施工单位掌握施工图中的细部构造及有关要求，另一方面也是对图纸设计合理性进行把关，目的是更好的搞好防水设计和施工做法，确保屋面防水工程质量。

5.15.3　屋面工程防水保温材料材质证明

屋面工程施工前应对所选择的防水材料提供产品质量合格证，并按规定抽样复验，提供材料性能检测报告，不合格的材料不能在屋面工程中使用。如常用的改性沥青防水卷材质量要求如下表（GB 50207—2002 表 A.0.1-1.1、表 A.0.1-1.2）。

表 A.0.1-1.1　高聚物改性沥青防水卷材外观质量

项　目	质量要求
孔洞、缺边、裂口	不允许
边缘不整齐	不超过 10mm
胎体露白、未浸透	不允许
撒布材料粒度、颜色	均匀
每卷卷材的接头	不超过 1 处，较短的一段不应小于 1000mm，接头处应加长 150mm

表 A.0.1-1.2　高聚物改性沥青防水卷材物理性能

项　目	性能要求		
	聚酯毡胎体	玻纤胎体	聚乙烯胎体
拉力（N/50mm）	≥450	纵向≥350，横向≥250	≥100
延伸率（%）	最大拉力时，≥30	—	断裂时，≥200
耐热度（℃，2h）	SBS 卷材 90，APP 卷材 110，无滑动、流淌、滴落		PEE 卷材 90，无流淌、起泡
低温柔度（℃）	SBS 卷材-18，APP 卷材-5，PEE 卷材-10。3mm 厚 $r=15mm$；4mm 厚 $r=25mm$；3s 弯 180°无裂纹		
不透水性　压力（MPa）	≥0.3	≥0.2	≥0.3
保持（min）	≥30		

注：SBS——弹性体改性沥青防水卷材；
　　APP——塑性体改性沥青防水卷材；
　　PEE——改性沥青聚乙烯胎防水卷材。

所谓改性，即指对传统沥青掺以配方设计合理的、掺量适宜的耐高温性能的改性剂，使改性沥青具有较好的耐热性和耐寒性，耐老化性也得到提高，使其高温下不流淌，低温下不冷脆。

应用最多的是掺入改性剂 SBS（苯乙烯-丁二烯嵌断物），APP（无规聚丙烯）等，大体是合成橡胶类，树脂类，油类，矿物料类等几大类改性材料。

防水材料的胎体也发生了变化，有玻纤胎、聚酯胎，常见的黄麻胎体，并带铝箔，石英砂、石屑保护层，表面带颜色。

合成高分子则像车内胎一样，用胶粘贴，材料性质发生变化。总之，材料变化了，由多层向单层、双层发展，一般性能向高性能、高寿命发展。施工方法上也变了，由热沥青向热熔、热粘、冷粘方向发展。

5.15.4 SBS 改性沥青防水卷材施工

太原地区屋面一般做法为：$50\sim100$mm 厚度聚苯保温板，上覆水泥焦渣找坡（最薄处 80mm），C20 细石混凝土找平层，厚度 $35\sim40$mm（或设计为钢筋混凝土刚性防水层，厚度 40mm，内设 $\phi4@200$ 乙级冷拔低碳钢丝网），铺贴 SBS 改性沥青防水卷材。

1. 屋面坡度和保温层施工的控制

坡度是屋面排水、防水的首要基础。一般平屋顶的坡度主要为"材料找坡"。依据屋面设计的水落口分布位置，划分排水区域。一般以房屋屋面横向宽度分中为屋脊中心线，纵向以两水落口之间划分区域分水岭，使排水坡度 $i=2\%\sim3\%$，减少屋面积水的弊病。通过保温层实现坡度控制。铺设保温层时，应对坡度和各排水区域平整度拉线、靠尺检查，控制平整度误差在 7mm 以内。确认符合要求后，在保温层上做水泥砂浆或细石混凝土找平层。

2. 水泥砂浆或细石混凝土找平层施工的控制

找平层的使用是给防水卷材提供一个平整、密实、有强度、能粘结的构造基层。具体做法为：用 1∶3 水泥砂浆抹在保温层上，厚度 $20\sim30$mm，砂浆摊铺后，用 2m 以上长度刮杠刮平，一次摊铺抹压成型面积以 60m² 左右为宜。找平层设纵横分格缝，间距≤6m，缝宽 20mm。找平层刮杠刮平后，用木抹子搓平，达到表面平整，平整度误差用靠尺检测≤5mm。12h 后用草袋覆盖，浇水养护，应避免找平层砂浆出现收缩开裂、起砂、起皮现象。常规方法用水泥砂浆做找平层，做完后空鼓、开裂较多，因保温层为"软料"，或因施工外装修搭架的振动等，不能保证找平层质量，返工也多，而用细石混凝土做找平层规范已规定。用工地砂漏子料，做细石混凝土，表面抹压光平，厚度

30～35mm，有硬度，有强度，强度等级≥C20，刚性好，搭架不受影响，空鼓少，无形中又多了一道有一定刚性的防水层，实践效果很好，应提倡推广，不浪费，返工小。细石混凝土易达到质量要求。

3. 找平层细部处理

对凸出屋面上的结构和管道根部等细部节点应做成圆弧、圆锥台或方锥台，并宜用细石混凝土制成，以避免节点部位卷材铺贴折裂，利于粘实粘牢。

(1) 女儿墙、出屋面烟道、水箱间墙体、上人孔壁的根部圆弧半径均为80mm，水落口周围500mm范围内应做成略低的凹坑，坡度≥5%。

(2) 出屋面管道根部周围，做细石混凝土方锥台。锥台底面宽≥300mm，高≥60mm，整平抹光。

(3) 女儿墙压顶、烟道顶盖的抹灰，顶部做不小于30mm的排水坡度。女儿墙压顶面向内侧做坡，烟道顶盖向四周做坡。压顶底边做滴水线，坡度≥2%，整个抹灰必须线角顺直清晰，表面平光，形状规矩。

(4) 所有出屋面烟道、通气管、排气孔如在一个纵向位置上布置，须排列整齐、高度一致。女儿墙的横式水落口应大小一致，口角方正，缩口斜度一致。

5.15.5　保温层排汽屋面施工的控制

我国北方，屋面全年承受的自然温差比较大，往往造成屋面防水层起鼓的质量通病。为此，一般工程屋面均采用隔热保温层排汽屋面。

施工时，将排气钢管（内径≥25mm，管下部有通气眼和固定铁脚）伸入保温层内，与找平层的分格缝（20mm×20mm）连通，每6m×6m范围布置一个。可在纵横分格缝的交叉点屋脊上排列，也可布置在四周女儿墙上。排汽管应高出防水层250mm以上，根部做100～150mm直径的圆锥台。排汽屋面效果优劣的关键在于排汽孔的布置位置、数量和排汽管道与找平层的排汽道的连通，若数量少或孔道堵塞就起不到排汽屋面的作用。

找平层及屋面上的各结构细部基层泛水处理做完后，经工序交接验收，符合质量标准，方可铺贴防水卷材。

5.15.6 卷材铺贴的施工控制

卷材铺贴的基本要求：

（1）材质：经查验卷材实物、出厂合格证和取样复试合格后使用〔卷材抽样率：2/100，3/（100～499），4/（500～1000），5/＞1000〕。Ⅲ级防水等级，单层铺贴，卷材厚度不应小于4mm。高层建筑Ⅱ级两道防水设防，双层铺贴，每层厚度不小于3mm。

（2）卷材铺贴方向。凡屋面坡度≤5％者，一律平行屋脊铺贴。铺贴顺序：先高处建筑，后低处建筑，同一屋面，先檐口后屋脊，铺贴搭接：长压边顺水流方向，短接头顺主导风向。

（3）可采用热熔热粘、自粘的满粘法施工。厚度小于3mm的高聚物改性沥青防水卷材，严禁热熔法施工。热粘法卷材改性沥青胶厚度宜为1～1.5mm。改性沥青防水卷材长短边的搭接宽度≥80mm，单层铺贴相邻两幅卷材的短边搭接缝应错开500mm。双层铺贴上下搭接缝亦应错开500mm。

（4）卷材的铺贴设计：

卷材铺贴应进行施工铺贴设计。主要内容有：铺贴顺序，分幅位置，分幅搭接宽度，细部节点，如水落口、管根、墙体转角等部位铺贴样式。再按照房屋屋面实际平面尺寸和形状，结合卷材规格，放样于找平层上。在找平层上规划预排，实地量测，分幅弹线（控制线），节点放样，以控制卷材各片成型效果。搞好屋面卷材铺贴设计是质量预控的重要环节。

（5）卷材的铺贴施工：

清理基层，涂基层处理剂：用沥青胶结剂和工业汽油按1：0.5重量比例稀释，均匀涂刷在找平层上，干燥4h以上，铺防水层。铺贴卷材时，首先按照弹放在找平层上的控制线，从檐口（屋面最低标高处）开始，逐层顺序向屋脊方向铺贴。每贴一幅均先将卷材整卷打开，按线试铺，摆正顺直，定好所需长度和搭接缝位置，然后回卷。用汽油火焰喷枪加热卷材粘贴面的热熔胶，并滚动卷材，使其直接粘压于找平层上。卷材粘贴后应大面平整，接缝顺直（偏差≤5mm 为宜）。横缝隔幅对齐。搭接缝位置必须粘结牢固，封闭严密。粘贴中不得污染外侧和墙面。屋面完工，做专项验收。

5.15.7 屋面防水细部处理

屋面工程防水耐久性和美观效果，细部节点是重要部位。细部节点质量做得如何，怎样处理，对防水施工质量影响很大。

屋面细部部位包括：女儿墙、变形缝、烟囱、排气管道、檐口、天沟、水落口、屋脊、上人孔、排气孔根部及周围等，这些细部节点的油毡泛水收头、压边处理不好，往往张嘴、翘边、开裂、引起渗漏。

屋面的渗漏总是从防水层的细部节点，从边缘、根部开始，根部防水层起翘、皱褶，逐渐破坏，造成渗漏。屋面漏水是防水工程主要质量问题之一，应予以高度重视。

1. 屋面细部处理主要分两部分

（1）细部节点的基层处理——找平层节点做法。

找平层的细部节点做法是防水层细部节点的基层，根据屋面细部节点部位的具体形状，对凸出屋面的、垂直于屋面的直角部位进行转角处理，做成圆弧或八字形，目的便于油毡粘贴，平整顺当，不产生皱褶、死角、弯折，铺贴不折裂。

（2）防水层的细部节点做法。主要是处理泛水收头的包裹和封口处理。一般对这些节点要考虑增加附加层，封口包裹高度要求，封口压盖方法。

对找平层和防水层的细部节点做法要精益求精，精心施工，施工铺贴前要进行铺贴设计，根据细部节点的实际形状放样，对同类型细部节点防水卷材可裁割成统一的外形尺寸。做到细部附加层不外露，搭接缝位置顺当合理，出屋面的所有细部节点收头严密，美观。

2. 屋面细部具体处理做法

（1）水落口封口处理：先贴节点附加层，将长度与出水口长度相同的卷材（一般女儿墙厚度240mm）伸入口内满贴，入口周边留置80mm宽度的卷材封口，再用屋面卷材层覆盖水落口，使卷材接缝位置设在洞口棱角上，使口角整齐美观，封口严密不翘边。

（2）管道包裹：先将屋面卷材裹至管道的管身80mm高，再在其上铺设节点附加层，包裹高度不小于250mm。底面覆盖在方锥台上，接缝位于锥台的斜棱上，上口用金属箍箍紧。也有用塑料花盆倒扣，去掉盆底，套在管底部，内填混凝土上口抹平的办法，方法实用，施工方便，封闭严密，外形统一，颜色鲜艳，效果美观。

（3）女儿墙、砖烟道、水箱间墙体的根部，先铺节点附加层，附加层铺在屋面上的宽度≥100mm，贴在墙根立面上的高度≥200mm，再用屋面卷材层覆盖，收头高度≥250mm，收头裁割平直，并用压条钉压，钉距均匀且≤800mm。

对细部节点的防水处理总的要求是：粘贴牢固，封盖严密，外形美观。在屋面细部处理的方法上，施工中可以在依据标准图集条件下，多采取一些效果更好的一些做法来，可以突破图集，只要符合上述要求。事实上，实际工程已经这样做了，很多处理办法，图集没有，实际效果做得并不差，也是可行的。

这里谈谈对规范的理解和应用关系。

如果是结构性的和受力性的问题，应以结构设计和设计规范的要求，照图施工。设计不明确的，应提请设计人员予以解决，不应随意和自我理解其意而改变。如需改变必须经设计方的同意。

如果是装修性的构造问题，可以施工工艺标准为主，特别是设计做法不实际时，可提出施工方案，以好的施工方法，达到设计装饰效果。并特别要以解决实际质量问题的并经实践的装饰方法去做，某些问题可以突破装饰设计图集和图纸要求，结合实际做法，搞的更好些。这也是辩证的发展的去看问题，是符合客观事物发展规律的。

5.15.8 卷材保护

改性沥青防水卷材表面自带铝箔，或石英砂粒。

保护沥青卷材，不被阳光直射，耐老化，防止阳光紫外线辐射和臭养直接作用，提高防水层耐用年限。

屋面防水工程一般应在顶层外装修作业完成后进行，尽量避开雨期施工。屋面施工完后，严禁上人和进行其他施工作业，以使铝箔保护膜不受损坏。如确需上人施工，应进行严格保护，不得踩踏、污染保护膜。

5.15.9 使用新型防水卷材常见质量通病

（1）卷材厚度不足，改性沥青防水卷材单层铺贴小于4mm；

（2）卷材搭接缝处保护膜不清除；

（3）搭接缝宽度不足，单层铺贴，容易显露；

（4）卷材收头未用密封材料封口；节点处未增加附加层；

（5）卷材收头未用水泥钉和压条；

（6）卷材未贴入水落口杯内；

（7）屋面排水坡度小，坡向不正确，造成积水；

（8）泛水圆弧做法不符合规定（改性卷材低温柔性好，施工加热，卷材不易脆裂，圆弧半径50mm即可）；

（9）砖砌女儿墙未取消挑眉砖；

（10）管道根部防水处理不好，包裹高度不足，搭接缝未粘牢。

5.16 装饰工程施工质量"三控制"原则

装饰工程施工质量"三控制"，即：控制工序、控制上线、控制细部。这是贯穿整个装饰工程施工的主线，是工程装饰施工质量预控和装饰施工的主要依据。以此达到大面平整，线角顺直，尺寸规矩，细部精致的装饰施工质量总效果要求。

5.16.1 控制工序

工序对工程质量、成品保护具有决定性作用。工序合理，可以大大减少对工程质量的影响，有利于成品保护，从而保证各项施工质量。装饰工序的合理性与施工组织者有关，是生产管理者安排的问题。工艺流程的正确性与施工操作者有关，是生产操作者作业的问题（即工长管工序，工人管工艺）。装饰工程应按照有利于施工质量，符合装饰施工规律的合理工序组织施工。一般宜按下列顺序安排施工。单位工程：先外后内，先上后下；层间：先顶、墙，再地面、踢脚。对装饰施工部位的工序控制要求：①内墙底灰必须成型后再抹面灰，大面、接槎不平，线角不直，不得罩面；②内墙抹完底灰未安装好电气线盒，不得罩面；③地面工程必须在该楼该层内外墙面、顶棚抹灰完成后，才能施工；④屋面工程应在顶层外装修作业完成后进行；⑤各道工序施工时严格按照工艺流程进行，不能偷减工艺工序。按上述要求控制施工的工程，均有效地解决了装饰施工阶段工种多、人员多、材料多、机具多及交叉作业等不利因素，使装饰施工能够有秩序有节奏地平行流水立体交叉作业，对保证施工成品和质量，对工程装饰质量有明显效果。

5.16.2 控制上线

上线对建筑物室外墙面主要指各种横竖线角、大角、阳台、窗口侧边、竖向隔板、阳台上口及底边，窗腰线、窗楣、横竖向分格缝，阳台出水管、水落管等；室内主要指房间、楼梯间各装饰部位的线角（阴阳角）。室外线角上线——线角顺直可突出建筑物立面线型整齐、挺拔的装饰效果；室内线角上线——线角顺直可体现出房间整洁利落，舒展规矩的装饰效果。为装饰工程，特别是对创优起重要作用的抹灰工程施工质量达到了高水准的效果。一般对室内外线角，要求上线控制为：外墙竖向线角上下顺直偏差≤5mm，横向线条水平偏差≤3mm，内墙线角顺直偏差≤1mm。这些要求，促使施工单位加强对抹灰上线的控制，形成外墙抹灰严格挂吊钢丝垂线，跟线施工，内墙抹灰严格弹线，刮糙上靠尺，使建筑物内外观线角顺直成型，产生了良好效果，为装饰观感质量的提高可起到重要作用。

5.16.3 控制细部

装饰质量水平最终体现在细部质量上。细部质量是人们对居住环境舒适的需要。所以控制装饰细部质量也是装饰施工自始至终要抓的一个重要内容，细部质量突出反映了施工队伍的质量意识、技术素质、装饰施工水平。没有细部就没有质量水平。为此，工程施工中首先应加强对装饰细部质量成优影响极大的抹灰工程的预控。对抹灰质量细致不细致是建筑物内外观表面成型的基础和成优的关键所在。为有效地控制抹灰细部质量，应对室内顶棚、墙面等所有边缘处、交接处的抹灰收边，加以细致处理。应控制的主要细部部位：即小面积墙面、吊（壁）柜内侧、木框周围、门侧护角接槎、电气插座、开关盖板、拉盒、吊链木台、管道孔洞边缘、散热器、管道背后、施工洞接槎、散热器洞口尺寸、门窗上口至顶板尺寸、楼梯梯板至梁底尺寸、房间楼梯间线角、门窗四角。要求细部质量必须平整、光滑、严密、洁净、线角顺直、口角方正清晰、尺寸规矩。并要重点处理好管根、墙根、门框根，瓷砖周边、内窗口周边、外窗周边等"三根三边"的细部部位，要作为装修工程重点细部处理的攻关项目。这些细部是装饰质量的关键环节，通过加强管理，精心施工，明确标准，工程的装饰施工质量水平就一定可以得到极大的提高。

5.17 房屋实体优质工程效果要求

建筑工程实体优质工程质量应高于国家现行合格标准，应满足结构可靠，功能适用，装饰更为美观的质量要求，突出大面平整，线角顺直，尺寸规矩，细部精致的整体装饰质量效果，应成为有特色的、有代表性的和无明显质量缺陷的一次成优的精品工程，是经得起时间考验、专家检查和用户更较满意的工程。

为了提高装饰工程施工质量，以便于施工中更好地理解和掌握装饰、地面等规范的质量标准，根据现行国家标准《建筑装饰装修工程质量验收规范》（GB50210）有关规定和工程实践，提出房屋建筑工程实体优质工程装饰效果具体要求如下（70条）：

5.17.1 室外墙面

（1）室外墙面抹灰粘结牢固，无裂缝、脱落、空鼓。大面平整（平整度≤2mm），颜色一致，洁净无污染，外墙面分格缝横平竖直，上下对齐，光滑平整，深浅一致，边缘整齐，格内着色。

（2）外墙装饰面砖粘贴牢固，不得空鼓、脱落。排砖合理、美观，窗台处压向正确。格缝宽窄均匀，横平竖直（允许偏差≤2mm），勾缝水泥浆光滑平顺，不得有凹凸不平、粗砂粒、孔眼等缺陷，交接处应显露45°角的精细效果。滴水线顺直，口角整齐，凸出一致。

（3）清水砖墙组砌正确，缝路顺直（游丁走缝≤10mm），勾缝深浅一致（勾完缝深度5～7mm），宽窄均匀，压平压光，无污染。

（4）外墙涂料应涂刷均匀，不得透底、掉粉、流坠。相交线不交叉咬色。表面洁净，不得污染门窗和其他外饰件。

（5）外墙门窗框边缝，嵌塞密实、光滑平整、严禁露缝。

（6）外墙窗台、凸出腰线，上做流水坡度，下做鹰嘴或滴水槽，窗楣、雨篷反底必须做滴水槽，滴水槽深、宽各10mm，槽线顺直，槽内平整光滑。封闭阳台铝塑窗上口、阳台底边外侧做不小于高差15mm的鹰嘴，以防倒渗水。

（7）阳台出水管上下位置对齐，出口长度100mm，坡度一致。

（8）散水应与墙体留缝脱开，纵向≤10m做伸缩缝（错开水落管位置），缝宽20mm，柔性密封材料填嵌，转角处做45°缝。散水表面平整、光滑、坡度一致。

（9）外墙大理石、花岗石饰面板工程，饰面板安装牢固，饰面板表面平整、洁净、光泽一致、无裂痕和缺损，不得有泛碱痕迹，板面平整，接缝顺直，套割吻合，接缝高低差≤0.5mm，接缝宽度≤1mm。

（10）幕墙工程立柱横梁及各种连接件安装牢固，玻璃幕墙表面平整洁净，色泽均匀，不得有污染镀膜损坏、玻璃划伤。玻璃幕墙、金属幕墙、石材幕墙结构胶和密封胶缝横平竖直、深浅一致、宽窄均匀、光滑顺直。明框玻璃幕墙、金属幕墙、石材墙压条平直、洁净，接口严密、牢固。石材幕墙表面平整、洁净、无污染缺损和裂痕、颜色和花纹协调一致，无明显色差，无明显修痕。石材幕墙不应出现泛碱痕迹，应无渗漏。玻璃幕墙玻璃厚度应符合设计要求，并不小于 6mm，全玻幕墙肋玻璃厚度不小于 12mm。玻璃幕墙结构密封胶粘结宽度应符合设计要求，并不小于 7.0mm。幕墙工程均应进行"抗风压、空气渗透、雨水渗透"功能性检测。

（11）外墙面横竖线角，室外大角，外墙各种隔板、阳台、窗口侧边必须上线，横平竖直，上下垂直偏差≤5mm，横向线条水平偏差≤3mm。

5.17.2　变形缝、水落管

（1）变形缝盖板钉压牢固、严密、平整，不起翘。盖板宽窄一致，上下顺直，外刷涂料应均匀，边缘整齐。

（2）PVC 水落管安装牢固，正、侧视顺直，离墙距离≥30mm，排水口离地不大于 200mm，不小于 150mm，高度一致。水落管固定，二层及其以上每节设一个固定卡，一层每1.5m 长度设一个固定卡，底部 800～1000mm 长度设防护罩。

5.17.3　屋面

（1）屋面工程严禁渗漏和积水。

（2）坡度坡向正确，坡度分脊明显，坡面平整。

（3）细部做法符合要求，细部抹灰光洁、平整、线角顺直、尺寸规矩。

（4）出屋面各种管孔、烟道、排气帽纵向位置，各自排列整齐，高度一致。

（5）防水层粘结牢固，搭接正确，收头整齐，无翘边、起鼓现象。改性卷材搭接纵缝顺直，偏差≤5mm，横缝隔幅对齐。

（6）屋面保护层，粘结牢固，SBS 表面铝箔或石屑、石英

222

砂，保护完好，色泽一致，不得踏损、起皮、脱落。

5.17.4 室内墙面

（1）室内墙面石灰膏罩面应达到大面平整、线角顺直、细部精致的装饰效果。不得有空鼓、裂缝、爆灰等质量缺陷，表面平整、光洁，不显抹纹。

（2）室内初装饰墙面，水泥混合砂浆底灰，应达到色泽均匀，表面微露砂粒，手感粗糙而平整，无接槎痕迹和明显抹纹，不得有空鼓、裂缝、爆灰的质量缺陷。

（3）室内线角应顺直清晰。阴角两侧 50mm 宽度范围的墙面、顶棚面平整度允许偏差，底灰 1mm，刮完涂料≤0.5mm。室内墙面阴角方正，允许偏差不大于 2mm。室内阳角，护角抹灰采用小尖角抹灰，分明清晰，水泥砂浆护角高度≥2m。

（4）室内局部墙面尺寸控制，门窗上口至顶板尺寸，梯板至梁底尺寸，宽窄度偏差不大于 2mm。门窗洞口抹灰，内口四角成方，角线顺直，侧面平整。

（5）室内所有抹灰边缘部位，电器配件，门窗框，管孔周围的抹灰细部质量必须平整、光滑、严密、洁净、线角直顺、口角方正清晰，并无明显修补痕迹。

（6）室内墙面瓷砖应对缝拼贴，排砖合理美观，面平、缝直、洁净。上口收头齐平、光滑，管线器具支承处套割吻合，接缝严密，横平竖直，出墙厚度一致。门框周边排砖细致，接缝不大于 1mm。瓷砖粘结牢固，不得空鼓、脱落、裂纹。

（7）内墙刮涂料，表面平整光滑、颜色光泽一致，无明显刮纹，纹路顺直，无漏涂、透底、起皮缺陷，阴阳角处无疙瘩、毛刺，不得污染门窗、设备器具。

（8）室内墙面裱糊、壁纸墙布应粘贴牢固，不得漏贴、补贴、脱层、空鼓和翘边。各幅拼接应横平竖直，拼接处不离缝，不搭接。1.5m 正视不显拼缝，斜视无胶痕。壁纸墙面表面应平整、色泽一致，不得有起伏、气泡、裂纹、皱褶及斑污。与各种装饰线、设备线盒应交接严密，边缘平直整齐，不得有纸毛、飞刺。阳角处无接缝。

(9) 墙面（门）软包，其龙骨、衬板、边框应安装牢固，无翘曲，拼缝平直，单块软包面料不应有接缝，四周绷压严密，表面平整、洁净，无不平和皱褶，图案清晰，无色差，整体美观。边框平整顺直，接缝吻合，清漆涂饰木制边框，颜色、木纹协调一致。

5.17.5 室内顶棚

(1) 顶棚抹灰应光滑平顺，无明显高低不平和接槎痕迹，粘结牢固，无空鼓、裂缝。

(2) 清水混凝土板顶面平整、光滑，线角顺直、方正，无明显模板拼缝痕迹，局部少量修补后，满刮腻子成活。

(3) 室内吊顶顶棚，吊杆、龙骨，饰面材料安装牢固，吊杆顺直，龙骨间距符合要求。木龙骨应做防火处理。吊顶饰面板表面应洁净，色泽一致，表面平整，接缝均匀，无翘曲、裂缝、破损、下坠等缺陷。吊顶板面压条应平直，宽窄一致，接缝严密。饰面板上的灯具、烟感器、喷淋头、风口箅子等设备的位置合理、美观，边缘与板面交接吻合、严密。

5.17.6 室内地面

(1) 初装修细石混凝土地面，表面平整，不得裸露石子颗粒，不得有明显抹纹、脚印，强度不低于 C15，并符合设计要求。

(2) 细石混凝土地面一次完成整体面层（随打随抹地面），表面严禁裂纹、麻面、空鼓，应密实光洁、平整、无污染，强度符合设计要求，且≥C20。

(3) 水泥砂浆地面，粘结牢固，不得有起皮、麻面、空鼓、裂缝的质量缺陷，表面平整光洁，颜色一致。

(4) 板块地面粘结牢固，严禁空鼓，表面平整，接缝严密均匀（陶瓷地砖面层缝宽 2～3mm，大理石、花岗石面层缝宽 1mm，接缝顺直≤2mm），相邻板块高低差≤0.5mm。排板合理、美观。墙根处不露切割板边。表面洁净，色泽一致，无掉角、裂纹、缺楞等缺陷。

（5）水磨石面层严禁裂纹、空鼓、掉粒、粗磨纹等缺陷，表面石粒紧密，级配均匀，显露清晰，颜色一致，光滑平整，分格条牢固、顺直、清晰。

（6）固定式地毯面层表面应平服，拼缝处粘贴牢固，严密平整，图案吻合，门口处应用金属条压条固定，周边应塞入卡条和踢脚线之间的缝中，海绵衬垫应满铺平整，地毯拼缝处不露底衬。表面不应起鼓、起皱、翘边、卷边、显拼缝、露线和无毛边，绒面毛顺光一致，毯面干净，无污染和损伤。地毯与墙边、柱边收口处应顺直、压紧。

（7）实木地板面层应刨平、磨光，无刨痕、毛刺现象，颜色均匀一致，表面洁净。接缝严密，接头错开。拼花地板缝隙均匀，胶粘无溢胶。强化复合木地板面层图案清晰，颜色一致，板面无翘曲、接头错开缺陷，缝隙均匀，表面洁净。木质板地面龙骨及面层安装铺设均应牢固，胶粘无空鼓。

（8）排液地面严禁渗漏，坡向正确，排水通畅，不得倒渗水。主管、套管、地漏与楼板结合处均应密封处理，确保防水功能要求，排液地面应低于与其相连接的各类面层，高差 15～20mm。

（9）各种地面均应处理好"墙根、管根、门框根"三根细部部位，平整光滑、缝隙严密、角线清晰。

5.17.7 楼梯、踏步、护栏

（1）水泥砂浆、细石混凝土面层楼梯踏步的宽度、高度符合设计要求，梯段相邻踏步高度差、宽度差≤5mm，每踏步两端宽度差≤5mm，踏步齿角整齐（要求齿角处理设圆钢筋），防滑条顺直。面层粘结牢固，不应有裂纹、脱皮、麻面、起砂等缺陷。

（2）板块面层楼梯踏步缝隙宽度一致。相邻踏步高、宽差≤5mm。面层粘结牢固，无空鼓、无裂缝、掉角、缺楞等缺陷，表面洁净，色泽一致，接缝平整，防滑条牢固、顺直。

（3）护栏安装牢固，护杆高度、间距、安装位置必须符合设计和强制性条文要求，扶手平直、光滑，无毛刺，扶手弯折处弯度适应。护杆间距均匀。

强制性条文规定：中高层、高层（居住）建筑阳台护栏高度≥1.1m，低层多层≥1.05m，楼梯扶手高度≥0.9m，护杆间距≤0.11m。窗台低于0.8m（住宅低于0.9m），应有防护措施。

（4）当护栏一侧距楼地面高度为5m及以上，且使用玻璃护栏时，应使用公称厚度≥12mm的钢化夹层玻璃。

5.17.8　门窗及玻璃

（1）木门窗安装牢固、开启灵活、关闭严密，无倒翘、回弹。表面净面光洁、方正、平直，裁口交圈，割角严密，线角清晰整齐，木门窗批水、盖口条、压缝条、安装顺直、严密。

（2）金属塑钢门窗安装牢固，开启灵活，关闭严密，无倒翘、回弹。表面光滑洁净，色泽一致，无锈蚀。大面无划痕、碰伤。密封条完好，门窗配件位置正确，安装牢固，功能满足使用要求。铝合金门窗型材壁厚符合设计要求，塑料门窗应有内衬增强型钢，并按要求设置泄水孔。

（3）玻璃不得使用次品，表面不得有波纹、气泡、疙瘩、线道等质量缺陷。裁割尺寸适宜，安装后不得露缝，也不得有拼缝，钉卡数量符合要求。手敲不松动。单块玻璃大于 1.5m^2 时应使用钢化或钢化夹层的安全玻璃。木门窗玻璃安装先座底灰，底灰饱满，裁口油灰腻子表面光平，无麻面、皱皮、裂纹，粘结牢固，与裁口齐平，四角成八字形，安装后玻璃表面，无油灰、浆水等斑污。金属门窗、塑料窗玻璃不应直接接触型材。

（4）金属门窗、塑料门窗应进行"抗风压、空气渗透、雨水渗透"功能性检测，对建筑外窗节能的气密性、传热系数、中空玻璃露点、遮阳系数、可见光透射比进行复验。

5.17.9　细部工程

（1）门窗套安装固定牢固，板面平整、洁净，线条顺直、接缝严密，色泽一致，正侧面垂直，上口水平，不得有裂缝、翘曲及损坏。

（2）窗帘盒、窗台板、散热器罩安装牢固，板面平整、洁净，线条顺直，接缝严密，色泽一致，不得有裂缝、翘曲及损坏。

（3）窗帘盒、窗台板、散热器罩与墙面、窗框衔接严密，密封条顺直光滑。

（4）窗帘盒配件安装牢固，品种、规格符合要求。

（5）各种金属、非金属花饰安装牢固，表面洁净，接缝吻合，不得歪斜、裂缝、翘曲及损坏。

5.17.10　油漆

（1）住宅初装饰工程木门窗油漆至少应涂刷一道底油一道底漆。

（2）非初装饰工程木门窗油漆均应达到光亮光滑，手感柔和舒适，1m距离可视人影的油漆效果。

（3）高级装饰工程采用亚光漆、清漆涂刷表面光滑，颜色均匀一致，不显刷纹，无裹棱、流坠、皱皮，清漆木纹清楚。

5.17.11　管道

（1）立管垂直，平管坡度一致。支架牢固，埋设平正，位置合理。立管、平管、支架距墙、距地符合要求。

（2）丝接螺纹清洁、规整，连接牢固，根部外露螺纹。

（3）焊接焊缝表面无结瘤、夹渣和气孔，焊波均匀一致。

（4）采暖弯管弯曲半径度数、椭圆度、折皱不平度符合规定，弯曲度均匀。散热器支架与管道接触紧密，散热器安装牢固，位置正确，距墙一致，接口严密，表面洁净。

（5）管道和散热器表面防腐涂饰无漏涂，无透底，无掉皮。

5.17.12　卫生器具

（1）安装牢固，器具放置平稳，位置标高正确，成排器具排列整齐，标高一致。器具与支架接触紧密，排水管及出口连接牢固，严密不漏。排水坡度符合要求。器具洁净。排水管道检查口距地面高度为1m，朝向便于检修。地漏安装平正、牢固，低于排水表面≤10mm，周边无渗漏。

（2）阀门启闭灵活，朝向合理，表面洁净，连接牢固、紧密。

5.17.13　电气

（1）管内穿线、导线连接牢固，包扎紧密，绝缘良好，不伤芯径，不断股，管口光滑，护口齐全，导线无裸露现象，导线进入接线盒或电气器具时留有适当余量。

（2）配电箱安装牢固，位置正确，部件齐全，箱内接线整齐，回路编号齐全，零线经汇流排连接，无绞接。箱体内外清洁，箱体油漆完整。接地支线连接牢固、紧密，走向合理，色标明确。

（3）开关、插座盖板紧贴墙面，周边无缝隙，位置正确，高度一致。内外清洁，板面端正，成排高度一致，排列整齐。

开关插座，接线正确，开关切断相线，单相两孔插座的接线，面对插座的右孔与相线连接，左孔与零线连接。单相三孔插座，面对插座的右孔与相线连接，左孔与零线连接。单相三孔插座，三相四孔，三相五孔插座和接地（PE）或接零（PEN）线接在上孔。

开关插座接地（PE）或接零（PEN）线在插座间不串联连接。

（4）潮湿场所采用密封型并带保护地线触头的保护型插座，安装高度不低于 1.5m。

（5）灯具固定牢固。重型灯具、电扇应与结构可靠连接，灯具重量大于 3kg 时，应固定在螺栓或预埋吊钩上。

（6）灯具内外干净明亮，吊杆垂直，双链平行。灯具及控制开关工作正常，安全和接地可靠。灯具安装高度符合要求。

（7）避雷针、带位置正确，焊缝饱满，避雷带平正顺直，水平支点间距1m，竖向支点 1.5m，弯曲支点 0.5m。间距均匀。

5.18　创优精品和细部质量控制重点

创优精品没有一个固定的标准，安全、适用、美观、精致是其宗旨。优质精品工程应经得起微观检查和时间的考验，技术含量高（体现解决基坑支护、结构、装饰、管线施工的难度），不能有明显的观感质量缺陷，更无使用功能的缺陷，其绝大多数主要的明显部位是精致细腻的、美观的。整体质量水平很高，均为当前最高一流质量水平，得到社会和专家的认可。

细部质量控制重点如下：

5.18.1 外檐

（1）外墙横竖线条、线角上线，体现结构和装饰施工的精致水平，是对施工精度的检验，高层建筑线角直直的上线，上下一条线。线条、线角整齐，横平竖直这对建筑物的外形美观效果非常重要。

（2）外墙贴面砖，墙面排版，板面平整，尤其板缝宽窄、深浅一致，勾缝光滑、洁净、顺直、美观，突显细部质量水平、效果。

（3）幕墙外观，分格分块，板块平整，格缝打胶，交接处高低差，板面洁净，五金挂件，是幕墙细部控制的突出内容。

（4）墙面分格缝，滴水槽，散水分格缝，水落管的顺直，是墙面美观的重要组成部分。

5.18.2 内檐

（1）墙面。石材、瓷砖、木质板、金属板、抹灰、涂料等，排板（版）、勾缝、线角处理，不同材料交接处的过渡，面的平整，线的顺直，缝的宽窄，都应细致。

（2）门窗。精装的各种式样材质门窗极具特色，五金合页、门锁搭配，门套包装，更添门窗装饰的精致、典雅，美观漂亮。

（3）地面。石材类、地砖类、自流平、塑胶、涂料、金属板、地毯、木（竹）地板等整体或板块地面，是创造工程精品最易显露和实现的部位。地面最接近人的视线，可直接看到和观察到做工的水平。地面的材质，整体或板块，卷材与涂料，做法多样，极其丰富。直接影响观感质量的可视性外观：图案、色彩、分格、板缝、镶边、高低差（板块）、转角切割、平整度、光洁度、顺直度，地面三根（管根、墙根、门框根）细部处理，尤其卫生间的精细处理等，突显地面装饰效果。一般均需进行地面施工装饰设计。

（4）吊顶。有块材顶棚、整体顶棚。若具有艺术性的装饰顶棚，造型各异，形式多样，丰富多彩。吊顶美化建筑的室内空间、意境和气氛，是建筑装饰中功能、形式、技术三者可较好处理的统一部位，在人的视线中顶棚视域最明显，上为天，下为地，天要轻，地要重。顶棚设计效果和施工质量极为重要。施工的顶棚质量平整性、分格、线条、压条的顺直，与电气、空调设备终端交接严密，艺术吊顶的高低错落，色彩的均匀性等，尤其灯饰、烟感、喷淋头的排列，均应精细施工。块材多用于标高一致的吊顶，纸面石膏板吊顶易用于高低不同的艺术吊顶。复杂的吊顶应进行二次装饰设计，搞好细部处理，并严格吊顶的施工工序，吊杆顺直，龙骨调平，面板拼缝平整一致，安装及管线安装配合紧密。

（5）楼梯。是体现工程精品、增色添彩的最佳部位。使用石材作踏级效果最好。配置不锈钢栏杆、扶手；铁艺栏杆、木扶手；玻璃栏和不锈钢扶手，都具有很好的装饰效果。踏级的均匀，扶手的亮丽，栏杆的牢固，梯段侧边的平整细致，弧形梯扶手转弯弧线的流畅，旋转楼梯的独特造型，从整体到局部均可做出精品。

5.18.3 屋面

体现功能与细部的突出部位。屋面细部部位很多，泛水收头、出水口、抽气管、排气管、接水簸箕、屋面构架、管道支墩、屋面栈桥、块材缝隙、爬梯等，都可以做成细部精致的效果也是创建精品最明显的部位。

5.18.4 管、线安装

器具洁净，保温封闭，管线顺直、排列有序、标识清楚、固定牢固、吊架规矩、组装到位、顺当得体、美观好用，实现管线装饰化。

可以说有什么装饰就有什么细部，有多少装饰就有多少细部。细部是装饰的重要部位，没有细部就没有质量水平。

5.19　成品保护

这是装饰工程管理的一个重要方面，已完成品必须保护，使其不被磕碰、损坏和污染，保持已完装饰工程的功能性、美观性。

某项装饰分项的完成，距离竣工还有较长时间，后续工程还需进行。而每一分项工程的完成，实质上就开始了使用的过程，而施工的使用是比交工以后的正常使用影响更大，损坏性的机会更多，尤其地面。因此，这时既使用，又易被损坏，就需要专门保护。不保护，就会影响工程质量。

常见的主要部位的保护措施：

（1）对水泥类楼梯踏步齿角，用胶粘剂粘盖木条；齿角埋设圆钢筋。

（2）地面：调整工序，铺锯末，不拖拉机具、重物。

（3）门框下口：加钉橡胶皮，薄钢板，外作业完后安门框。

（4）内墙面：不乱涂乱写乱画。

（5）卫生器具、灯具、水箱、水嘴：不应损坏，教育职工，保护成品。

（6）门窗、门扇：勤开勤关，勾好锁具。

（7）屋面：禁止上人。后续施工作业应有对防水层的保护措施。

（8）地漏、卫生器具、通气孔提前临时先堵塞，以免掉入杂物。

（9）漏水点：及时修补。

5.20　单位工程竣工质量验收

单位工程竣工质量应由施工单位作出书面的工程质量自检评价报告。报告中应对所施工房屋的工程概况予以介绍，对已验收的地基基础、主体结构分部工程的质量可简述验收合格等级的结论，装饰期间主体结构质量有无异常变化，并补充地下室防水工程有无渗漏和最后沉降观测结果。重点是对房屋建筑装饰装修、地面、屋面、给水排水、采暖、电器、通风、空调、节能等分部工程的施工质量进行评价。并应主要说明执行建筑装饰工程、安装工程、节能工程施工质量强制性条文和功能安全检测的情况。施工质量自检评价报告监理评估报告可参照文献 49 进行编写。

验收时应提供的施工资料：

（1）已完成的地基基础、主体结构按分部工程独立成册装订的全部工程技术质量资料。

（2）装饰安装工程施工技术方案。

（3）装饰、安装工程执行施工质量强制性条文和重要功能安全检测试验资料：

1）建筑物垂直度、标高、全高测量记录；

2）建筑外门窗（金属窗、塑料窗）三性检验报告和外门窗安装牢固情况的说明；

3）饰面砖样板件粘结强度检验报告；

4）外墙陶瓷面砖吸水率的复验报告；

5）大型灯具固定情况的说明；

6）大理石、花岗石天然石材有害物质（放射性）限量的进场检测报告；

7）胶粘剂游离甲醛限量的检测报告；

8）幕墙工程硅酮结构胶相容性检测报告；

9）幕墙工程后置埋件现场拉拔强度检测报告；

10）厕浴间、防水地面蓄水检测记录；

11）屋面工程渗漏试验验收记录；

12）给水采暖安装承压管道系统、设备强度、阀门及散热器严密性压力试验记录；

13）给水管道通水、生活给水管道冲洗、消毒、水质取样试验报告；

14）排水管道灌水试验、通球试验记录；

15）卫生器具消毒、通水的试验记录；

16）消火栓系统测试记录；

17）电器接地、绝缘电阻测试记录；

18）照明全负荷通电试验记录；

19）建筑节能材料和设备进场复试报告，现场外墙节能构造实体检验、外窗气密性检测、系统节能性能检测报告；

20）装饰和安装工程、节能工程施工质量检验批分项工程、子分部工程验收记录及隐蔽验收记录。

（4）监理单位对上述要求的认可意见，写出书面的施工质量评估报告，对单位工程质量的验收、签字和确认的工程质量等级的结论意见。

（5）建设单位对设计、施工、监理、检测各方验收意见，提出综合结论意见，是否同意验收，并在验收记录上签名、盖章，签字时间的一致性。

6 工程技术质量资料整理

工程资料的管理和整理应能体现贯彻国家新标准、新规范，贯彻施工质量强制性标准条文的要求，真实反映工程实际质量状况，应能符合实际施工过程质量控制的管理、检查及验收情况，为了有助于施工管理和工程资料整理的统一性，根据国家施工质量系列验收规范和标准，并结合实际，提出对工程技术质量具体资料整理的顺序、内容如下：

资料整理的分类：

建筑工程资料整理应按建筑工程施工主要部位分类，即质量控制资料应按地基、基础、主体、装饰、屋面、水暖电卫、节能等分部工程独立装订成册。

6.1 工程资料整理的有关认识

1. 资料的作用

反映施工过程对工程质量的控制和验收的责任性及诉诸法律时的资料证明。

证实符合工程质量的结构安全、使用功能、装饰美观的设计要求和验收规范规定的合格质量等级要求。

2. 资料的验收要求

（1）质量控制资料应完整。

（2）单位（子单位）工程所含分部工程有关安全和功能的检测资料应完整。

3. 资料"完整"性的判定

（1）该有的资料项目有了；

（2）每个项目中该有的资料有了；

（3）每个资料中该有的数据有了。

结论：资料能保证该工程结构安全和使用功能，符合设计要求，即可认为是资料完整。

4. 资料的分类

（1）设计类：设计图纸、设计变更、工程地质勘察报告。

（2）施工类：

① 材质证明：建筑工程各种原材料、半成品、成品、建筑构配件及设备。

② 结构试件试验报告：工程结构砌体、混凝土现浇、预制、预应力构件的试件、试块的资料、结构实体检测资料。

③ 地基安全性资料：载荷试验、土壤压实试验、建筑物沉降观测记录。

④ 工程使用功能检验资料：水、暖打压、通水试验记录、电气测试记录、地下、地上（橱卫间）、屋面防水试验记录；节能系统性能检测资料（外墙保温板、外窗、管道、空调等）。

5. 结构部位验收资料

（1）地基验槽记录。

（2）地基处理记录。

（3）地基基础验收记录。

（4）主体结构验收记录。

（5）工程竣工验收记录。

6. 施工技术性资料

（1）工程技术质量资料：工程定位测量、放线记录；施工记录；工程质量事故处理记录；新材料、新工艺施工记录；钢筋隐蔽验收记录；装饰安装及节能隐蔽验收记录；材料复试检验计划书。

（2）施工管理资料：施工组织设计、施工方案、施工技术操作规程、施工技术质量交底。

（3）施工方案：地基、基础、主体、屋面、装饰、安装、节能工程施工方案。

（4）检验批、分项工程、分部（子分部）工程、单位（子单位）工程质量验收记录。

7. 资料整理的基本要求

（1）资料的真实性：如实反映工程所用材料材质实际情况，如实反映工程结构质量情况，如实反映工程使用功能质量情况。

（2）资料的时间性：各种资料合格证或试验报告，应符合工程施工的时间性，即资料是按照工程施工顺序逐步提供的，与施工同步进行。先试验，后施工，资料与施工同步，特别是结构施工阶段，更为重要，应能反映和起到对工程质量的控制作用。

（3）资料的整理应反映出施工顺序的情况，相互交圈、闭合。

（4）资料汇总：按分部归类，各归各类；分部内分项，各归各项，合并同类项。

8. 搞好资料的技术基础

了解和熟悉建筑结构设计的基本知识和要求，了解和熟悉施工技术方法和要求，了解和熟悉施工质量验收规范的规定和要求。

资料是为工程服务的，体现事前控制、过程控制和质量结果，也反映出施工管理的工作质量。

6.2 管理资料和工程质量资料整理顺序及内容

1. 开工报告；

2. 施工现场质量管理检查记录（见 GB 50300—2001 表 A.0.1）；

3. 施工组织设计；

4. 图纸会审、设计变更文件、洽商记录；

5. 质量技术交底；

6. 施工记录（施工日志）；

7. 工程测量放线记录；

8. 屋面防水渗漏的检查总记录；

9. 地下室防水效果检查总记录；

10. 地面蓄水试验检查总记录；

11. 建筑物垂直度、标高、全高测量记录；

12. 节能保温测试记录；

13. 室内环境检测报告；

14. 地基探槽验槽记录；

15. 地基（桩基）工程验收记录；

16. 基础工程验收记录；

17. 主体结构工程验收记录；

18. 竣工工程沉降观测资料汇总结果；

19. 单位工程质量控制资料核查记录；

20. 单位工程安全和功能检验资料核查及主要功能抽查记录；

21. 单位工程观感质量检查记录；

22. 单位工程质量竣工验收记录；

23. 单位工程竣工验收证明书；

24. 单位工程竣工验收会议记录；

25. 工程质量事故及事故调查处理资料。

6.3 地基工程资料整理顺序及内容

1. 工程地质勘察报告；

2. 工程地基处理记录；

3. 工程回填垫层地基、复合地基、桩基承载力检测报告（地基强度、压实系数、注浆体强度；复合地基桩体强度：土和灰土桩、夯实水泥土桩测桩体干密度）；

4. 复合地基CFG桩和混凝土灌注桩桩身完整性检测报告；

5. 工程Ⅲ、Ⅳ类桩设计书面处理意见；

6. 工程Ⅲ、Ⅳ类桩施工处理验收记录；

7. 施工方案；

8. 施工成桩记录（预制桩接头施工记录；打（压）桩试桩记录及施工记录；灌注桩成孔、钢筋笼及混凝土灌注检查记录及施工记录）；

9. 工程桩原材料配合比通知单；

10. 工程桩钢筋原材料合格证和见证检测试验报告；

11. 钢筋隐蔽验收记录；

12. 工程桩商品混凝土出厂合格证和出厂质量合格证；

13. 工程桩现场混凝土取样试块强度汇总评定和试块报告；

14. 施工成桩桩位图；

15. 桩位偏差和开挖碰撞断桩设计书面处理意见；

16. 垫层地基、复合地基、桩基验收记录（建设、设计、勘察、检测、监理、打桩、上部施工单位共同验收的结论意见、签名、盖章、时间的一致性）；

17. 地基工程检验批、分项工程、（子）分部工程施工质量验收记录。

6.4 基础工程资料整理顺序及内容

1. 基础结构模板工程施工方案；

2. 基础结构钢筋工程施工方案；

3. 基础结构混凝土工程施工方案；

4. 钢筋原材料合格证及汇总表；

5. 钢筋原材料见证检测试验报告；

6. 钢筋连接见证检测的试验报告，连接套筒质量检验合格证；

7. 钢筋工程焊工合格证（有效期 2 年）；

8. 钢筋工程隐蔽验收记录；

9. 混凝土标养强度汇总评定及试块报告；

10. 混凝土结构实体同条件强度汇总评定及试块报告；

11. 混凝土同条件 600℃·d 温度记录；

12. 混凝土结构实体检验实施方案（结构实体同条件试块和钢筋保护层选点方案）；

13. 混凝土结构子分部工程结构实体混凝土强度验收记录 0201-1 表；

14. 混凝土结构子分部工程结构实体钢筋保护层厚度验收记

录 0201-2 表；

15. 混凝土拆模同条件试块报告附于混凝土拆模检验批验收记录后面；

16. 混凝土现场搅拌配合比通知单；

17. 混凝土现场搅拌水泥见证检测试验报告；

18. 混凝土现场搅拌外加剂进场复验见证检测试验报告、出厂合格证；

19. 混凝土现场搅拌掺合料出厂合格证、进场复验报告；

20. 混凝土现场搅拌砂石材料试验报告；

21. 预拌混凝土出厂合格证，出厂质量合格证（28d）；

22. 混凝土浇灌令；

23. 混凝土施工记录、混凝土养护记录；

24. 混凝土模板安装、拆除，钢筋加工、安装，混凝土原材料、施工、外观质量检查检验批、分项工程、子分部质量验收记录（检验批、分项工程均按楼层，施工实际顺序和发生日期顺序装订）；

25. 抗渗混凝土试块报告；

26. 地下防水工程防水卷材见证取样试验报告及合格证；

27. 地下防水卷材铺贴隐蔽验收记录；

28. 地下防水工程渗漏水检查记录，提供地下工程"背水内表面的结构工程展开图"。房屋地下室只查围护结构外墙内侧和底板；

29. 地下防水工程防水混凝土、卷材防水层、涂料防水层、水泥砂浆防水层、细部构造等检验批，分项工程，（子）分部工程质量验收记录。

6.5 主体混凝土结构工程资料整理顺序及内容

1. 主体结构模板工程施工方案（包括计算书）；

2. 主体结构钢筋工程施工方案；

3. 主体结构混凝土工程施工方案；

4. 钢筋原材料合格证及汇总表；

5. 钢筋原材料见证检测试验报告；

6. 钢筋连接见证检测试验报告，连接套筒质量检验合格证；

7. 钢筋工程焊工合格证（有效期2年）；

8. 钢筋工程隐蔽验收记录；

9. 混凝土标养强度汇总评定及试块报告；

10. 混凝土结构实体同条件强度汇总评定及试块报告；

11. 混凝土同条件600℃·d温度记录；

12. 混凝土结构实体检验实施方案（结构实体同条件试块和钢筋保护层选点方案）；

13. 混凝土结构子分部工程结构实体混凝土强度验收记录0201-1表；

14. 混凝土结构子分部工程结构实体钢筋保护层厚度验收记录0201-2表；

15. 混凝土拆模同条件试块报告，附于混凝土拆模检验批验收记录后面；

16. 混凝土现场搅拌配合比通知单，试验报告；

17. 混凝土现场搅拌水泥见证检测试验报告；

18. 混凝土现场搅拌外加剂进场复验见证检测试验报告、出厂合格证；

19. 混凝土现场搅拌掺合料出厂合格证、进场试验报告；

20. 混凝土现场搅拌砂石材料试验报告；

21. 预拌混凝土出厂合格证，出厂质量合格证（28d），进场坍落度试验报告；

22. 混凝土浇灌令；

23. 混凝土施工记录，混凝土养护记录；

24. 飘窗、填充墙内构造柱、水平系梁混凝土试块报告及汇总评定；

25. 主体结构沉降观测汇总及各次观测资料；

26. 预应力筋钢绞线、金属螺旋管、锚具器具和连接器具等合格证明文件、进场复验报告；

27. 预应力筋安装张拉及灌浆记录；预应力构件混凝土强度报告；

28. 灌浆用水泥浆和抗压强度试验报告；

29. 预制构件合格证（出厂检验报告）及进场验收记录；

30. 预制构件接头混凝土强度试验报告；

31. 预制构件结构性能检验报告；

32. 预制构件安装检验批质量验收记录；

33. 混凝土模板安装、拆除，钢筋加工、安装，混凝土原材料、施工，外观质量检查检验批、分项工程、（子）分部质量验收记录（检验批、分项工程均按楼层，施工实际顺序和发生日期顺序装订）。

6.6 钢网架工程资料整理顺序及内容（独立成册）

1. 钢网架结构施工方案；

2. 钢网架焊缝探伤检测报告；

3. 钢网架节点承载力试验报告（建筑安全等级为一级，跨度≥40m的公共建筑钢网架结构）；

4. 钢网架挠度值测试及分析报告；

5. 钢网架支座标高偏差测试报告；

6. 钢网架、钢材、钢球、钢管、螺栓、钢板、屋面压型金属板、焊条合格证等材料合格证；

7. 钢结构焊工合格证（有效期3年）；

8. 钢网架防腐涂装检测报告；

9. 钢网架防火涂装检测报告；

10. 钢网架工程验收记录；

11. 钢网架检验批、分项工程、（子）分部工程质量验收记录。

6.7 主体钢结构工程资料整理顺序及内容（独立成册）

1. 钢结构工程施工技术方案；

2. 钢材、钢铸件质量合格证明文件；

3. 焊接材料质量合格证明文件、重要钢结构焊接材料复验报告；焊接施工记录；

4. 高强度螺栓连接副的扭矩系数，预拉力，产品质量证明文件和复验报告；

5. 高强度螺栓连接摩擦面抗滑移系数试验和复验报告；

6. 螺栓最小荷载试验报告；

7. 焊缝探伤检测报告；

8. 钢结构焊工合格证（有效期3年）；

9. 吊车和吊车桁架挠度检测；

10. 多层及高层钢结构主体结构的整体垂直度和整体平面弯曲的偏差检查结果记录；

11. 钢结构防腐涂装防火涂装检查结果记录；

12. 钢结构检验批、分项工程、（子）分部工程质量验收记录；

13. 钢结构竣工验收记录。

6.8 填充墙工程资料整理顺序及内容

1. 填充墙砌前拉结筋设置、填充墙内混凝土构造柱、水平系梁隐蔽验收；

2. 填充墙砌块进场堆放、砌筑前浇水湿润情况；

3. 砌筑砂浆配合比通知单；

4. 砂浆试块强度汇总评定及试块报告。

6.9 主体砌体结构工程资料整理顺序及内容

1. 砖、砌块及原材料合格证书，产品性能检测报告；

2. 砌体砂浆配合比通知单；

3. 砂浆试块强度汇总评定及试块报告；

4. 检验批、分项工程、（子）分部工程质量验收记录。

6.10 装饰工程资料整理顺序及内容（独立成册）

1. 装饰工程施工组织设计（施工技术方案）施工工艺标准；

2. 原材料构配件合格证和复验报告：

（1）抹灰工程：水泥合格证及复验报告；

（2）门窗工程：材料的产品合格证书，性能检测报告和人造木板甲醛含量复验报告，建筑外墙金属窗、塑料窗三性性能复验报告；

（3）吊顶工程：材料的产品合格证书、性能检测报告和人造木板甲醛含量复验报告；

（4）轻质隔墙工程：材料的产品合格证书，性能检测报告和人造木板甲醛含量复验；

（5）饰面板（砖）工程：材料的产品合格证书，性能检测报告。外墙饰面砖样板件的粘结强度检测报告，室内用花岗石的放射性复验，水泥质量复验，外墙陶瓷面砖的吸水率复验、抗冻性复验；

（6）涂料工程：材料的产品合格证书，性能检测报告；

（7）裱糊软包工程：材料的产品合格证书，性能检测报告；

（8）细部工程：橱柜（固定式）、窗帘盒、窗台板、散热器罩、门窗套护栏、扶手、花饰的材料产品合格证书、性能检测报告和人造木板甲醛含量复验报告。

3. 装饰工程隐蔽验收记录：

（1）抹灰工程：抹灰总厚度≥35mm 和不同基体交接处的加强措施；

（2）门窗工程：对预埋件、锚固体、隐蔽部位防腐、填嵌处理的隐蔽；

（3）吊顶工程：吊顶内管道、设备安装、水管试压，木龙骨防腐、防火处理，预埋件和拉结筋，吊杆安装，龙骨安装，填充材料的设置的隐蔽；

（4）轻质隔墙工程：隔墙中设备管线的安装及水管试压，木龙骨防火、防腐处理，预埋件和拉结筋，龙骨安装，填充材料设置的隐蔽；

（5）饰面板（砖）工程：对预埋件、连接节点、防水层的隐蔽。

4. 地面工程：

（1）地面工程所用水泥、熟化石灰、碎石、砂、炉渣、防水材料（卷材和涂料），陶瓷锦砖、缸砖、陶瓷地砖、水泥花砖、塑料板、大理石、花岗石地板、防尘和防静电地板、地毯、实木地板、竹地板、实木复合地板的材质合格证明文件（书），性能检测报告；

（2）大理石、花岗石天然石材有害物质（放射性）限量进场检测报告；

（3）胶粘剂、沥青胶粘剂 TVOC 和游离甲醛限量检测；

（4）厕浴间、有防水要求的建筑地面蓄水检验记录；

（5）地面工程水泥砂浆和水泥混凝土试块报告；

（6）地面下的沟槽暗管的隐蔽验收记录。

5. 外墙外保温工程：

（1）保温板材料产品合格证书，性能检测报告和进场复验报告；

（2）保温板安装隐蔽验收记录。

6. 装饰工程检验批、分项工程、（子）分部质量验收（独立成册）。

6.11 幕墙工程（玻璃幕墙、金属幕墙、石材幕墙）资料整理顺序及内容（独立成册）

1. 幕墙工程结构计算书，施工图、设计说明，设计变更文件；

2. 幕墙工程硅酮结构胶相容性、粘结强度，铝塑复合板的剥离强度，石材弯曲强度，吸水率、耐冻性，花岗石放射性，石材用结构胶的粘结强度，石材用密封胶的污染性，应提供产品的材料合格证明书，材料性能检测报告和进场复验报告；

3. 幕墙工程后置埋件的现场拉拔强度检测报告（幕墙工程与主体结构连接的预埋件及金属框架的连接检测）；

4. 幕墙三性性能试验检测报告；

5. 幕墙所用其他各种材料，五金配件，构件组件的产品合格证书；

6. 幕墙施工方案、施工记录（组件加工制件和安装施工记录）；

7. 幕墙工程检验批、分项工程、幕墙子分部工程质量验收记录；

8. 幕墙工程竣工验收记录。

6.12 屋面工程资料整理顺序及内容

1. 屋面找平层材料合格证和保温层、防水层材料合格证，质量检验报告，现场抽样复检报告。

2. 屋面工程施工方案：

（1）卷材、涂膜防水层的基层施工记录；

（2）天沟、檐沟、泛水和变形缝等细部做法施工记录；

（3）卷材、涂膜防水层和附加层施工记录；

（4）刚性保护层与卷材、涂膜防水层之间设置的隔离层施工记录。

3. 屋面工程雨后或蓄水渗漏检验记录。

4. 屋面工程找平层细部隐蔽验收记录。

5. 屋面工程防水层细部检查验收记录。

6. 屋面工程检验批、分项工程、（子）分部工程质量验收记录。

6.13 建筑给水排水与采暖工程资料整理顺序及内容

1. 施工组织设计（施工技术方案）；

2. 图纸会审、设计变更文件、洽商记录；

3. 质量技术交底；

4. 隐蔽验收及中间验收记录；

5. 施工日志（施工记录）；

6. 主要材料、成品、半成品、配件、器具、管道、管件、阀门、设备等出厂合格证和进场检验报告；

7. 给水和采暖系统安装承压管道系统，设备强度、阀门及散热器严密性压力试验记录；

8. 给水管道通水，生活给水管道冲洗，消毒，水质取样试验报告；

9. 排水管道灌水试验，通球试验记录；

10. 卫生器具满水通水试验记录；

11. 消火栓系统测试记录；

12. 雨水管道灌水及通水试验；

13. 地漏及地面清扫口排水试验；

14. 设备（风机、水泵等）试验记录；

15. 检验批、分项工程、（子）分部工程质量验收记录。

6.14 建筑电气工程资料整理顺序及内容

1. 施工组织设计（施工方案）；

2. 图纸会审、设计变更文件、洽商记录；

3. 材料报验单、主要材料、成品、半成品、配件、器具和设备出厂合格证及进场检（试）验报告（含设备出厂试验记录、设备装箱单、生产许可证、安全认证标志、出厂标志、进口设备商检证明和中文质量合格证明文件、安装、使用、维修和试验说明书，新电器设备、器具和材料安装、使用、维修和试验说明书）；

4. 隐蔽工程验收记录；

5. 电气设备交接试验记录；

6. 照明全负荷通电验收记录；

7. 大型灯具牢固性试验记录；

8. 接地、绝缘电阻测试记录；

9. 空载试运行和负荷试运行记录；

10. 线路、配电箱（盘）、插座、漏电保护器等接地、接零检验记录；

11. 检验批、分项、分部工程质量验收记录；

12. 施工记录；

13. 竣工图。

6.15 通风与空调工程资料整理顺序及内容

1. 施工组织设计（施工方案）；

2. 图纸会审、设计变更文件、洽商记录；

3. 材料报验单、主要材料、设备、成品、半成品、配件、器具和仪表出厂合格证及进场（试）验报告，设备开箱检验记录、主要设备装箱清单、商检证明和安装使用说明书；

4. 隐蔽工程验收记录；

5. 工程设备（通风机、除尘设备、现场组装的静电除尘器、现场组装布袋除尘器、装配式洁净室、洁净尘流罩、风机过滤器单元、消声器、风机盘管机组、水泵及附属设备）、风管系统、管道系统安装及检验记录；

6. 管道试验记录；

7. 设备单机试运行记录；

8. 系统无生产负荷联合试运转与调试记录；

9. 通风、空调系统试运行调试记录；

10. 制冷、制热系统试运行调试记录；

11. 风量、温度测试记录；

12. 风管、水管测试记录；

13. 洁净室内洁净测试记录；

14. 检验批、分项、分部工程质量验收记录；

15. 施工记录；

16. 竣工图。

6.16 电梯工程资料整理顺序及内容

1. 施工组织设计（施工方案）；

2. 图纸会审、设计变更文件、洽商记录；

3. 设备报验、设备出厂合格证及进场开箱检验记录；

4. 与建筑结构交接验收记录；

5. 隐蔽工程验收记录；

6. 接地电阻、绝缘电阻测试记录；

7. 安全保护验收记录；

8. 限速器安全联动试验记录；

9. 层门及轿门试验记录；

10. 负荷试验、安全装置检查记录；

11. 电梯运行记录；

12. 电梯安全装置检测报告；

13. 检验批、分项、分部（子分部）工程质量验收记录；

14. 施工记录；

15. 竣工图。

6.17　智能建筑资料整理顺序及内容

1. 施工组织设计（施工方案）；

2. 设计变更文件、洽商记录；

3. 材料报验单、材料设备出厂合格证及技术、进场检（试）验报告；

4. 隐蔽工程验收记录；

5. 系统功能测定及设备调试记录；

6. 系统技术、操作和维护手册；

7. 系统管理、操作人员和培训记录；

8. 系统检测报告；

9. 系统试运行记录；

10. 系统电源及接地检测报告；

11. 检验批、分项、分部工程质量验收记录表；

12. 施工记录。

6.18　节能工程资料整理顺序及内容

1. 企业资质证件；

2. 招标施工合同；

3. 节能设计文件、图纸会审记录、设计变更和洽商记录；

4. 施工技术方案；

5. 建筑节能工程施工作业人员操作培训记录；

6. 建筑节能工程施工作业技术交底；

7. 建筑节能材料检验测试送样策划书（或计划书）；

8. 建筑节能材料进场验收记录；

9. 节能材料质量证明文件、节能材料复试报告（一证一单顺序装订）；

10. 现场施工试验报告；

11. 节能工程实体检测报告（外墙构造钻芯检验，外窗气密性检测）；

12. 隐蔽工程验收记录；

13. 检验批、分项工程、分部工程质量验收记录；

14. 建筑节能工程建筑安装施工质量自检评价报告；

15. 建筑节能工程设备检验测试送样策划书（或计划书）；

16. 建筑节能工程设备进场验收记录；

17. 建筑节能设备证明文件，材料性能参数，设备性能复验报告（一证一单顺序装订）；

18. 系统测试验收报告；

19. 系统监测测试报告。

6.19 单位工程竣工图

1. 建筑工程竣工图；

2. 建筑安装工程竣工图。

7 施工质量验收规范有关规定

7.1 验 收 组 织

根据现行国家标准《建筑工程施工质量验收统一标准》(GB 50300—2001) 规定：检验批、分项工程、分部工程由监理单位组织验收。单位（子单位）工程由建设单位组织验收。以下是相关验收规范、标准的条文。

7.2 检验批划分原则

《建筑工程施工质量验收统一标准》(GB 50300—2001)：

第 4.0.5 条 检验批可根据施工质量控制和专业验收需要按楼层、施工段、变形缝等进行划分。

《混凝土结构工程施工质量验收规范》(GB 50204—2002)：

第 3.0.2 条 各分项工程可根据与施工方式相一致且便于控制施工质量的原则按工作班，楼层、结构缝或施工段划分为若干检验批。

《建筑装饰装修工程质量验收规范》(GB 50210—2001)：

(1) 第 4.1.5 条和第 9.1.5 条 室外抹灰，饰面工程

每 500～1000m² 为一个检验批，每 100m² 抽查一处，一处＞10m²。

(2) 室内抹灰，饰面砖工程

每 50 个自然间（大房间、走廊 30m² 为一间），为一个检验批，抽查数量＞10%，至少 3 间。

(3) 第 5.1.5 条 木、金属、塑料门窗、玻璃工程

每 100 樘为一检验批，抽查数量＞5%，至少 3 樘；

高层建筑外窗：每 100 樘抽查数量＞10％，至少 6 樘；

特种门：每 100 樘抽查数量＞10％，至少 10 樘。

（4）第 6.1.5 条　吊顶工程

每 50 间（大房间、走廊以 30m² 为一间）为一检验批，抽查数量＞10％，至少 3 间。

（5）第 7.1.5 条　轻质隔断

每 50 间（大房间、走廊以 30m² 为一间），抽查＞10％，至少 3 间。

（6）第 9.1.5 条　幕墙工程

室外 500～1000m²，每 100m² 为一处，一处＞10m²，不连续的幕墙，可单独划分，异型、特殊的也具体划分。

（7）第 10.1.3 条　涂料工程

室外 500～1000m²，为一检验批。每 100m² 为一处，一处 ≥10m²。

室内：50 间（大房间，走廊每 30m²）为一检验批。

每批抽查数量＞10％，至少 3 间。

（8）第 11.1.3 条　裱糊工程和软包工程

50 间（大房间，走廊每 30m²）为一检验批，每批抽查数量＞20％，至少 6 间。

（9）第 12.1.5 条　细部工程

同类制品每 50 间为一检验批，不足亦为一检验批，每部楼梯为一个检验批。

橱柜制作安装：抽查至少 3 间，不足 3 间全检。

窗帘盒，窗台板，散热器，抽查至少 3 间，不足 3 间全检。

门窗套制作与安装，抽查至少 3 间，不足 3 间全检。

护栏与扶手：全数检查。

《建筑地面工程施工质量验收规范》（GB 50309—2010）部分条文：

第 3.0.17 条　地面基层，面层，按每层，或每施工段划分。

高层建筑按每三层划分为一个检验批。

抽查数量不少于 3 间，有防水地面不少于 4 间。走廊、过道口 10 延米为 1 间。

《屋面工程质量验收规范》(GB 50207—2002)：

第 3.0.1.2 条　卷材防水，涂膜防水屋面，刚性防水，屋面、隔热屋面工程，按屋面面积每 100m² 抽查一处，每处 10m²，不少于 3 处。接缝密封防水，50m 抽查一处，每处 5m，不少于 3 处。细部构造，全数检查。

《建筑给水排水及采暖工程施工质量验收规范》(GB 50242—2002)：

第 3.1.5 条　建筑给水、排水及采暖工程的分项工程，应按系统、区域、施工段或楼层等划分。分项工程应划分若干个检验批进行验收。

《建筑电气工程施工质量验收规范》(GB 50303—2002)：

第 28.0.1 条　室外电气安装工程中分项工程的检验批，依据庭院大小、投运时间先后，功能区块不同划分。

电气动力和电气照明安装工程中分项工程及建筑物等电位联结分项工程的检验批，其划分的界区，应与建筑土建工程一致。

防雷及接地装置安装工程中分项检验批，人工接地装置和利用建筑物基础钢筋的接地体各为 1 个检验批，大型基础可按区块划分成几个检验批；避雷引下线安装 6 层以下的建筑为 1 个检验批；高层建筑依均压环设置间隔的层数为 1 个检验批；接闪器安装同一层面为 1 个检验批。

变配电室安装，供电干线安装，备用和不间断电源安装详见 (GB 50303—2002) 第 28.0.1 条的 2.3.5 款项。

实际工程施工时，检验批的划分，要根据规范规定的原则，并依据工程设计结构的具体类别、规模、体型、平面布局和竖向布置情况，结合施工程序，进度要求和质量细致程度具体划分。

7.3 编制施工技术文件的有关条文

新版规范对施工组织设计,施工技术方案,施工技术标准的编制要求如下:

《建筑工程施工质量验收统一标准》(GB 50300—2001):

第3.0.1条 施工现场质量管理应有相应的施工技术标准。

《砌体工程施工质量验收规范》(GB 50203—2010):

第3.0.2条 砌体结构工程施工前,应编制砌体结构工程施工方案;

《混凝土结构工程施工质量验收规范》(GB 50204—2002):

第3.0.1条 混凝土结构施工现场质量管理应有相应的施工技术标准;

混凝土结构施工项目应有施工组织设计和施工技术方案,并经审查批准。

《钢结构工程施工质量验收规范》(GB 50205—2001):

第3.0.1条 施工现场质量管理应有相应的施工技术标准。施工现场应有经项目技术负责人审批的施工组织设计、施工方案等技术文件。

《建筑装饰装修工程施工质量验收规范》(GB 50210—2001):

第3.3.1条 施工单位应编制施工组织设计并应经过审查批准。

施工单位应按有关的施工工艺标准或经审定的施工技术方案施工。

《屋面工程质量验收规范》(GB 50207—2002):

第3.0.3条 屋面工程施工前,施工单位应进行图纸会审,并应编制屋面工程施工方案或技术措施。

《地下防水工程质量验收规范》(GB 50208—2002):

第3.0.3条 地下防水工程施工前,施工单位应进行图纸会审,掌握工程主体及细部构造的防水技术要求,并编制防水工程的施工方案。

《建筑地面工程施工质量验收规范》(GB 50209—2010)：

第3.0.2条 从事建筑地面工程施工的建筑施工企业，应有质量管理体系和相应的施工工艺技术标准。

《建筑给水排水及采暖工程施工质量验收规范》(GB 50242—2002)：

第3.1.1条 建筑给水、排水及采暖工程施工现场应具有必要的施工技术标准。

第3.1.3条 建筑给水、排水及采暖工程的施工，应编制施工组织设计或施工方案，经批准后方可实施。

《建筑电气工程施工质量验收规范》(GB 50303—2002)：

第3.1.5条 建筑电气动力工程的负荷试运行，依据电气设备及相关建筑设备的种类、特性，编制试运行方案，或作业指导书，并应经施工单位审查批准，监理单位确认后执行。

7.4 主要结构安全和功能检测

为确保工程结构安全和重要使用功能，新版施工质量验收规范中增加和加强了对这方面的要求，主要内容有：

（1）对竣工的换土垫层的灰土、砂石地基等应进行地基承载力检测。

（2）对竣工的复合地基的碎石桩，水泥土搅拌桩、CFG桩等进行复合地基承载力检测。

（3）对混凝土结构实体质量，柱、墙、梁等构件进行同条件试块等效养护龄期的强度检验和对梁板类构件进行钢筋保护层厚度的检验。

（4）装饰装修工程对建筑外窗（金属窗、塑料窗）的三性检验（抗风压性能、空气渗透性能和雨水渗透性能）。外墙饰面板后置埋件的现场拉拔强度，饰面砖样板件的粘结强度检验；幕墙工程的硅酮结构胶的相容性试验，幕墙后置埋件的现场拉拔强度检验，幕墙的抗风压性能，空气渗透性能，雨水渗透性能及平面变形性能检验。人造木板甲醛含量检验，室内用花岗石的放射性检验，对室内环境质量有害气体（氡、游离甲醛、苯、氨、TVOC）的检验，生活给水管道清洗、消毒的水质符合饮用水标准的检验，屋面淋水、地下室防水效果，防水地面蓄水的试验；建筑物垂直度、标高、全高测量，建筑物沉降观测测量。

（5）新规范对进场水泥加强了检测要求，混凝土工程和砌筑工程使用水泥按同一生产厂家、同一等级、同一品种、同一批号且连续进场的水泥，袋装不超过 200t 为一批，散装不超过 500t 为一批，进行复验，检验其强度、安定性及其他必要的性能指标。抹灰工程应对水泥凝结时间和安定性进行复验。用于混凝土工程时，严禁使用含氯化物的水泥，并必须在出厂检验报告中予以明示。

（6）外加剂必须经过产品检验、复验，初次进场必须复验，外加剂中的氯化物，其含量应按国家标准予以控制。

（7）钢筋材质对有抗震设防要求的一、二级抗震等级的框架结构，应进行强屈比和超强比的复试验证，并满足规范规定。

7.5 结构实体检验

《混凝土结构工程施工质量验收规范》（GB 50204—2002），新增了对于混凝土结构子分部工程进行结构实体检验。主要是对混凝土结构的柱、墙、梁构件的强度和梁、板类水平构件的钢筋保护层厚度进行检验。

7.5.1 混凝土结构强度实体检验

混凝土强度实体检验方法，是以与结构实体混凝土组成成分、养护条件相同的同条件养护试件的强度，作为结构实体混凝土强度的依据。同条件养护试件的选取由监理、施工共同选定，不同强度等级的混凝土均应留置试块。留置数量，依混凝土工程量和重要性确定，数理统计不少于 10 组，非数理统计至少 3 组。一般实际工程留置时，以多留试件保证强度的评定概率，以达到进入合格的条件，从而通过验收。

同条件试件的养护龄期根据规范：借用成熟度法的概念，以度日积的形式表达，按日平均温度逐日累计达到 600℃·d 时所对应的龄期，0℃以下的龄期不计入，等效养护龄期不小于 14d，也不宜大于 60d。实践中我国北方地区发生冬、春季节转暖时间较长，气温较低，往往到 60d 时，成熟度尚未达到 600℃·d，这种情况发生时，"可继续养护到 600℃·d 时试验。但 60d 后应用塑料布遮掩试件，防止试件继续失水影响强度。"（引自文献[47]）同条件试块每组试验值乘以系数 1.1 作为试件强度值，相当于同条件试块每组平均值必须达到混凝土设计强度的 90% 时，才能验收合格。标养反映配合比设计的混凝土材料的强度，验证的是拌合体的质量，是针对材料，代表检验批的质量，是对分项工程质量的合格判定。试块组数多、量多、是普查。标养应是混凝土最终理想状态所应达到的结果。

同条件试块反映结构实体混凝土质量的强度，验证的是经过振捣养护抹压，操作完毕后的质量，是针对实体，反映结构整体的混凝土质量，是对结构子分部工程检验合格判定的依据，试块数量少，是复核性的，是抽查、复验。几种方法的比较：对结构实体的检验，回弹、综合法偏低，拔出法偏高，钻芯法能代表结构实体但成本高，伤害结构，难以普遍推广。前两种是推定强度，也不宜作为判断实体混凝土强度的有效方法。经大量试验：同条件养护试件与实体结构的组成成分，成型工艺，养护条件基本一致，有较好的代表性，同条件试件与钻芯法，两者强度基本一致，所以将同条件养护试件强度作为判断实体混凝土强度的依据。由此，对混凝土的质量是 2 次验收通过，即标养和同条件试块都合格才能验收。

进行结构实体混凝土检验主要作用，是促进施工者对结构质量的重视和素质的提高，并对做假具有威慑作用。即使如此，仅靠每个强度等级的三组试件（最少组数时），抽样比例为（以 100m³ 抽三组，三组 15cm³ 的混凝土量为 0.03m³）0.03/100＝3/10000，来对整个结构强度进行判定，仍是粗略的，即使取 10 组，取样率也就是 1/1000，所以这只是对验收合格的混凝土的复验，也是为避免实际工程中标养试块强度合格，实体结构强度不合格，对出现试块高、实体低的质量问题，进行控制的一项重要措施。

7.5.2 钢筋保护层实体检验

对实体结构钢筋保护层进行检验，主要指对梁、板类构件上部的水平钢筋（负弯矩钢筋）位置的检验。绑扎好的钢筋，往往在施工中被踩踏，而使钢筋位置下移，从而严重削弱承载力。移位轻的，引起板边裂缝，板角斜裂，重的引起构件倾覆、折断。特别是对承受负弯矩的悬臂构件，为静定结构，没有多余联系，一旦出问题，极易垮塌。而负弯矩钢筋的位置（内力臂）与其保护层厚度有关。即如何确定受力主筋的截面有效高度 h_0 是否降低，检查保护层厚度就是对其承载力的检查。

钢筋保护层厚度检验的结构部位，由施工、监理选定。抽取数量，对梁、板类构件，按各自构件总数量的 2％抽取，且不少于 5 个构件检验。如结构中有悬挑构件时，已抽取的梁、板构件中悬挑梁、板构件的数量应占 50％。即抽取的构件数量中一半为悬挑构件，一半为非悬挑的梁、板构件。保护层检查时，对选定的梁类构件全部受力主筋全部检验。对选定的板类构件，应测试 6 根受力主筋保护层厚度的检验。并主要检查悬臂构件的根部，梁、板构件支座处。

检测方法，可用开槽钻孔的微破损，也可用非破损的仪器量测。对浇灌完后混凝土保护层的检验，受力主筋钢筋保护层厚度的允许偏差（mm），梁类构件：＋10，－7；板类构件：＋8，－5。合格判定：抽查总数合格点率为≥90％，大于 80％为合格，否则不合格。

不足 90％，>80％加倍抽取。两次总和的合格点率为 90％以上时为合格。不合格点的最大偏差应小于梁、板类实体检验允许偏差 1.5 倍。

7.5.3 结构实体检验实施（选点）方案

施工中应编制结构实体检验（选点）方案。由施工单位根据结构中的混凝土不同强度等级，确定混凝土同条件试块的具体组数数量，随机分布在某些楼层上，并绘图表示。根据结构梁板构件总数量和类别，选取对钢筋保护层进行检验的具体构件的数量和层次。然后由监理对实施方案予以认可。实施时，待结构施工到该层时，制作同条件试块，对所选定的钢筋保护层检验的楼层，待结构混凝土完全达到底模拆模强度后进行保护层的检验。

1. 混凝土结构实体同条件试块实施方案编制内容

（1）写明具体混凝土结构柱、墙、梁类构件不同强度等级及设计楼层混凝土强度分布情况。

（2）确定不同强度等级的同条件试块取样组数、取样部位及层次（绘图表示）。

（3）写明实施方案报监理认可。

（4）按时进行见证取样，并做好记录，确定试块放置位置。应在每层浇筑时，到取样部位及时进行，不能等到结构封顶时再做。

（5）做好温度记录。

（6）同条件试块强度汇总统计，填写实体结构检验混凝土强度验收表。

2. 混凝土结构实体钢筋保护层检验实施方案编制内容

（1）写明具体结构中的梁类构件总根数，板类构件总块数（均以受力跨数统计），确定取样数量（抽样量$\geqslant 2\%$，$\geqslant 5$ 根，悬挑占 50%）。

（2）随机分布在某些楼层上，确定楼层抽检数量，不定具体抽检位置。写明梁抽检根数，板抽检块数，梁、板抽检数量中的悬挑构件个数。

（3）编制实施方案，绘图表示，报监理认可。

（4）施工至该楼层时，监理、施工单位随时抽取具体部位，填表记录，图纸标示。

（5）填写实体结构钢筋混凝土保护层厚度验收记录表。

7.5.4　混凝土试件类别、性能及强度评定

混凝土试件类别、性能及强度评定见表 7-1。

表 7-1

混凝土试件类别、性能及强度评定

	标准养护条件	同条件养护试件	
		结构实体检验试件	结构拆模试件
代表部位	分项工程检验批柱、墙、梁、板构件	结构子分部工程柱、墙、梁构件	分项工程检验批梁、板构件
性能	代表结构混凝土强度	代表结构实体混凝土强度	代表梁、板构件拆模强度
取样及试件留置	当同一配合比的混凝土，为下列情况之一时，①每100盘；②≤100m³、③一次连续浇筑>1000m³，每200m³；④每一楼层；均取样不少于1次、1次至少1组	同一强度等级、根据混凝土工程量和重要性确定，不宜少于10组，且不少于3组	根据实际需要确定
养护条件	边长150mm立方体标准试件，在20±3℃、相对湿度为90%以上的环境和水中养护	现场自然养护条件	现场自然养护条件
养护时间	28d龄期	等效养护龄期14～60d日平均温度逐日累计达600℃·d所对应的龄期，0℃及以下的龄期不计入	拆模强度对应龄期，约15d左右，参照《施工手册》第三版、图19-66混凝土强度影响曲线确定
强度评定	按照《混凝土强度评定标准》（GB/T 50107—2010）汇总评定。$m_{f_{cu}} \geq f_{cu,k} + \lambda_1 \cdot s_{f_{cu}}$ $f_{cu,min} \geq \lambda_2 \cdot f_{cu,k}$	按照《混凝土强度评定标准》（GB/T 50107—2010）第3.0.2条确定混凝土试件强度代表值后，乘折算系数1.1取用。并按《GB/T 50107—2010》第5.1.3条和第5.2.1条进行强度汇总评定	底模拆除时的混凝土强度应达到设计强度的百分率：

构件类型	构件跨度（m）	百分率
板	≤2	≥50%
	2～8	≥75%
	>8	≥100%
梁	≤8	≥75%
	>8	≥100%
悬臂构件	—	≥100%

7.6　对混凝土和砌体结构施工质量强条的理解及应用

验收规范中明确了很多施工质量的强制性条文。怎样去做，就是执行了施工强制性条文呢？略述如下：

强条的内容涉及结构安全，人身健康，环境保护和公众利益。是技术法规，违反强制性条文就是违法。施工中应该严格实施强制性条文。

执行施工质量强制性条文，就可以实现建筑结构设计要求，保证工程实体质量和使用功能。

对混凝土施工质量强制性条文的执行，主要体现在施工的全过程中，即对原材料、工序质量、施工产品质量结果进行控制。具体强制性条文内容又包含制定施工技术方案，对原材料检验，重要部位的隐蔽检查验收，施工结构强度试验和实体外观质量缺陷、尺寸偏差的处理要求中。

根据"建筑工程施工质量强制性条文实施指南"是否执行强制性条文，判定如下：

1. 模板工程

第 4.1.1 条　模板及其支架应根据工程结构形式、荷载大小、地基土类别、施工设备和材料供应等条件进行设计。模板及其支架应具有足够的承载能力、刚度和稳定性，能可靠承受浇筑混凝土的重量、侧压力以及施工荷载。

检查：模板设计文件。

判定：以有无文件资料，模板强度（承载能力），刚度（无变形）稳定性没有问题为原则。

第 4.1.3 条　模板以及其支架拆除的顺序及安全措施应按施工技术方案执行。

检查：施工技术方案中对模板拆除的技术要求、拆除顺序、安全措施。

判定：以有无规定和落实情况为依据。

理解应用：只要对模板工程做了设计，或编写了模板工程施工技术方案，使模板工程具有足够的承载力、刚度和稳定性，有模板安装，拆除的具体施工技术措施，同时未发生模板垮塌，严重变形和拆模安全事故，就是执行了强制性条文。

2. 钢筋工程

第5.1.1条 当钢筋的品种、级别或规格需作变更时，应办理设计变更文件。

检查：设计变更文件、验收文件。

判定：有无文件，变更、验收文件是否一致为依据。

第5.2.1条 钢筋进场时，应按国家现行相关标准的规定抽取试件作力学性能和重量偏差检验，检验结果必须符合有关标准的规定。

检查：产品合格证，出厂检验报告，进场复验报告。

判定：三证吻合，全部合格为合格。有时产品证，出厂报告可合并。

第5.2.2条 对有抗震设防要求的结构，其纵向受力钢筋的性能应满足设计要求；当设计无具体要求时，对按一、二、三级抗震等级设计的框架和斜撑构件（含梯段）中的纵向受力钢筋应采用 HRB335E、HRB400E、HRB500E、HRBF335E、HRBF400E 或 HRBF500E 钢筋，其强度和最大力下总伸长率的实测值应符合下列规定：

（1）钢筋的抗拉强度实测值与屈服强度实测值的比值不应小于 1.25；

（2）钢筋的屈服强度实测值与强度标准值的比值不应大于 1.3；

（3）钢筋的最大力下总伸长率不应小于 9%。

检查：复试计算验证、核实。

判定：符合为合格，反之不合格。

第5.5.1条 钢筋安装时，受力钢筋的品种、级别、规格和数量必须符合设计要求。

检查：全数检查、尺量抽查。照图施工，内部预控（施工），外部验收。

判定：符合设计为合格。

理解应用：

钢筋变更有手续，设计认可文件；钢筋按批量现场复试合格，有试验报告；抗震的框架结构钢筋复试报告提供的强屈比、超强比结果值，满足规范规定；钢筋绑扎安装照图施工，逐个构件，逐根钢筋，全数检查，重点是级别、直径、数量和位置。经检查无漏筋。符合设计要求，有隐蔽验收检查、记录和检验批验收签字，就是执行了强制性条文。

3. 混凝土工程

第7.2.1条　水泥进场时应对其品种、级别、包装或散装仓号、出厂日期等进行检查，并应对其强度、安定性及其他必要的性能指标进行复验，其质量必须符合现行国家标准《硅酸盐水泥、普通硅酸盐水泥》(GB 175) 等的规定。

当在使用中对水泥质量有怀疑或水泥出厂超过三个月（快硬硅酸盐水泥超过一个月）时，应进行复验，并按复验结果使用。

钢筋混凝土结构、预应力混凝土结构中，严禁使用含氯化物的水泥。

检查：产品合格证、出厂检验报告、进场复验报告。

判定：有无上述三项报告并是否合格为依据。含氯量必须在出厂检验报告中明示，现场可不复验。

第7.2.2条　混凝土中掺用外加剂的质量及应用技术应符合现行国家标准《混凝土外加剂》(GB 8076)、《混凝土外加剂应用技术规范》(GB 50119) 等有关环境保护的规定。

预应力混凝土结构中，严禁使用含氯化物的外加剂。钢筋混凝土结构中，当使用含氯化物的外加剂时，混凝土中氯化物的总含量应符合现行国家标准《混凝土质量控制标准》(GB 50164) 规定。

检查：产品合格证、出厂检验报告、进场复验报告。

判定：三证吻合，合格为依据。初次使用进场复验。长期用同牌号，以后进场的可不复验。

第7.4.1条 结构混凝土的强度等级必须符合设计要求。用于检查结构构件混凝土强度的试件，应在混凝土的浇筑地点随机抽取。

检查：施工记录和试件强度报告。

判定：施工记录与试验报告相符，强度符合要求为合格。否则不合格，根据报告判定。

第8.2.1条 现浇结构的外观质量不应有严重缺陷。

第8.3.1条 现浇结构不应有影响结构性能和使用功能的尺寸偏差。混凝土设备基础不应有影响结构性能和设备安装的尺寸偏差。

检查：有关缺陷情况记录，处理方案，处理部位重新验收。

判定：核对上述记录，吻合为合格。有矛盾为不合格。

主要难度是外观质量缺陷的缺陷程度和结构尺寸超差的程度，对结构受力使用功能和安装的影响，其限值较难确定。

理解应用：

水泥按批量现场复试合格，提供水泥试验报告；混凝土外加剂按批量复试（不含氯化物），符合环保要求，提供试验报告（当使用商品混凝土时，由混凝土厂提供水泥检验报告结果）。

混凝土强度符合设计要求。能按规定留取标养试块，提供了试块试验报告和汇总统计结果，并与结构同条件试块报告汇总结果相对照，都符合设计和规范规定。就是执行了强制性标准条文。

对混凝土质量问题的处理：

混凝土结构有严重外观质量缺陷时，重点是露筋、蜂窝、孔洞、夹渣、疏松、裂缝问题，有技术处理方案，监理同意，处理后检查验收。提供了处理技术方案和处理后的验收记录。就是执行了强制性标准条文。

混凝土结构有影响结构性能和功能的尺寸偏差时，有技术处理方案，监理同意（偏差过大时设计认可），处理后检查验收。提供了技术处理方案和处理后的验收记录，就是执行了强制性标准条文。

4. 砌体工程

第4.0.1条　水泥进场时，应对其品种、等级、包装或散装仓号，出厂日期等进行检查，并应对其强度、安定性进行复验，其质量必须符合现行国家标准《通用硅酸盐水泥》GB 175 的有关规定。

当在使用中对水泥质量有怀疑或水泥出厂超过三个月（快硬硅酸盐水泥超过一个月）时，应复查试验，并按复验结果使用。

检查：（1）试配单，复验报告单。

（2）了解使用状况。

判定：（1）安定性不合格的水泥，不能砌筑，不能使用。

（2）按强度复验结果使用。

第5.2.1条　砖和砂浆的强度等级必须符合设计要求。

检查：（1）检查砖、砂浆强度试验报告。

（2）砂浆配合比报告。

判定：（1）强度符合设计要求。

（2）试块报告偏低时，对实体检测，根据检测结果，再决定可否验收。

第5.2.3条　砖砌体的转角处和交接处应同时砌筑，严禁无可靠措施的内外墙分砌施工。在抗震设防烈度为8度及8度以上地区，对不能同时砌筑而又必须留置的临时间断处砌斜槎，斜槎水平投影长度不应小于高度的 2/3。多孔砖砌体的斜槎长高比不应小于1/2。斜槎高度不得超过一步脚手架的高度。

检查：（1）查检验批验收记录。

（2）观察墙体转角和丁字交接处留槎情况。

判定：（1）8度区以上同时砌筑或留斜槎连接。8度区加构造柱。

（2）6、7度区直槎加拉筋。

第8.2.1条　钢筋的品种、规格、数量和设置部位应符合设计要求。

配筋砌体：网状配筋水平灰缝内加筋，适用于 $\beta < 16$，$e/h < 0.17$ 的砌体；夹板墙 $e > 0.6y$ 的偏压构件；钢筋混凝土组合墙。

检查：合格证，出厂检验报告、复验报告，检查钢筋绑扎情况，钢筋隐蔽验收记录。

判定：配筋砌体中的钢筋品种、规格数量应符合设计要求，不合格不得使用。出现了不符合设计要求的，要拆换补足，经设计者同意才能处理。

第 8.2.2 条　构造柱、芯柱、组合砌体构件、配筋砌体剪力墙构件的混凝土或砂浆的强度等级应符合设计要求。

检查：（1）配比单。

　　　　（2）强度试验报告。

判定：（1）强度符合设计要求。

　　　　（2）不符合时，鉴定检测，设计复核，再判定可否验收。

附　　录

一、建筑抗震地段划分，场地类别划分及场地覆盖层厚度

[摘自《建筑抗震设计规范》(GB 50011—2010)]

4.1.1 选择建筑场地时，应按表4.1.1划分对建筑抗震有利、一般、不利和危险的地段。

表 4.1.1　　有利、一般、不利和危险地段的划分

地段类别	地质、地形、地貌
有利地段	稳定基岩，坚硬土、开阔、平坦、密实、均匀的中硬土等
一般地段	不属于有利、不利和危险的地段
不利地段	软弱土、液化土、条状突出的山嘴，高耸孤立的山丘，陡坡、陡坎，河岸和边坡的边缘，平面分布上成因、岩性、状态明显不均匀的土层（含故河道、疏松的断层破碎带、暗埋的塘浜沟谷和半填半挖地基），高含水量的可塑黄土，地表存在结构性裂缝等
危险地段	地震时可能发生滑坡、崩塌、地陷、地裂、泥石流等及发震断裂带上可能发生地表位错的部位

4.1.2 建筑场地的类别划分，应以土层等效剪切波速和场地覆盖层厚度为准。

4.1.3 土层剪切波速的测量，应符合下列要求：

1 在场地初步勘察阶段，对大面积的同一地质单元，测试土层剪切波速的钻孔数量不宜少于3个。

2 在场地详细勘察阶段，对单幢建筑，测试土层剪切波速的钻孔数量不宜少于2个，测试数据变化较大时，可适量增加；对小区中处于同一地质单元内的密集建筑群，测试土层剪切波速的钻孔数量可适量减少，但每幢高层建筑和大跨空间结构的钻孔数量均不得少于1个。

3 对丁类建筑及丙类建筑中层数不超过10层、高度不超过24m的多层建筑，当无实测剪切波速时，可根据岩土名

称和性状，按表 4.1.3 划分土的类型，再利用当地经验在表 4.1.3 的剪切波速范围内估算各土层的剪切波速。

表 4.1.3　　　　土的类型划分和剪切波速范围

土的类型	岩土名称和性状	土层剪切波速范围（m/s）
岩石	坚硬、较硬且完整的岩石	$v_s > 800$
坚硬土或软质岩石	破碎和较破碎的岩石或软和较软的岩石，密实的碎石土	$800 \geqslant v_s > 500$
中硬土	中密、稍密的碎石土，密实、中密的砾、粗、中砂，$f_{ak} > 150$ 的黏性土和粉土，坚硬黄土	$500 \geqslant v_s > 250$
中软土	稍密的砾、粗、中砂，除松散外的细、粉砂，$f_{ak} \leqslant 150$ 的黏性土和粉土，$f_{ak} > 130$ 的填土，可塑新黄土	$250 \geqslant v_s > 150$
软弱土	淤泥和淤泥质土，松散的砂，新近沉积的黏性土和粉土，$f_{ak} \leqslant 130$ 的填土，流塑黄土	$v_s \leqslant 150$

注：f_{ak}为由载荷试验等方法得到的地基承载力特征值（kPa）；v_s为岩土剪切波速。

4.1.4　建筑场地覆盖层厚度的确定，应符合下列要求：

1　一般情况下，应按地面至剪切波速大于 500m/s 且其下卧各层岩土的剪切波速均不小于 500m/s 的土层顶面的距离确定。

2　当地面 5m 以下存在剪切波速大于其上部各土层剪切波速 2.5 倍的土层，且该层及其下卧各层岩土的剪切波速均不小于 400m/s 时，可按地面至该土层顶面的距离确定。

3　剪切波速大于 500m/s 的孤石、透镜体，应视同周围土层。

4　土层中的火山岩硬夹层，应视为刚体，其厚度应从覆盖土层中扣除。

4.1.5　土层的等效剪切波速，应按下列公式计算：

$$v_{se} = d_0 / t \qquad (4.1.5\text{-}1)$$

$$t = \sum_{i=1}^{n} (d_i / v_{si}) \qquad (4.1.5\text{-}2)$$

式中：v_{se}——土层等效剪切波速（m/s）；

        d_0——计算深度（m），取覆盖层厚度和 20m 两者的较小值；

        t——剪切波在地面至计算深度之间的传播时间；

        d_i——计算深度范围内第 i 土层的厚度（m）；

        v_{si}——计算深度范围内第 i 土层的剪切波速（m/s）；

        n——计算深度范围内土层的分层数。

4.1.6 建筑的场地类别，应根据土层等效剪切波速和场地覆盖层厚度按表 4.1.6 划分为四类。其中 Ⅰ 类分为 I_0、I_1 两个亚类。当有可靠的剪切波速和覆盖层厚度且其值处于表 4.1.6 所列场地类别的分界线附近时，应允许按插值方法确定地震作用计算所用的特征周期。

表 4.1.6   各类建筑场地的覆盖层厚度（m）

岩石的剪切波速或土的等效剪切波速（m/s）	场地类别				
	I_0	I_1	Ⅱ	Ⅲ	Ⅳ
$v_s>800$	0				
$800{\geqslant}v_s>500$		0			
$500{\geqslant}v_{se}>250$		<5	≥5		
$250{\geqslant}v_{se}>150$		<3	3~50	>50	
$v_{se}{\leqslant}150$		<3	3~15	15~80	>80

注：表中 v_s 系岩石的剪切波速。

1. 建筑结构水平地震影响系数、特征周期值。

5.1.4 建筑结构的地震影响系数应根据烈度、场地类别、设计地震分组和结构自振周期以及阻尼比确定。其水平地震影响系数最大值应按表 5.1.4-1 采用；特征周期应根据场地类别和设计地震分组按表 5.1.4-2 采用，计算罕遇地震作用时，特征周期应增加 0.05s。

注：周期大于 6.0s 的建筑结构所采用的地震影响系数应专门研究。

表 5.1.4-1 水平地震影响系数最大值

地震影响	6 度	7 度	8 度	9 度
多遇地震	0.04	0.08（0.12）	0.16（0.24）	0.32
罕遇地震	0.28	0.50（0.72）	0.90（1.20）	1.40

注：括号中数值分别用于设计基本地震加速度为 0.15g 和 0.30g 的地区。

表 5.1.4-2　　　　　特征周期值（s）

设计地震分组	场地类别				
	I_0	I_1	II	III	IV
第一组	0.20	0.25	0.35	0.45	0.65
第二组	0.25	0.30	0.40	0.55	0.75
第三组	0.30	0.35	0.45	0.65	0.90

2. 划分建筑场地类别，是岩土工程勘察在地震烈度等于或大于 6 度地区必须进行的工作。

当场地覆盖层厚度已大致掌握并在以下情况时，为测量土层剪切波速的勘探孔可不必穿过覆盖层，而只需达到 20m 即可。

（1）对于中软土，覆盖层厚度能肯定不在 50m 左右。

（2）对于软弱土，覆盖层厚度能肯定不在 80m 左右。

3. 在烈度相同的情况下，基岩上覆盖土层厚度不相同的地段，各类建筑物的震害程度有较大差异。宏观震害表明：位于软弱厚土层上的柔性结构，在地震作用下特别不利，薄土层上刚性结构的震害亦有加重，但不明显。说明：房屋的破坏率不仅与房屋周期的长短有关，更于土层厚度密切相关。基岩上的覆盖土层厚度影响震害程度。越厚越不利。由厚变薄震害减轻。同时场地土层的不同土质，对建筑物震害也有明显影响。砂土液化，软土震陷，硬土稳定。

4. 场地及周期概念：

（1）场地：相当于厂区、居民点、自然村的区域范围内的建筑物或构筑物所在地，约为 1 平方公里大小面积范围考虑。该范围内岩土特性和土层覆盖层厚度大体相近。

（2）场地土：指场地内的地基土，平面上为场地范围，剖面上按地面下深度15m或20m范围的土层特性（土层的振动刚度）进行划分。土的刚度以等效剪切波速表示。

（3）周期：土的微小振动称为脉动。幅度以 μ_m 计。

场地脉动周期是在微小震动下场地出现的周期，即微振动时的卓越周期。场地有自己的自振周期，覆盖层硬而薄时，卓越周期短，约为 $0.1\sim0.2s$。覆盖层软（松）而厚时卓越周期长，可达 $0.8\sim1.0s$ 或更长。场地卓越周期，反应场地特征。

地震动卓越周期是在受到地震作用下场地出现的周期，一般情况下它大于脉动周期（一般 $1.2\sim2.0s$）。地震卓越周期即反应场地特征，也反应地震特征。

当地震波、建筑物、地基土层（黏土层）三者恰好具有相同的周期，即为共振。使震害大为加重。

地震波在土层内传播，震波增强。到达地表，引起强大震动，地震作用效应放大。土层越厚，放大作用愈大。有时可放大 $2\sim3$ 倍。如墨西哥地震，地震波到达岩盘时，加速度为 $0.04g$，对一般的覆盖土层放大地震作用，加速度可达到 $0.2g$，而三者自振周期相同，$T=2s$，使水平加速速度达到 $(1.0\sim1.2)g$，造成 500 栋高层建筑严重损坏，破坏的建筑多为 $9\sim15$ 层。

反应谱特征周期一般是指规范反应谱平台段与下降衰减段的拐点周期，它表示规范反应谱随周期变化的突变特征，是平均意义上的参数，它综合反映场地和地震环境的影响。

二、地基沉降简化计算（引自文献 [26]）

1. 当无相邻荷载影响，基础宽度在 $1\sim50m$ 范围内时，基础中点的地基沉降计算深度可按下列简化公式计算：

$$Z_n = b(2.5 - 0.4 l_n b)$$

式中 b——基础宽度（m）。

当 $b=5m$ 时，　　$l_n5=1.609$　　$Z_n=9.28m$

当 $b=10m$ 时，　$l_n10=2.303$　$Z_n=15.8m$

当 $b=15m$ 时，　$l_n15=2.708$　$Z_n=21.24m$

当 $b=20$m 时，$l_n20=2.996$ $Z_n=26.04$m

当 $b=25$m 时，$l_n25=3.219$ $Z_n=30.25$m

2. 矩形荷载分布下中点沉降，当地基均匀时按下式计算：

$$S_0 = \psi_s \frac{P_0}{E_s} Z_n \bar{\alpha}$$

式中 S_0——地基中点下沉量；

       P_0——附加压力；

       E_s——土的压缩模量；

       ψ_s——沉降经验修正系数（见附表 2-1）；

       Z_n——沉降计算深度；

       $\bar{\alpha}$——平均附加压力系数（见附表 2-2）。

平面复杂的基础也可化成等面积的矩形基础计算，可使沉降计算简化，但可提高快速估算沉降的能力，有助于总体设计方案的选择。

系数 ψ_s 值   附表 2-1

E_s ＼ P_0	2.5	4.0	7.0	15.0	20.0
$P_0 \geqslant f_k$	1.4	1.3	1.0	0.4	0.2
$P_0 \leqslant 0.75 f_k$	1.1	1.0	0.7	0.4	0.2

矩形面积均布荷载下中点竖线平均附加压力系数 $\bar{\alpha}$ 附表 2-2

z/b ＼ l/b	1.0	1.8	3.2	5.0	$\geqslant 10$
0	1.00	1.00	1.00	1.00	1.00
0.2	0.987	0.992	0.993	0.993	0.993
0.5	0.900	0.933	0.939	0.940	0.940
1.0	0.698	0.775	0.801	0.806	0.807
1.5	0.548	0.637	0.678	0.690	0.693
2.0	0.446	0.583	0.584	0.600	0.606

［例］某 25 层建筑物地下二层，埋深 10m，基底平均压力 420kN/m²，各层土的压缩模量如附图 2-1。求基础中点沉降。

［解］该地基在基底下有 25m 深匀质土，相当于一倍基础宽

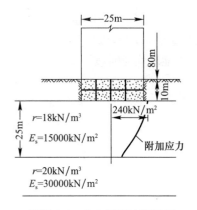

附图 2-1　中点沉降计算图例

度。在此深度处，附加应力降低到 0.34，而压缩模量增到 2 倍，达 $30000kN/m^2$，故计算深度可取 25m 而无大误差，按公式

$$S_0 = \psi_s \frac{P_0}{E_s} Z_n \bar{\alpha}$$

式中 $Z_n=25m$；$E_s=15000kN/m^2$；$\psi_s=0.4$；$P_0=420-1.8\times10=240kN/m^2$；查附表 1-2，当 $\frac{z}{b}=1$，$\frac{l}{b}=1$，$\bar{\alpha}=0.698$。

则 $s_0=0.4\times\dfrac{240}{15000}\times25\times0.698=0.11m=11cm$。

该建筑为方形，刚度很好，其平均沉降值约等于 0.79 中点沉降，计 8.7cm。

上述计算大体上反映北京地区某些地质条件相同的高层建筑的沉降观测情况。

CFG 桩 E_s 值的确定见《建筑地基处理技术规范》(JGJ 79—2002) 相关条款：

9.2.8　地基处理后的变形计算应按现行国家标准《建筑地基基础设计规范》(GB 50007) 的有关规定执行。复合土层的分层与天然地基相同，各复合土层的压缩模量等于该层天然地基压缩模量的 ζ 倍，ζ 值可按下式确定：

$$\zeta=\frac{f_{spk}}{f_{ak}} \tag{9.2.8-1}$$

式中　f_{ak}——基础底面下天然地基承载力特征值（kPa）。

11.2.9　竖向承载搅拌桩复合地基的变形包括搅拌复合土层的平均压缩变形 s_1 与桩端下未加固土层的压缩变形 s_2；

1. 搅拌桩复合土层的压缩变形 s_1，可按下式计算：

$$s_1=\frac{(P_z+P_{zl})\,l}{2E_{sp}} \tag{11.2.9-1}$$

$$E_{sp} = mE_p + (1-m)E_s \qquad (11.2.9\text{-}2)$$

式中　P_z——搅拌桩复合土层顶面的附加压力值（kPa）；

$\quad\quad\quad P_{zl}$——搅拌桩复合土层底面的附加压力值（kPa）；

$\quad\quad\quad E_{sp}$——搅拌桩复合土层的压缩模量（kPa）；

$\quad\quad\quad E_p$——搅拌桩的压缩模量，可取（100～120）f_{cu}（kPa）。对桩较短或桩身强度较低者可取低值，反之可取高值；

$\quad\quad\quad E_s$——桩间土的压缩模量（kPa）。

2. 桩端以下未加固土层的压缩变形 s_2，可按现行国家标准《建筑地基基础设计规范》(GB 50007)的有关规定进行计算。

三、土的分类

1. 岩石类：凡饱和单轴抗压强度大于或等于 30MPa 以上者为硬质岩石；小于 30MPa 的称为软质岩石。岩石可分为三个亚类，微风化、中等风化、强风化。

2. 碎石类：粒径大于 2mm 的颗粒含量超过全重的 50% 的土，可分三个亚类，圆砾、角砾；碎石、卵石；块石、漂石。

3. 砂类土：粒径大于 0.075mm 的颗粒超过全重 50% 的土。可分五个亚类：粉砂、细砂、中砂、粗砂、砾砂。

4. 粉土：粒径大于 0.075 颗粒含量占全重 50% 以上，黏粒含量小于 17%、砂粒含量小于 50%，$I_p \leqslant 10$ 的土。粒径 <0.005mm 为黏粒类，其中小于 0.002mm 称为胶粒。

5. 黏性土：$I_p > 17$ 粉质黏土：$10 < I_p < 17$。黏性土渗透性差，摩擦力低，吸水后成流塑状，强度很低，干燥开裂，易崩塌。

6. 填土：三个亚类：素填土、杂填土、冲填土。

四、结构抗震性能设计（引自 JGJ 3—2010）

3.11.1 结构抗震性能设计应分析结构方案的特殊性、选用适宜的结构抗震性能目标，并采取满足预期的抗震性能目标的措施。

结构抗震性能目标应综合考虑抗震设防类别、设防烈度、场地条件、结构的特殊性、建造费用、震后损失和修复难易程度等各项因素选定。结构抗震性能目标分为 A、B、C、D 四个等级，结构抗震性能分为 1、2、3、4、5 五个水准（表 3.11.1），每个性能目标均与一组在指定地震地面运动下的结构抗震性能水准相对应。

表 3.11.1　　　　　结构抗震性能目标

性能目标 性能水准 地震水准	A	B	C	D
多遇地震	1	1	1	1
设防烈度地震	1	2	3	4
预估的罕遇地震	2	3	4	5

3.11.2　结构抗震性能水准可按表 3.11.2 进行宏观判别。

表 3.11.2　　　各性能水准结构预期的震后性能状况

结构抗震性能水准	宏观损坏程度	损坏部位			继续使用的可能性
		关键构件	普通竖向构件	耗能构件	
1	完好、无损坏	无损坏	无损坏	无损坏	不需修理即可继续使用
2	基本完好、轻微损坏	无损坏	无损坏	轻微损坏	稍加修理即可继续使用
3	轻度损坏	轻微损坏	轻微损坏	轻度损坏、部分中度损坏	一般修理后可继续使用
4	中度损坏	轻度损坏	部分构件中度损坏	中度损坏、部分比较严重损坏	修复或加固后可继续使用
5	比较严重损坏	中度损坏	部分构件比较严重损坏	比较严重损坏	需排险大修

注："关键构件"是指该构件的失效可能引起结构的连续破坏或危及生命安全的严重破坏；"普通竖向构件"是指"关键构件"之外的竖向构件；"耗能构件"包括框架梁、剪力墙连梁及耗能支撑等。

五、我国主要城镇抗震设防烈度（引自抗震设计规范附录A）
（GB 500011—2010）

附录 A 我国主要城镇抗震设防烈度、设计基本地震加速度和设计地震分组

本附录仅提供我国抗震设防区各县级及县级以上城镇的中心地区建筑工程抗震设计时所采用的抗震设防烈度、设计基本地震加速度值和所属的设计地震分组。

注：本附录一般把"设计地震第一、二、三组"简称为"第一组、第二组、第三组"。

A.0.1 首都和直辖市

1 抗震设防烈度为 8 度，设计基本地震加速度值为 0.20*g*：

第一组：北京（东城、西城、崇文、宣武、朝阳、丰台、石景山、海淀、房山、通州、顺义、大兴、平谷），延庆，天津（汉沽），宁河。

2 抗震设防烈度为 7 度，设计基本地震加速度值为 0.15*g*：

第二组：北京（昌平、门头沟、怀柔），密云；天津（和平、河东、河西、南开、河北、红桥、塘沽、东丽、西青、津南、北辰、武清、宝坻），蓟县，静海。

3 抗震设防烈度为 7 度，设计基本地震加速度值为 0.10*g*：

第一组：上海（黄浦、卢湾、徐汇、长宁、静安、普陀、闸北、虹口、杨浦、闵行、宝山、嘉定、浦东、松江、青浦、南汇、奉贤）；

第二组：天津（大港）。

4 抗震设防烈度为 6 度，设计基本地震加速度值为 0.05*g*：

第一组：上海（金山），崇明；重庆（渝中、大渡口、江北、沙坪坝、九龙坡、南岸、北碚、万盛、双桥、渝北、巴南、万州、涪陵、黔江、长寿、江津、合川、永川、南川），巫山，奉节，云阳，忠县，丰都，璧山，铜梁，大足，荣昌，綦江，石

柱，巫溪＊。

A.0.2　河北省

1　抗震设防烈度为 8 度，设计基本地震加速度值为 0.20g：

第一组：唐山（路北、路南、古冶、开平、丰润、丰南），三河，大厂，香河，怀来，涿鹿；

第二组：廊坊（广阳、安次）。

2　抗震设防烈度为 7 度，设计基本地震加速度值为 0.15g：

第一组：邯郸（丛台、邯山、复兴、峰峰矿区），任丘，河间，大城，滦县，蔚县，磁县，宣化县，张家口（下花园、宣化区），宁晋＊；

第二组：涿州，高碑店，涞水，固安，永清，文安，玉田，迁安，卢龙，滦南，唐海，乐亭，阳原，邯郸县，大名，临漳，成安。

3　抗震设防烈度为 7 度，设计基本地震加速度值为 0.10g：

第一组：张家口（桥西、桥东），万全，怀安，安平，饶阳，晋州，深州，辛集，赵县，隆尧，任县，南和，新河，肃宁，柏乡；

第二组：石家庄（长安、桥东、桥西、新华、裕华、井陉矿区），保定（新市、北市、南市），沧州（运河、新华），邢台（桥东、桥西），衡水，霸州，雄县，易县，沧县，张北，兴隆，迁西，抚宁，昌黎，青县，献县，广宗，平乡，鸡泽，曲周，肥乡，馆陶，广平，高邑，内丘，邢台县，武安，涉县，赤城，定兴，容城，徐水，安新，高阳，博野，蠡县，深泽，魏县，藁城，栾城，武强，冀州，巨鹿，沙河，临城，泊头，永年，崇礼，南宫＊；

第三组：秦皇岛（海港、北戴河），清苑，遵化，安国，涞源，承德（鹰手营子＊）。

4　抗震设防烈度为 6 度，设计基本地震加速度值为 0.05g：

第一组：围场，沽源；

第二组：正定，尚义，无极，平山，鹿泉，井陉县，元氏，南皮，吴桥，景县，东光；

第三组：承德（双桥、双滦），秦皇岛（山海关），承德县，隆化，宽城，青龙，阜平，满城，顺平，唐县，望都，曲阳，定州，行唐，赞皇，黄骅，海兴，孟村，盐山，阜城，故城，清河，新乐，武邑，枣强，威县，丰宁，滦平，平泉，临西，灵寿，邱县。

A.0.3 山西省

1 抗震设防烈度为8度，设计基本地震加速度值为0.20g：

第一组：太原（杏花岭、小店、迎泽、尖草坪、万柏林、晋源），晋中，清徐，阳曲，忻州，定襄，原平，介休，灵石，汾西，代县，霍州，古县，洪洞，临汾，襄汾，浮山，永济；

第二组：祁县，平遥，太谷。

2 抗震设防烈度为7度，设计基本地震加速度值为0.15g：

第一组：大同（城区、矿区、南郊），大同县，怀仁，应县，繁峙，五台，广灵，灵丘，芮城，翼城；

第二组：朔州（朔城区），浑源，山阴，古交，交城，文水，汾阳，孝义，曲沃，侯马，新绛，稷山，绛县，河津，万荣，闻喜，临猗，夏县，运城，平陆，沁源*，宁武*。

3 抗震设防烈度为7度，设计基本地震加速度值为0.10g：

第一组：阳高，天镇；

第二组：大同（新荣），长治（城区、郊区），阳泉（城区、矿区、郊区），长治县，左云，右玉，神池，寿阳，昔阳，安泽，平定，和顺，乡宁，垣曲，黎城，潞城，壶关；

第三组：平顺，榆社，武乡，娄烦，交口，隰县，蒲县，吉县，静乐，陵川，盂县，沁水，沁县，朔州（平鲁）。

4 抗震设防烈度为6度，设计基本地震加速度值为0.05g：

第三组：偏关，河曲，保德，兴县，临县，方山，柳林，五寨，岢岚，岚县，中阳，石楼，永和，大宁，晋城，吕梁，左权，襄垣，屯留，长子，高平，阳城，泽州。

A. 0. 4　内蒙古自治区

1　抗震设防烈度为 8 度，设计基本地震加速度值为 0.30g：

第一组：土墨特右旗，达拉特旗*。

2　抗震设防烈度为 8 度，设计基本地震加速度值为 0.20g：

第一组：呼和浩特（新城、回民、玉泉、赛罕），包头（昆都仓、东河、青山、九原），乌海（海勃湾、海南、乌达），土墨特左旗，杭锦后旗，磴口，宁城；

第二组：包头（石拐），托克托*。

3　抗震设防烈度为 7 度，设计基本地震加速度值为 0.15g：

第一组：赤峰（红山*，元宝地区），喀喇沁旗，巴彦卓尔，五原，乌拉特前旗，凉城；

第二组：固阳，武川，和林格尔；

第三组：阿拉善左旗。

4　抗震设防烈度为 7 度，设计基本地震加速度值为 0.10g：

第一组：赤峰（松山区），察右前旗，开鲁，傲汉旗，扎兰屯，通辽*；

第二组：清水河，乌兰察布，卓资，丰镇，乌特拉后旗，乌特拉中旗；

第三组：鄂尔多斯，准格尔旗。

5　抗震设防烈度为 6 度，设计基本地震加速度值为 0.05g：

第一组：满洲里，新巴尔虎右旗，莫力达瓦旗，阿荣旗，扎赉特旗，翁牛特旗，商都，乌审旗，科左中旗，科左后旗，奈曼旗，库伦旗，苏尼特右旗；

第二组：兴和，察右后旗；

第三组：达尔罕茂明安联合旗，阿拉善右旗，鄂托克旗，鄂托克前旗，包头（白云矿区），伊金霍洛旗，杭锦旗，四王子旗，察右中旗。

A. 0. 5　辽宁省

1　抗震设防烈度为 8 度，设计基本地震加速度值为 0.20g：

第一组：普兰店，东港。

2 抗震设防烈度为7度，设计基本地震加速度值为0.15g：

第一组：营口（站前、西市、鲅鱼圈、老边），丹东（振兴、元宝、振安），海城，大石桥，瓦房店，盖州，大连（金州）。

3 抗震设防烈度为7度，设计基本地震加速度值为0.10g：

第一组：沈阳（沈河、和平、大东、皇姑、铁西、苏家屯、东陵、沈北、于洪），鞍山（铁东、铁西、立山、千山），朝阳（双塔、龙城），辽阳（白塔、文圣、宏伟、弓长岭、太子河），抚顺（新抚、东洲、望花），铁岭（银州、清河），盘锦（兴隆台、双台子），盘山，朝阳县，辽阳县，铁岭县，北票，建平，开原，抚顺县*，灯塔，台安，辽中，大洼；

第二组：大连（西岗、中山、沙河口、甘井子、旅顺），岫岩，凌源。

4 抗震设防烈度为6度，设计基本地震加速度值为0.05g：

第一组：本溪（平山、溪湖、明山、南芬），阜新（细河、海州、新邱、太平、清河门），葫芦岛（龙港、连山），昌图，西丰，法库，彰武，调兵山，阜新县，康平，新民，黑山，北宁，义县，宽甸，庄河，长海，抚顺（顺城）；

第二组：锦州（太和、古塔、凌河），凌海，凤城，喀喇沁左翼；

第三组：兴城，绥中，建昌，葫芦岛（南票）。

A.0.6 吉林省

1 抗震设防烈度为8度，设计基本地震加速度值为0.20g：
前郭尔罗斯，松原。

2 抗震设防烈度为7度，设计基本地震加速度值为0.15g：
大安*。

3 抗震设防烈度为7度，设计基本地震加速度值为0.10g：
长春（难关、朝阳、宽城、二道、绿园、双阳），吉林（船营、龙潭、昌邑、丰满），白城，乾安，舒兰，九台，永吉*。

4 抗震设防烈度为6度，设计基本地震加速度值为0.05g：
四平（铁西、铁东），辽源（龙山、西安），镇赉，洮南，延吉，汪清，图们，珲春，龙井，和龙，安图，蛟河，桦甸，梨树，磐石，东丰，辉南，梅河口，东辽，榆树，靖宇，抚松，长岭，德惠，农安，伊通，公主岭，扶余，通榆*。

注：全省县级及县级以上设防城镇，设计地震分组均为第一组。

A. 0. 7 黑龙江省

1 抗震设防烈度为 7 度，设计基本地震加速度值为 0.10g：

绥化，萝北，泰来。

2 抗震设防烈度为 6 度，设计基本地震加速度值为 0.05g：

哈尔滨（松北、道里、南岗、道外、香坊、平房、呼兰、阿城），齐齐哈尔（建华、龙沙、铁锋、昂昂溪、富拉尔基、碾子山、梅里斯），大庆（萨尔图、龙凤、让胡路、大同、红岗），鹤岗（向阳、兴山、工农、南山、兴安、东山），牡丹江（东安、爱民、阳明、西安），鸡西（鸡冠、恒山、滴道、梨树、城子河、麻山），佳木斯（前进、向阳、东风、郊区），七台河（桃山、新兴、茄子河），伊春（伊春区、乌马、友好），鸡东，望奎，穆棱，绥芬河，东宁，宁安，五大连池，嘉荫，汤原，桦南，桦川，依兰，勃利，通河，方正，木兰，巴彦，延寿，尚志，宾县，安达，明水，绥棱，庆安，兰西，肇东，肇州，双城，五常，讷河，北安，甘南，富裕，龙江，黑河，肇源，青冈*，海林*。

注：全省县级及县级以上设防城镇，设计地震分组均为第一组。

A. 0. 8 江苏省

1 抗震设防烈度为 8 度，设计基本地震加速度值为 0.30g：

第一组：宿迁（宿城、宿豫*）。

2 抗震设防烈度为 8 度，设计基本地震加速度值为 0.20g：

第一组：新沂，邳州，睢宁。

3 抗震设防烈度为 7 度，设计基本地震加速度值为 0.15g：

第一组：扬州（维扬、广陵、邗江），镇江（京口、润州），泗洪，江都；

第二组：东海，沭阳，大丰。

4 抗震设防烈度为 7 度，设计基本地震加速度值为 0.10g：

第一组：南京（玄武、白下、秦淮、建邺、鼓楼、下关、浦口、六合、栖霞、雨花台、江宁），常州（新北、钟楼、天宁、戚墅堰、武进），泰州（海陵、高港），江浦，东台，海安，姜堰，如皋，扬中，仪征，兴化，高邮，六合，句容，丹阳，金坛，镇江（丹徒），溧阳，溧水，昆山，太仓；

第二组：徐州（云龙、鼓楼、九里、贾汪、泉山），铜山，沛县，淮安（清河、青浦、淮阴），盐城（亭湖、盐都），泗阳，盱眙，射阳，赣榆，如东；

第三组：连云港（新浦、连云、海州），灌云。

5 抗震设防烈度为 6 度，设计基本地震加速度值为 0.05g：

第一组：无锡（崇安、南长、北塘、滨湖、惠山），苏州（金阊、沧浪、平江、虎丘、吴中、相成），宜兴，常熟，吴江，泰兴，高淳；

第二组：南通（崇川、港闸），海门，启东，通州，张家港，靖江，江阴，无锡（锡山），建湖，洪泽，丰县；

第三组：响水，滨海，阜宁，宝应，金湖，灌南，涟水，楚州。

A.0.9 浙江省

1 抗震设防烈度为 7 度，设计基本地震加速度值为 0.10g：

第一组：岱山，嵊泗，舟山（定海、普陀），宁波（北仑、镇海）。

2 抗震设防烈度为 6 度，设计基本地震加速度值为 0.05g：

第一组：杭州（拱墅、上城、下城、江干、西湖、滨江、余杭、萧山），宁波（海曙、江东、江北、鄞州），湖州（吴兴、南浔），嘉兴（南湖、秀洲），温州（鹿城、龙湾、瓯海），绍兴，绍兴县，长兴，安吉，临安，奉化，象山，德清，嘉善，平湖，海盐，桐乡，海宁，上虞，慈溪，余姚，富阳，平阳，苍南，乐清，永嘉，泰顺，景宁，云和，洞头；

第二组：庆元，瑞安。

A. 0. 10　安徽省

1　抗震设防烈度为 7 度，设计基本地震加速度值为 0.15g：

第一组：五河，泗县。

2　抗震设防烈度为 7 度，设计基本地震加速度值为 0.10g：

第一组：合肥（蜀山、庐阳、瑶海、包河），蚌埠（蚌山、龙子湖、禹会、淮山），阜阳（颍州、颍东、颍泉），淮南（田家庵、大通），枞阳，怀远，长丰，六安（金安、裕安），固镇，凤阳，明光，定远，肥东，肥西，舒城，庐江，桐城，霍山，涡阳，安庆（大观、迎江、宜秀），铜陵县*；

第二组：灵璧。

3　抗震设防烈度为 6 度，设计基本地震加速度值为 0.05g：

第一组：铜陵（铜官山、狮子山、郊区），淮南（谢家集、八公山、潘集），芜湖（镜湖、戈江、三江、鸠江），马鞍山（花山、雨山、金家庄），芜湖县，界首，太和，临泉，阜南，利辛，凤台，寿县，颍上，霍邱，金寨，含山，和县，当涂，无为，繁昌，池州，岳西，潜山，太湖，怀宁，望江，东至，宿松，南陵，宣城，郎溪，广德，泾县，青阳，石台；

第二组：滁州（琅琊、南谯），来安，全椒，砀山，萧县，蒙城，亳州，巢湖，天长；

第三组：濉溪，淮北，宿州。

A. 0. 11　福建省

1　抗震设防烈度为 8 度，设计基本地震加速度值为 0.20g：

第二组：金门*。

2　抗震设防烈度为 7 度，设计基本地震加速度值为 0.15g：

第一组：漳州（芗城、龙文），东山，诏安，龙海；

第二组：厦门（思明、海沧、湖里、集美、同安、翔安），晋江，石狮，长泰，漳浦；

第三组：泉州（丰泽、鲤城、洛江、泉港）。

3　抗震设防烈度为 7 度，设计基本地震加速度值为 0.10g：

第二组：福州（鼓楼、台江、仓山、晋安），华安，南靖，平和，云宵；

第三组：莆田（城厢、涵江、荔城、秀屿），长乐，福清，平潭，惠安，南安，安溪，福州（马尾）。

4 抗震设防烈度为 6 度，设计基本地震加速度值为 0.05g：

第一组：三明（梅列、三元），屏南，霞浦，福鼎，福安，柘荣，寿宁，周宁，松溪，宁德，古田，罗源，沙县，尤溪，闽清，闽侯，南平，大田，漳平，龙岩，泰宁，宁化，长汀，武平，建宁，将乐，明溪，清流，连城，上杭，永安，建瓯；

第二组：政和，永定；

第三组：连江，永泰，德化，永春，仙游，马祖。

A.0.12 江西省

1 抗震设防烈度为 7 度，设计基本地震加速度值为 0.10g：

寻乌，会昌。

2 抗震设防烈度为 6 度，设计基本地震加速度值为 0.05g：

南昌（东湖、西湖、青云谱、湾里、青山湖），南昌县，九江（浔阳、庐山），九江县，进贤，余干，彭泽，湖口，星子，瑞昌，德安，都昌，武宁，修水，靖安，铜鼓，宜丰，宁都，石城，瑞金，安远，定南，龙南，全南，大余。

注：全省县级及县级以上设防城镇，设计地震分组均为第一组。

A.0.13 山东省

1 抗震设防烈度为 8 度，设计基本地震加速度值为 0.20g：

第一组：郯城，临沭，莒南，莒县，沂水，安丘，阳谷，临沂（河东）。

2 抗震设防烈度为 7 度，设计基本地震加速度值为 0.15g：

第一组：临沂（兰山、罗庄），青州，临驹，菏泽，东明，聊城，莘县，鄄城；

第二组：潍坊（奎文、潍城、寒亭、坊子），苍山，沂南，昌邑，昌乐，诸城，五莲，长岛，蓬莱，龙口，枣庄（台儿庄），淄博（临淄*），寿光*。

3 抗震设防烈度为 7 度，设计基本地震加速度值为 0.10g：

第一组：烟台（莱山、芝罘、牟平），威海，文登，高唐，茌平，定陶，成武；

第二组：烟台（福山），枣庄（薛城、市中、峄城、山亭*），淄博（张店、淄川、周村），平原，东阿，平阴，梁山，郓城，巨野，曹县，广饶，博兴，高青，桓台，蒙阴，费县，微山，禹城，冠县，单县*，夏津*，莱芜（莱城*、钢城）；

第三组：东营（东营、河口），日照（东港、岚山），沂源，招远，新泰，栖霞，莱州，平度，高密，垦利，淄博（博山），滨州*，平邑*。

4 抗震设防烈度为6度，设计基本地震加速度值为0.05g：

第一组：荣成；

第二组：德州，宁阳，曲阜，邹城，鱼台，乳山，兖州；

第三组：济南（市中、历下、槐荫、天桥、历城、长清），青岛（市南、市北、四方、黄岛、崂山、城阳、李沧），泰安（泰山、岱岳），济宁（市中、任城），乐陵，庆云，无棣，阳信，宁津，沾化，利津，武城，惠民，商河，临邑，济阳，齐河，章丘，泗水，莱阳，海阳，金乡，滕州，莱西，即墨，胶南，胶州，东平，汶上，嘉祥，临清，肥城，陵县，邹平。

A. 0. 14 河南省

1 抗震设防烈度为8度，设计基本地震加速度值为0.20g：

第一组：新乡（卫滨、红旗、凤泉、牧野），新乡县，安阳（北关、文峰、殷都、龙安），安阳县，淇县，卫辉，辉县，原阳，延津，获嘉，范县；

第二组：鹤壁（淇滨、山城*、鹤山*），汤阴。

2 抗震设防烈度为7度，设计基本地震加速度值为0.15g：

第一组：台前，南乐，陕县，武陟；

第二组：郑州（中原、二七、管城、金水、惠济），濮阳，濮阳县，长垣，封丘，修武，内黄，浚县，滑县，清丰，灵宝，三门峡，焦作（马村*），林州*。

3 抗震设防烈度为7度，设计基本地震加速度值为0.10g：

第一组：南阳（卧龙、宛城），新密，长葛，许昌*，许昌县*；

第二组：郑州（上街），新郑，洛阳（西工、老城、瀍河、涧西、吉利、洛龙*），焦作（解放、山阳、中站），开封（鼓楼、龙亭、顺河、禹王台、金明），开封县，民权，兰考，孟州，孟津，巩义，偃师，沁阳，博爱，济源，荥阳，温县，中牟，杞县*。

4 抗震设防烈度为6度，设计基本地震加速度值为0.05g：

第一组：信阳（浉河、平桥），漯河（郾城、源汇、召陵），平顶山（新华、卫东、湛河、石龙），汝阳，禹州，宝丰，鄢陵，扶沟，太康，鹿邑，郸城，沈丘，项城，淮阳，周口，商水，上蔡，临颍，西华，西平，栾川，内乡，镇平，唐河，邓州，新野，社旗，平舆，新县，驻马店，泌阳，汝南，桐柏，淮滨，息县，正阳，遂平，光山，罗山，潢川，商城，固始，南召，叶县*，舞阳*；

第二组：商丘（梁园、睢阳），义马，新安，襄城，郏县，嵩县，宜阳，伊川，登封，柘城，尉氏，通许，虞城，夏邑，宁陵；

第三组：汝州，睢县，永城，卢氏，洛宁，渑池。

A.0.15 湖北省

1 抗震设防烈度为7度，设计基本地震加速度值为0.10g：
竹溪，竹山，房县。

2 抗震设防烈度为6度，设计基本地震加速度值为0.05g：
武汉（江岸、江汉、硚口、汉阳、武昌、青山、洪山、东西湖、汉南、蔡甸、江夏、黄陂、新洲），荆州（沙市、荆州），荆门（东宝、掇刀），襄樊（襄城、樊城、襄阳），十堰（茅箭、张湾），宜昌（西陵、伍家岗、点军、猇亭、夷陵），黄石（下陆、黄石港、西塞山、铁山），恩施，咸宁，麻城，团风，罗田，英山，黄冈，鄂州，浠水，蕲春，黄梅，武穴，郧西，郧县，丹江口，谷城，老河口，宜城，南漳，保康，神农架，钟祥，沙洋，远安，兴山，巴东，秭归，当阳，建始，利川，公安，宣恩，咸丰，长阳，嘉鱼，大冶，宜都，枝江，松滋，江陵，石首，监利，洪湖，孝感，应城，云梦，天门，仙桃，红安，安陆，潜江，通山，赤壁，崇阳，通城，五峰*，京山*。

注：全省县级及县级以上设防城镇，设计地震分组均为第一组。

A. 0. 16　湖南省

1　抗震设防烈度为 7 度，设计基本地震加速度值为 0.15g：

常德（武陵、鼎城）。

2　抗震设防烈度为 7 度，设计基本地震加速度值为 0.10g：

岳阳（岳阳楼、君山*），岳阳县，汨罗，湘阴，临澧，澧县，津市，桃源，安乡，汉寿。

3　抗震设防烈度为 6 度，设计基本地震加速度值为 0.05g：

长沙（岳麓、芙蓉、天心、开福、雨花），长沙县，岳阳（云溪），益阳（赫山、资阳），张家界（永定、武陵源），郴州（北湖、苏仙），邵阳（大祥、双清、北塔），邵阳县，泸溪，沅陵，娄底，宜章，资兴，平江，宁乡，新化，冷水江，涟源，双峰，新邵，邵东，隆回，石门，慈利，华容，南县，临湘，沅江，桃江，望城，溆浦，会同，靖州，韶山，江华，宁远，道县，临武，湘乡*，安化*，中方*，洪江*。

注：全省县级及县级以上设防城镇，设计地震分组均为第一组。

A. 0. 17　广东省

1　抗震设防烈度为 8 度，设计基本地震加速度值为 0.20g：

汕头（金平、濠江、龙湖、澄海），潮安，南澳，徐闻，潮州*。

2　抗震设防烈度为 7 度，设计基本地震加速度值为 0.15g：

揭阳，揭东，汕头（潮阳、潮南），饶平。

3　抗震设防烈度为 7 度，设计基本地震加速度值为 0.10g：

广州（越秀、荔湾、海珠、天河、白云、黄埔、番禺、南沙、萝岗），深圳（福田、罗湖、南山、宝安、盐田），湛江（赤坎、霞山、坡头、麻章），汕尾，海丰，普宁，惠来，阳江，阳东，阳西，茂名（茂南、茂港），化州，廉江，遂溪，吴川，丰顺，中山，珠海（香洲、斗门、金湾），电白，雷州，佛山（顺德、南海、禅城*），江门（蓬江、江海、新会)*，陆丰*。

4 抗震设防烈度为6度，设计基本地震加速度值为0.05g：

韶关（浈江、武江、曲江），肇庆（端州、鼎湖），广州（花都），深圳（尤岗），河源，揭西，东源，梅州，东莞，清远，清新，南雄，仁化，始兴，乳源，英德，佛冈，龙门，龙川，平远，从化，梅县，兴宁，五华，紫金，陆河，增城，博罗，惠州（惠城、惠阳），惠东，四会，云浮，云安，高要，佛山（三水、高明），鹤山，封开，郁南，罗定，信宜，新兴，开平，恩平，台山，阳春，高州，翁源，连平，和平，蕉岭，大埔，新丰*。

注：全省县级及县级以上设防城镇，除大埔为设计地震第二组外，均为第一组。

A.0.18 广西壮族自治区

1 抗震设防烈度为7度，设计基本地震加速度值为0.15g：

灵山，田东。

2 抗震设防烈度为7度，设计基本地震加速度值为0.10g：

玉林，兴业，横县，北流，百色，田阳，平果，隆安，浦北，博白，乐业*。

3 抗震设防烈度为6度，设计基本地震加速度值为0.05g：

南宁（青秀、兴宁、江南、西乡塘、良庆、邕宁），桂林（象山、叠彩、秀峰、七星、雁山），柳州（柳北、城中、鱼峰、柳南），梧州（长洲、万秀、蝶山），钦州（钦南、钦北），贵港（港北、港南），防城港（港口、防城），北海（海城、银海），兴安，灵川，临桂，永福，鹿寨，天峨，东兰，巴马，都安，大化，马山，融安，象州，武宣，桂平，平南，上林，宾阳，武鸣，大新，扶绥，东兴，合浦，钟山，贺州，藤县，苍梧，容县，岑溪，陆川，凤山，凌云，田林，隆林，西林，德保，靖西，那坡，天等，崇左，上思，龙州，宁明，融水，凭祥，全州。

注：全自治区县级及县级以上设防城镇，设计地震分组均为第一组。

A. 0. 19　海南省

1　抗震设防烈度为 8 度，设计基本地震加速度值为 0.30g：

海口（龙华、秀英、琼山、美兰）。

2　抗震设防烈度为 8 度，设计基本地震加速度值为 0.20g：

文昌，定安。

3　抗震设防烈度为 7 度，设计基本地震加速度值为 0.15g：

澄迈。

4　抗震设防烈度为 7 度，设计基本地震加速度值为 0.10g：

临高，琼海，儋州，屯昌。

5　抗震设防烈度为 6 度，设计基本地震加速度值为 0.05g：

三亚，万宁，昌江，白沙，保亭，陵水，东方，乐东，五指山，琼中。

注：全省县级及县级以上设防城镇，除屯昌、琼中为设计地震第二组外，均为第一组。

A. 0. 20　四川省

1　抗震设防烈度不低于 9 度，设计基本地震加速度值不小于 0.40g：

第二组：康定，西昌。

2　抗震设防烈度为 8 度，设计基本地震加速度值为 0.30g：

第二组：冕宁*。

3　抗震设防烈度为 8 度，设计基本地震加速度值为 0.20g：

第一组：茂县，汶川，宝兴；

第二组：松潘，平武，北川（震前），都江堰，道孚，泸定，甘孜，炉霍，喜德，普格，宁南，理塘；

第三组：九寨沟，石棉，德昌。

4　抗震设防烈度为 7 度，设计基本地震加速度值为 0.15g：

第二组：巴塘，德格，马边，雷波，天全，芦山，丹巴，安县，青川，江油，绵竹，什邡，彭州，理县，剑阁*；

第三组：荥经，汉源，昭觉，布拖，甘洛，越西，雅江，九龙，木里，盐源，会东，新龙。

5 抗震设防烈度为 7 度，设计基本地震加速度值为 0.10g：

第一组：自贡（自流井、大安、贡井、沿滩）；

第二组：绵阳（涪城、游仙），广元（利州、元坝、朝天），乐山（市中、沙湾），宜宾，宜宾县，峨边，沐川，屏山，得荣，雅安，中江，德阳，罗江，峨眉山，马尔康；

第三组：成都（青羊、锦江、金牛、武侯、成华、龙泽泉、青白江、新都、温江），攀枝花（东区、西区、仁和），若尔盖，色达，壤塘，石渠，白玉，盐边，米易，乡城，稻城，双流，乐山（金口河、五通桥），名山，美姑，金阳，小金，会理，黑水，金川，洪雅，夹江，邛崃，蒲江，彭山，丹棱，眉山，青神，郫县，大邑，崇州，新津，金堂，广汉。

6 抗震设防烈度为 6 度，设计基本地震加速度值为 0.05g：

第一组：泸州（江阳、纳溪、龙马潭），内江（市中、东兴），宣汉，达州，达县，大竹，邻水，渠县，广安，华蓥，隆昌，富顺，南溪，兴文，叙永，古蔺，资中，通江，万源，巴中，阆中，仪陇，西充，南部，射洪，大英，乐至，资阳；

第二组：南江，苍溪，旺苍，盐亭，三台，简阳，泸县，江安，长宁，高县，珙县，仁寿，威远；

第三组：犍为，荣县，梓潼，筠连，井研，阿坝，红原。

A.0.21 贵州省

1 抗震设防烈度为 7 度，设计基本地震加速度值为 0.10g：

第一组：望谟；

第三组：威宁。

2 抗震设防烈度为 6 度，设计基本地震加速度值为 0.05g：

第一组：贵阳（乌当*、白云*、小河、南明、云岩、花溪），凯里，毕节，安顺，都匀，黄平，福泉，贵定，麻江，清镇，龙里，平坝，纳雍，织金，普定，六枝，镇宁，惠水，长顺，关岭，紫云，罗甸，兴仁，贞丰，安龙，金沙，印江，赤水，习水，思南*；

第二组：六盘水，水城，册亨；

第三组：赫章，普安，晴隆，兴义，盘县。

A. 0. 22 云南省

1 抗震设防烈度不低于 9 度，设计基本地震加速度值不小于 $0.40g$：

第二组：寻甸，昆明（东川）；

第三组：澜沧。

2 抗震设防烈度为 8 度，设计基本地震加速度值为 $0.30g$：

第二组：剑川，嵩明，宜良，丽江，玉龙，鹤庆，永胜，潞西，龙陵，石屏，建水；

第三组：耿马，双江，沧源，勐海，西盟，孟连。

3 抗震设防烈度为 8 度，设计基本地震加速度值为 $0.20g$：

第二组：石林，玉溪，大理，巧家，江川，华宁，峨山，通海，洱源，宾川，弥渡，祥云，会泽，南涧；

第三组：昆明（盘龙、五华、官渡、西山），普洱（原思茅市），保山，马龙，呈贡，澄江，晋宁，易门，漾濞，巍山，云县，腾冲，施甸，瑞丽，梁河，安宁，景洪，永德，镇康，临沧，凤庆*，陇川*。

4 抗震设防烈度为 7 度，设计基本地震加速度值为 $0.15g$：

第二组：香格里拉，泸水，大关，永善，新平*；

第三组：曲靖，弥勒，陆良，富民，禄劝，武定，兰坪，云龙，景谷，宁洱（原普洱），沾益，个旧，红河，元江，禄丰，双柏，开远，盈江，永平，昌宁，宁蒗，南华，楚雄，勐腊，华坪，景东*。

5 抗震设防烈度为 7 度，设计基本地震加速度值为 $0.10g$：

第二组：盐津，绥江，德钦，贡山，水富；

第三组：昭通，彝良，鲁甸，福贡，永仁，大姚，元谋，姚安，牟定，墨江，绿春，镇沅，江城，金平，富源，师宗，泸西，蒙自，元阳，维西，宣威。

6 抗震设防烈度为 6 度，设计基本地震加速度值为 $0.05g$：

第一组：威信，镇雄，富宁，西畴，麻栗坡，马关；

第二组：广南；

第三组：丘北，砚山，屏边，河口，文山，罗平。

A.0.23 西藏自治区

1 抗震设防烈度不低于9度，设计基本地震加速度值不小于0.40g：

第三组：当雄，墨脱。

2 抗震设防烈度为8度，设计基本地震加速度值为0.30g：

第二组：申扎；

第三组：米林，波密。

3 抗震设防烈度为8度，设计基本地震加速度值为0.20g：

第二组：普兰，聂拉木，萨嘎；

第三组：拉萨，堆龙德庆，尼木，仁布，尼玛，洛隆，隆子，错那，曲松，那曲，林芝（八一镇），林周。

4 抗震设防烈度为7度，设计基本地震加速度值为0.15g：

第二组：札达，吉隆，拉孜，谢通门，亚东，洛扎，昂仁；

第三组：日土，江孜，康马，白朗，扎囊，措美，桑日，加查，边坝，八宿，丁青，类乌齐，乃东，琼结，贡嘎，朗县，达孜，南木林，班戈，浪卡子，墨竹工卡，曲水，安多，聂荣，日喀则*，噶尔*。

5 抗震设防烈度为7度，设计基本地震加速度值为0.10g：

第一组：改则；

第二组：措勤，仲巴，定结，芒康；

第三组：昌都，定日，萨迦，岗巴，巴青，工布江达，索县，比如，嘉黎，察雅，左贡，察隅，江达，贡觉。

6 抗震设防烈度为6度，设计基本地震加速度值为0.05g：

第二组：革吉。

A.0.24 陕西省

1 抗震设防烈度为8度，设计基本地震加速度值为0.20g：

第一组：西安（未央，莲湖，新城，碑林，灞桥，雁塔，阎良*，临潼），渭南，华县，华阴，潼关，大荔；

第三组：陇县。

2 抗震设防烈度为 7 度，设计基本地震加速度值为 0.15g：

第一组：咸阳（秦都、渭城），西安（长安），高陵，兴平，周至，户县，蓝田；

第二组：宝鸡（金台、渭滨、陈仓），咸阳（杨凌特区），千阳，岐山，凤翔，扶风，武功，眉县，三原，富平，澄城，蒲城，泾阳，礼泉，韩城，合阳，略阳；

第三组：凤县。

3 抗震设防烈度为 7 度，设计基本地震加速度值为 010g：

第一组：安康，平利；

第二组：洛南，乾县，勉县，宁强，南郑，汉中；

第三组：白水，淳化，麟游，永寿，商洛（商州），太白，留坝，铜川（耀州、王益、印台*），柞水*。

4 抗震设防烈度为 6 度，设计基本地震加速度值为 0.05g：

第一组：延安，清涧，神木，佳县，米脂，绥德，安塞，延川，延长，志丹，甘泉，商南，紫阳，镇巴，子长*，子洲*；

第二组：吴旗，富县，旬阳，白河，岚皋，镇坪；

第三组：定边，府谷，吴堡，洛川，黄陵，旬邑，洋县，西乡，石泉，汉阴，宁陕，城固，宜川，黄龙，宜君，长武，彬县，佛坪，镇安，丹凤，山阳。

A. 0. 25 甘肃省

1 抗震设防烈度不低于 9 度，设计基本地震加速度值不小于 0.40g：

第二组：古浪。

2 抗震设防烈度为 8 度，设计基本地震加速度值为 0.30g：

第二组：天水（秦州、麦积），礼县，西和；

第三组：白银（平川区）。

3 抗震设防烈度为 8 度，设计基本地震加速度值为 0.20g：

第二组：宕昌，肃北，陇南，成县，徽县，康县，文县；

第三组：兰州（城关、七里河、西固、安宁），武威，永登，天祝，景泰，靖远，陇西，武山，秦安，清水，甘谷，漳县，会宁，静宁，庄浪，张家川，通渭，华亭，两当，舟曲。

4 抗震设防烈度为7度，设计基本地震加速度值为0.15g：

第二组：康乐，嘉峪关，玉门，酒泉，高台，临泽，肃南；

第三组：白银（白银区），兰州（红古区），永靖，岷县，东乡，和政，广河，临潭，卓尼，迭部，临洮，渭源，皋兰，崇信，榆中，定西，金昌，阿克塞，民乐，永昌，平凉。

5 抗震设防烈度为7度，设计基本地震加速度值为0.10g：

第二组：张掖，合作，玛曲，金塔；

第三组：敦煌，瓜洲，山丹，临夏，临夏县，夏河，碌曲，泾川，灵台，民勤，镇原，环县，积石山。

6 抗震设防烈度为6度，设计基本地震加速度值为0.05g：

第三组：华池，正宁，庆阳，合水，宁县，西峰。

A. 0. 26 青海省

1 抗震设防烈度为8度，设计基本地震加速度值为0.20g：

第二组：玛沁；

第三组：玛多，达日。

2 抗震设防烈度为7度，设计基本地震加速度值为0.15g：

第二组：祁连；

第三组：甘德，门源，治多，玉树。

3 抗震设防烈度为7度，设计基本地震加速度值为0.10g：

第二组：乌兰，称多，杂多，囊谦；

第三组：西宁（城中、城东、城西、城北），同仁，共和，德令哈，海晏，湟源，湟中，平安，民和，化隆，贵德，尖扎，循化，格尔木，贵南；同德，河南，曲麻莱，久治，班玛，天峻，刚察，大通，互助，乐都，都兰，兴海。

4 抗震设防烈度为6度，设计基本地震加速度值为0.05g：

第三组：泽库。

A. 0. 27 宁夏回族自治区

1 抗震设防烈度为8度，设计基本地震加速度值为0.30g：

第二组：海原。

2 抗震设防烈度为 8 度，设计基本地震加速度值为 0.20g：

第一组：石嘴山（大武口、惠农），平罗；

第二组：银川（兴庆、金凤、西夏），吴忠，贺兰，永宁，青铜峡，泾源，灵武，固原；

第三组：西吉，中宁，中卫，同心，隆德。

3 抗震设防烈度为 7 度，设计基本地震加速度值为 0.15g：

第三组：彭阳。

4 抗震设防烈度为 6 度，设计基本地震加速度值为 0.05g：

第三组：盐池。

A. 0. 28 新疆维吾尔自治区

1 抗震设防烈度不低于 9 度，设计基本地震加速度值不小于 0.40g：

第三组：乌恰，塔什库尔干。

2 抗震设防烈度为 8 度，设计基本地震加速度值为 0.30g：

第三组：阿图什，喀什，疏附。

3 抗震设防烈度为 8 度，设计基本地震加速度值为 0.20g：

第一组：巴里坤；

第二组：乌鲁木齐（天山、沙依巴克、新市、水磨沟、头屯河、米东），乌鲁木齐县，温宿，阿克苏，柯坪，昭苏，特克斯，库车，青河，富蕴，乌什*；

第三组：尼勒克，新源，巩留，精河，乌苏，奎屯，沙湾，玛纳斯，石河子，克拉玛依（独山子），疏勒，伽师，阿克陶，英吉沙。

4 抗震设防烈度为 7 度，设计基本地震加速度值为 0.15g：

第一组：木垒*；

第二组：库尔勒，新和，轮台，和静，焉耆，博湖，巴楚，拜城，昌吉，阜康*；

第三组：伊宁，伊宁县，霍城，呼图壁，察布查尔，岳普湖。

5 抗震设防烈度为 7 度，设计基本地震加速度值为 0.10g：

第一组：鄯善；

第二组：乌鲁木齐（达坂城），吐鲁番，和田，和田县，吉木萨尔，洛浦，奇台，伊吾，托克逊，和硕，尉犁，墨玉，策勒，哈密*；

第三组：五家渠，克拉玛依（克拉玛依区），博乐，温泉，阿合奇，阿瓦提，沙雅，图木舒克，莎车，泽普，叶城，麦盖堤，皮山。

6 抗震设防烈度为 6 度，设计基本地震加速度值为 0.05g：

第一组：额敏，和布克赛尔；

第二组：于田，哈巴河，塔城，福海，克拉玛依（马尔禾）；

第三组：阿勒泰，托里，民丰，若羌，布尔津，吉木乃，裕民，克拉玛依（白碱滩），且末，阿拉尔。

A.0.29 港澳特区和台湾省

1 抗震设防烈度不低于 9 度，设计基本地震加速度值不小于 0.40g：

第二组：台中；

第三组：苗栗，云林，嘉义，花莲。

2 抗震设防烈度为 8 度，设计基本地震加速度值为 0.30g：

第二组：台南；

第三组：台北，桃园，基隆，宜兰，台东，屏东。

3 抗震设防烈度为 8 度，设计基本地震加速度值为 0.20g：

第三组：高雄，澎湖。

4 抗震设防烈度为 7 度，设计基本地震加速度值为 0.15g：

第一组：香港。

5 抗震设防烈度为 7 度，设计基本地震加速度值为 0.10g：

第一组：澳门。

六、钢筋在最大力下总伸长率的测定方法

（钢筋混凝土用钢第 2 部分：热轧带肋钢筋 GB 1499.2—2007）

1. 试样

1.1 长度

试样夹具之间的最小自由长度应符合以下要求：

钢筋公称直径	试样夹具之间的最小自由长度
d≤25	350
25＜d≤32	400
32＜d≤50	500

1.2 原始标距的标记和测量

在试样自由长度范围内，均匀划分为 10mm 或 5mm 的等间距标记，标记的划分和测量应符合 GB/T 228 的有关要求。

2. 拉伸试验

按 GB/T 228 规定进行拉伸试验，直至试样断裂。

3. 断裂后的测量

选择 Y 和 V 两个标记这两个标记之间的距离在拉伸试验之前至少应为 100mm。两个标记都应当位于夹具离断裂点最远的一侧。两个标记离开夹具的距离都应不小于 20mm 或钢筋公称直径 d（取二者之较大者）；两个标记与断裂点之间的距离应不小于 50mm 或 2d（取二者之较大者）。见图 1。

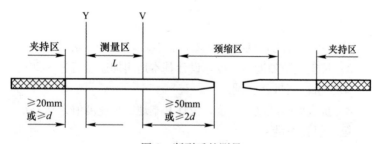

图 1 断裂后的测量

在最大力作用下试样总伸长率 A_{gt}（％）可按公式计算：

$$A_{gt} = \left[\frac{L - L_0}{L} + \frac{R_m^o}{E} \right] \times 100$$

式中：

L——断裂后的距离，单位为毫米（mm）；

L_0——试验前同样标记间的距离，单位为毫米（mm）；

R_m^o——抗拉强度实测值，单位为兆帕（MPa）；

E——弹性模量，其值可取为 2×10^5，单位为兆帕（MPa）。

参考文献

[1] 建筑可靠度设计统一标准（GB 50068——2001）. 北京：中国建筑工业出版社.

[2] 岩土工程勘察规范（GB 50021—2001）. 北京：中国建筑工业出版社.

[3] 高层建筑岩土工程勘察规程（JGJ 72—2004）. 北京：中国建筑工业出版社.

[4] 建筑结构荷载规范（GB 50009—2001）. 北京：中国建筑工业出版社.

[5] 建筑地基处理技术规范（JGJ 79—2002）. 北京：中国建筑工业出版社.

[6] 建筑地基基础设计规范（GB 50007—2011）. 北京：中国建筑工业出版社.

[7] 建筑箱形与筏形基础技术规范（JGJ 6—99）. 北京：中国建筑工业出版社.

[8] 建筑桩基技术规范（JGJ 94—2008）. 北京：中国建筑工业出版社.

[9] 建筑基桩检测技术规范（JGJ 106—2003）. 北京：中国建筑工业出版社.

[10] 混凝土结构设计规范（GB 50010—2010）. 北京：中国建筑工业出版社.

[11] 建筑结构抗震设计规范（GB 50011—2010）. 北京：中国建筑工业出版社.

[12] 高层建筑混凝土结构技术规程（JGJ 3—2010）. 北京：中国建筑工业出版社.

[13] 混凝土结构工程施工质量验收规范（GB 50204—2002）. 北京：中国建筑工业出版社.

[14] 建筑装饰装修工程质量验收规范（GB 50210—2001）. 北京：中国建筑工业出版社.

[15] 屋面工程质量验收规范（GB 50207—2002）. 北京：中国建筑工业出版社.

[16] 建筑地面工程施工质量验收规范（GB 50209—2010）. 北京：中国建

筑工业出版社.

[17] 编委会主编. 建筑地基基础设计规范理解及应用. 北京：中国建筑工业出版社，2004.

[18] 徐有邻，周氏. 混凝土结构设计规范理解及应用. 北京：中国建筑工业出版社，2002.

[19] 徐培福，黄小坤. 高层建筑混凝土结构技术规程理解及应用. 北京：中国建筑工业出版社，2003.

[20] 高小旺，龚思礼，苏经宇，易方民. 建筑抗震设计规范理解及应用. 北京：中国建筑工业出版社，2002.

[21] 黄生根等. 地基处理与基坑支护工程. 北京：中国地质大学出版社，1997.

[22] 刘惠珊，徐攸在. 地基基础工程 283 问. 北京：中国计划出版社，2002.

[23] 本书编委会. 注册岩土工程师专业考试复习教程. 北京：中国建筑工业出版社，2002.

[24] 唐维新. 高层建筑结构简化分析与实用设计. 北京：中国建筑工业出版社，1991.

[25] 邹仲康，莫沛钊，等. 建筑结构常见疑难设计. 长沙：湖南大学出版社，1987.

[26] 张哲民主编. 建筑工程技术基础知识. 北京：中国建筑工业出版社，1996.

[27] 第十一届全国高层建筑结构学术交流会论文集 1~6 卷：1990.

[28] 华南工学院，浙江大学等编. 地基及基础. 北京：中国建筑工业出版社，1981.

[29] 建筑变形测量规程（JGJ/T 8—2007）. 北京：中国建筑工业出版社，1998.

[30] 沈杰编. 地基基础设计手册. 上海：上海科学技术出版社，1988.

[31] 房志勇，林川. 建筑装饰——原理·材料·构造·工艺. 北京：中国建筑工业出版社，1992.

[32] 钢筋焊接及验收规程（JGJ 18—2003）. 北京：中国建筑工业出版社.

[33] 张吉. 瓷质板块地面砖施工及质量预控. 《建筑技术》1998 年第七期.

[34] 张吉人. SBS 改性沥青防水卷材屋面工程施工及质量控制. 《建筑技

术》1997 年第六期.

[35] 李明顺，等. 《建筑结构可靠度设计统一标准》(GB 50068—2001) 的技术合理性与依据. 《建筑结构》2000 年第 32 卷第一期.

[36] 张吉人. 住宅小区群体工程装饰施工方法及质量预控. 《建筑技术》1995 年第九期.

[37] "工程建设标准强制性条文"咨询委员会. 工程建设与强制性标准条文（房屋部分）实施导则. 北京：中国建筑工业出版社，2004.

[38] 张吉人. 提高装饰工程质量的"三控制". 《工程质量管理与监测》1994 年第三期.

[39] 北京土木建筑学会. 钢筋混凝土工程施工技术措施. 北京：经济科学出版社，2005.

[40] 李国胜. 简明高层钢筋混凝土结构设计手册. 北京：中国建筑工业出版社，2003.

[41] 建筑施工手册（第四版）. 北京：中国建筑工业出版社.

[42] 国家职业资格培训教程. 混凝土工. 北京：中国城市出版社，2004.

[43] 外墙饰面砖工程施工及验收规程（JGJ 126—2002）. 北京：中国建筑工业出版社，2000.

[44] 张吉人. 泵送混凝土楼板裂缝治理的对策及探讨. 建筑技术，2003 年第四期.

[45] 本书编写组编写. 地震问答. 北京：地质出版社，1997.

[46] 唐岱新，龚绍熙，周炳章. 砌体结构设计规范理解及应用. 北京：中国建筑工业出版社，2002.

[47] 徐有邻，程志军. 混凝土结构的实体检验. 工程质量，2003 年第十期.

[48] 89 建筑抗震规范编制人之一，太原理工大学乔天民教授提供.

[49] 张吉人. 建筑工程质量验收报告编写要求及范例. 北京：中国建筑工业出版社，2007.

[50] 刘金波主编，黄强主审，建筑桩基技术规范理解与应用. 北京：中国建筑工业出版社，2008.

后 记

本书是在学习和参考大量设计施工理论、计算方法、规范规定和自己从事建筑现场施工，工程质量监督40多年的工作，对切身实践经验的体会总结的基础上编写而成的，并得到出版社的大力支持，本书出版后，受到业界同行和广大读者的好评及赞许，对此深表谢意。现结合2011年设计、施工系列规范编写了第二版。

我国工程建设发展迅速，科学技术不断创新，施工技术越来越复杂，质量要求越来越高。大批建筑专业学校和非专业毕业的青年和未经专门培训的农民工操作者走向施工现场从事施工管理，监理、监督管理和施工操作面对复杂的社会和施工环境，如何实现设计要求，了解和熟悉现代施工技术方法和管理，如何把理论规范与工程实际相结合，施工要注意什么？特别是对能够解决施工实际问题的，系统宝贵的施工经验，急需施工现场一线工程技术质量管理人员学习和掌握，以搞好我们的建设。书中所谈正是自己这一愿望的体现，在书中把自己40多年对地基基础、结构、装饰、资料、创优、工程验收的体会、理解和应用一并叙谈出来，以为读者所用，甚感欣慰，也是一大心愿。鉴于水平所限，不足之处，敬请读者指正。

作者简介：张吉人。1950年1月生，辽宁辽阳人。太原工学院毕业，高级工程师。曾从事建筑现场施工、工程质量监督、安全监督40余年。曾任太原市建设工程质量监督站总工程师、副站长。山西省土木建筑学会授予"山西省土木建筑优秀专家"，"山西省土木建筑科技创新优秀专家"，为山西省工程建设专家委员会专家，山西省施工专业委员会、冬期施工专业委员会副主任委员。中国建筑工业出版社出版 3 册专业书籍，"施工技术"、"建筑技术"等刊物发表专业文章 20 余篇。主要研究目标：工程质量控制与管理，设计、施工规范与施工结合的实际施工方法问题。